普通高等教育“十三五”规划教材

大数据技术及其应用

吕林涛 等 编著

冯博琴 主审

科学出版社

北京

内 容 简 介

本书分为上篇（基础篇）、中篇（编程篇）和下篇（应用篇）三篇，共 13 章。书中主要内容包括大数据技术概述、大数据处理平台 Hadoop、分布式文件系统 HDFS、分布式计算框架 MapReduce、内存型计算框架 Spark、分布式数据库 HBase、数据仓库 Hive、Pig 语言、Python 语言、分布式数据收集系统 Chukwa、分布式协调服务 ZooKeeper、大规模微博传播分析案例和图书推荐案例等。

本书将理论与科研实践相结合，注重大数据技术的系统性、实用性和先进性，配有大量的应用案例，不仅能够帮助读者提高大数据技术的应用与研究水平，而且能够提高读者的综合应用创新能力。

本书可作为高等院校计算机科学与技术、物联网工程、数据科学与大数据技术等专业，或新工科相关专业本科生、研究生的教材，也可供从事大数据技术应用与开发，以及大数据系统运营与维护的科研、工程技术人员参考使用。

图书在版编目（CIP）数据

大数据技术及其应用/吕林涛等编著. —北京：科学出版社，2019.5
ISBN 978-7-03-056143-5

I. ①大… II. ①吕… III.①数据处理-高等学校-教材 IV. ①TP274

中国版本图书馆 CIP 数据核字（2017）第 326443 号

责任编辑：孙露露　常晓敏 / 责任校对：王万红
责任印制：吕春珉 / 封面设计：耕者设计工作室

科学出版社 出版
北京东黄城根北街 16 号
邮政编码：100717
http://www.sciencep.com

三河市骏杰印刷有限公司印刷
科学出版社发行　各地新华书店经销
*
2019 年 5 月第　一　版　开本：787×1092 1/16
2019 年 5 月第一次印刷　印张：16 3/4
字数：379 000

定价：42.00 元

（如有印装质量问题，我社负责调换〈骏杰〉）
销售部电话 010-62136230　编辑部电话 010-62135120-2010

前　　言

进入云计算和大数据时代以来，大数据技术在“互联网+”“一带一路”以及新经济、新产业、新业态中发挥着越来越重要的作用。当前，大数据技术已成为高等院校计算机科学与技术、物联网工程、数据科学与大数据技术等专业，或新工科相关专业学生以及科技人员必不可少的基本技能。为适应当前高等院校服务于国家社会经济的发展需求，以及培养具有一定行业深度、特色鲜明的创新应用型人才的需求，作者科研团队在大数据领域研究成果的基础上编著了本书。

针对读者对大数据技术的不同需求，以及高等院校开设本课程的课时不同等情况，本书分为上、中、下三篇，共 13 章，相关学校可根据授课课时选取不同授课内容。上篇（基础篇）主要讲述大数据技术基础，中篇（编程篇）主要讲述大数据应用开发编程技术，下篇（应用篇）介绍两个大数据技术应用案例。

本书的特点是，注重大数据技术的系统性、实用性和先进性；坚持理论与实践相结合、基本原理与创新能力相结合；强调基本原理，概念准确，论述严谨，内容新颖，既介绍大数据基本技术，也介绍大数据最新技术，力求反映大数据技术的最新发展成果。为进一步拓展和提升读者的大数据技术的应用水平和创新能力，各章均附有习题和参考文献。另外，为便于教师教学和学生学习，本书配有电子课件等教学资源，可到科学出版社网站（www.abook.cn）下载或发邮件至 360603935@qq.com 索取。

本书由吕林涛完成大纲制定及统稿，由国家级教学名师冯博琴主审，由黄文准、郭建新、乌伟审校。本书第 1、2 章由马亚红撰写，第 3、4 章由徐鲁辉和姚全珠撰写，第 5～8、10、11 章由吕林涛、吕晖撰写，第 9 章由张玉成和黄世奇撰写，第 12 章由乌伟和孔韦韦撰写，第 13 章由傅海明和胡文斌撰写。

本书在编著过程中参考了许多相关文献，在此对相关作者一并表示感谢。

由于时间仓促，加之作者水平有限，本书难免存在疏漏之处，殷切希望广大读者批评指正。

目　录

上篇　基　础　篇

第 1 章　大数据技术概述 …… 3
1.1　大数据的发展历史 …… 3
1.2　大数据的基本特征 …… 5
1.3　大数据处理框架 …… 6
1.4　大数据技术的主要应用领域 …… 6
1.4.1　大数据技术在公共事业领域的应用 …… 6
1.4.2　大数据技术在消费领域的应用 …… 6
1.4.3　大数据技术在金融领域的应用 …… 7
1.4.4　大数据技术在工业领域的应用 …… 8
1.4.5　大数据技术在医疗领域的应用 …… 8
1.4.6　大数据技术在农业领域的应用 …… 9
习题 …… 9
参考文献 …… 10
第 2 章　大数据处理平台 Hadoop …… 11
2.1　Hadoop 简介 …… 11
2.1.1　Hadoop 概述 …… 11
2.1.2　Hadoop 特性 …… 11
2.1.3　Hadoop 应用现状 …… 12
2.2　Hadoop 架构与组成 …… 14
2.2.1　Hadoop 架构 …… 14
2.2.2　Hadoop 组成模块 …… 14
习题 …… 17
参考文献 …… 17
第 3 章　分布式文件系统 HDFS …… 18
3.1　HDFS 简介 …… 18
3.1.1　HDFS 设计理念 …… 18
3.1.2　HDFS 的缺点 …… 19
3.1.3　基本组成结构与文件访问过程 …… 19
3.2　HDFS 体系架构 …… 20
3.2.1　NameNode …… 22

3.2.2 DataNode……23
3.2.3 Client……24
3.3 HDFS 数据读写过程……24
3.3.1 读取数据……24
3.3.2 写数据……25
3.4 保障 HDFS 可靠性的措施……26
3.4.1 冗余备份……26
3.4.2 副本存放……26
3.4.3 心跳检测……26
3.4.4 安全模式……27
3.4.5 数据完整性检测……27
3.4.6 空间回收……27
3.4.7 MetaData 磁盘失效……27
3.4.8 快照……27
3.5 HDFS Shell……28
3.5.1 通用选项……28
3.5.2 用户命令……28
3.5.3 管理与更新……30
3.6 HDFS Java API 编程实践……31
3.6.1 HDFS 常用 Java API 介绍……31
3.6.2 HDFS Java API 编程案例……35
习题……39
参考文献……39
第 4 章 分布式计算框架 MapReduce……41
4.1 MapReduce 框架结构……41
4.1.1 MapReduce 的函数式编程概述……41
4.1.2 MapReduce 组成……44
4.1.3 MapReduce 框架核心优势……45
4.2 WordCount 实例分析……46
4.2.1 WordCount 任务……46
4.2.2 WordCount 设计思路……46
4.2.3 WordCount 执行过程……47
4.3 MapReduce 执行流程……48
4.3.1 MapReduce 执行流程概述……48
4.3.2 MapReduce 各个执行阶段……48
4.4 MapReduce 运行原理……54
4.4.1 作业提交……54
4.4.2 作业初始化……55
4.4.3 任务分配……57

4.4.4 任务执行 ··· 57
4.4.5 进度和状态的更新 ··· 58
4.4.6 作业完成 ··· 58
4.5 MapReduce 性能优化 ··· 58
4.5.1 任务调度 ··· 58
4.5.2 数据预处理和 InputSplit 的大小 ··· 59
4.5.3 Map 和 Reduce 任务的数量 ··· 59
4.5.4 Combine 函数 ··· 59
4.5.5 压缩 ··· 60
4.5.6 自定义 Comparator ··· 60
4.6 MapReduce 编程实践 ··· 60
4.6.1 编程实现单词计数 ··· 60
4.6.2 编程实现文本去重 ··· 67
习题 ··· 69
参考文献 ··· 70
第 5 章　内存型计算框架 Spark ··· 71
5.1 Spark 概述 ··· 71
5.1.1 Spark 简介 ··· 71
5.1.2 Spark 架构 ··· 73
5.1.3 Spark 分布式系统与单机多核系统的区别 ··· 74
5.2 Spark 计算模型 ··· 75
5.2.1 弹性分布式数据集 ··· 76
5.2.2 Spark 算子分类 ··· 78
5.3 Spark 工作机制 ··· 79
5.3.1 Spark 应用执行机制 ··· 79
5.3.2 Spark 调度与任务分配机制 ··· 83
5.3.3 Spark I/O 机制 ··· 85
5.3.4 Spark 通信机制 ··· 89
5.3.5 Spark 容错机制 ··· 89
5.3.6 Shuffle 机制 ··· 92
5.4 Spark 编程实践 ··· 93
习题 ··· 94
参考文献 ··· 95
第 6 章　分布式数据库 HBase ··· 96
6.1 HBase 概述 ··· 96
6.2 HBase 数据模型 ··· 97
6.2.1 数据模型概述 ··· 97
6.2.2 数据模型及相关概念 ··· 97
6.2.3 概念视图 ··· 98

6.2.4 物理视图……98
6.2.5 面向列的存储……99
6.3 HBase 的实现原理……100
6.3.1 HBase 的功能组件……100
6.3.2 表和 Region……100
6.3.3 Region 的定位……101
6.4 HBase 运行机制……103
6.4.1 HBase 系统架构……103
6.4.2 Region 服务器的工作原理……104
6.4.3 Store 工作原理……105
6.4.4 HLog 工作原理……105
6.5 HBase 编程基础……106
6.5.1 HBase 常用的 Shell 命令……106
6.5.2 HBase 常用的 Java API 及应用实例……107
6.6 HBase 编程实践……111
6.6.1 编程实现对学生数据表的操作……111
6.6.2 HBase 与 MapReduce 集成、数据导入导出……112
习题……113
参考文献……113
第 7 章 数据仓库 Hive……114
7.1 Hive 概述……114
7.1.1 Hive 的工作机制……114
7.1.2 Hive 的数据类型……115
7.1.3 Hive 的架构……116
7.2 HiveQL 数据定义……117
7.2.1 Hive 数据库……117
7.2.2 修改数据库……119
7.2.3 创建表……119
7.2.4 分区表……121
7.2.5 删除表……125
7.2.6 修改表……125
7.3 HiveQL 数据操作……128
7.3.1 向表中装载数据……128
7.3.2 通过查询语句向表中插入数据……129
7.3.3 单个查询语句中创建表并加载数据……130
7.3.4 导出数据……131
7.4 HiveQL 查询……132
7.4.1 SELECT 语句……132
7.4.2 WHERE 语句……134

7.4.3 GROUP BY 子句和 HAVING 子句 …… 135
7.4.4 JOIN 语句 …… 136
7.4.5 类型转换 …… 139
7.4.6 UNION ALL 语句 …… 139
7.5 Hive 编程实践 …… 140
7.5.1 编程实现通过日期计算星座的函数 …… 140
7.5.2 编写自定义函数 nvl() …… 142
习题 …… 144
参考文献 …… 145

中篇 编 程 篇

第 8 章 Pig 语言 …… 149
8.1 Pig 基本框架 …… 149
8.2 Pig 数据模型 …… 150
8.2.1 数据类型 …… 150
8.2.2 模式 …… 152
8.2.3 转换 …… 152
8.3 Pig Latin 编程语言 …… 153
8.3.1 Pig Latin 语言简介 …… 153
8.3.2 运算符 …… 153
8.3.3 用户自定义函数 UDF …… 154
8.3.4 Pig Latin 语法 …… 154
8.3.5 数据处理操作 …… 157
8.4 Pig 和其他 Hadoop 社区成员的区别 …… 159
8.4.1 Pig 和 Hive 的区别 …… 159
8.4.2 Cascading 和 Pig 的区别 …… 160
8.4.3 NoSQL 数据库 …… 160
8.4.4 HBase …… 160
8.5 Pig 编程实践 …… 161
8.5.1 从文件导入数据 …… 161
8.5.2 查询 …… 162
8.5.3 表列定义别名 …… 162
8.5.4 表的排序 …… 162
8.5.5 条件查询 …… 162
8.5.6 表连接 …… 163
8.5.7 多张表交叉查询 …… 163
8.5.8 分组查询 …… 164
8.5.9 表分组并统计 …… 164

8.5.10 查询去重 164
习题 164
参考文献 165
第 9 章 Python 语言 166
9.1 概述 166
9.1.1 Python 语言简介 166
9.1.2 Python 语言发展 166
9.1.3 Python 语言基础 167
9.1.4 Python 语言的基础数据类型 169
9.1.5 Python 语言的常用操作运算符 174
9.1.6 Python 语言的数据结构 175
9.1.7 Python 语言的控制语句 180
9.1.8 Python 语言的函数 184
9.1.9 Python 语言文件基础 186
9.2 Python 语言高级应用 187
9.2.1 pyplot 基本绘图流程 188
9.2.2 绘制函数曲线 188
9.2.3 创建子图 189
9.2.4 使用 rc 配置文件自定义图形的各种默认属性 190
9.3 Python 编程实践 191
习题 194
参考文献 195
第 10 章 分布式数据收集系统 Chukwa 196
10.1 Chukwa 概述 196
10.2 Chukwa 架构与设计 197
10.2.1 Chukwa 的代理与适配器 198
10.2.2 Chukwa 的收集器 199
10.2.3 MapReduce 作业 199
10.2.4 其他数据接口与默认数据支持 200
10.3 Chukwa 的安装与配置 200
10.3.1 Chukwa 安装 200
10.3.2 节点代理配置 201
10.3.3 收集器 202
10.4 Chukwa 的测试 204
10.4.1 数据生成 204
10.4.2 数据收集 204
10.4.3 数据处理 205
10.4.4 数据析取 205
10.4.5 数据稀释 205

习题……206
参考文献……206
第 11 章 分布式协调服务 ZooKeeper……207
11.1 ZooKeeper 概述……207
11.1.1 ZooKeeper 起源……207
11.1.2 ZooKeeper 的特性……207
11.1.3 ZooKeeper 的设计目标……208
11.2 ZooKeeper 的基本概念……209
11.2.1 集群角色……209
11.2.2 ZooKeeper 系统模型……210
11.2.3 ZooKeeper 数据节点……211
11.2.4 Watcher……212
11.2.5 ACL……212
11.2.6 ZooKeeper 的算法……213
11.3 ZooKeeper 的工作原理……216
11.3.1 ZooKeeper 选主流程……216
11.3.2 ZooKeeper 同步流程……218
11.3.3 工作流程……219
11.4 ZooKeeper 应用场景……220
11.4.1 集群管理……220
11.4.2 会话……223
11.4.3 锁服务……223
11.4.4 分布式队列……227
11.5 ZooKeeper 编程实践……229
11.5.1 编程实现创建节点……229
11.5.2 Watcher……232
习题……234
参考文献……234

下篇 应 用 篇

第 12 章 大规模微博传播分析案例……237
12.1 微博分析问题背景与并行化处理过程……237
12.2 并行化微博数据获取算法的设计实现……238
12.2.1 二次转发数统计……240
12.2.2 转发者粉丝统计……241
12.2.3 转发者性别统计……242
12.2.4 转发层数统计……243
12.2.5 转发者位置统计……244

12.2.6 转发时间统计 …… 244
习题 …… 245
参考文献 …… 245
第 13 章 图书推荐案例 …… 246
13.1 图书推荐和关联规则挖掘简介 …… 246
13.2 图书频繁项集挖掘设计与数据获取 …… 247
13.2.1 Apriori 算法概述 …… 247
13.2.2 书评大数据的获取 …… 247
13.3 图书关联规则挖掘并行化算法 …… 248
13.3.1 2-频繁项集的计算 …… 249
13.3.2 k-频繁项集的计算 …… 254
习题 …… 254
参考文献 …… 255

上篇

基 础 篇

大数据是为了适应新经济、新产业、新业态和"互联网+"应用等需求出现的一种新技术。本篇以Hadoop框架为研究对象，主要介绍大数据技术发展概况、大数据处理平台 Hadoop、分布式文件系统 HDFS、分布式计算框架 MapReduce、内存型计算框架 Spark、分布式数据库 HBase和数据仓库 Hive。

通过本篇的学习，读者可以全面了解和掌握 Hadoop 系统架构及大数据分析技术，从而为后续两篇内容的学习奠定基础。

第1章 大数据技术概述

随着互联网技术的蓬勃发展，大数据（big data）已经渗透到每个人的日常生活之中。传统的数据挖掘和处理技术已经无法满足大数据的处理要求。大数据技术是信息技术领域又一次颠覆性的技术变革，其核心在于为客户从数据中挖掘出蕴藏的价值。

本章主要介绍大数据的发展历史、基本特征，大数据处理框架，以及大数据技术的主要应用领域。

1.1 大数据的发展历史

Hadoop 项目诞生于 2005 年，其最初只是 Yahoo 公司用来解决网页搜索问题的一个项目，后来因其技术的高效性，被阿帕奇软件基金会（Apache Software Foundation）引入并成为开源应用。Hadoop 本身不是一个产品，而是由多个软件产品组成的一个生态系统。从技术上看，Hadoop 关键服务主要包括：采用 Hadoop 分布式文件系统（HDFS）的可靠数据存储服务；MapReduce 技术的高性能并行数据处理服务。这两项服务为实现结构化和复杂数据的快速、可靠分析奠定了基础。

2008 年年末，美国“计算社区联盟”（Computing Community Consortium）发表了一份具有影响力的白皮书——《大数据计算：在商务、科学和社会领域创造革命性突破》。它使人们的思维不仅仅局限于数据处理的机器，提出大数据的新用途和新见解。

2009 年，印度政府建立用于身份识别管理的生物识别数据库，联合国全球脉冲项目研究如何利用手机和社交网站的数据源来分析预测从失业率到疾病暴发之类的问题。美国政府通过启动 Data.gov 网站的方式进一步开放数据大门，并向公众提供各种各样的政府数据。欧洲一些领先的研究型图书馆和科技信息研究机构建立伙伴关系，致力于在互联网上改善获取科学数据的简易性。

2010 年 2 月，肯尼斯·库克尔在《经济学人》上发表长达 14 页的大数据专题报告——《数据，无所不在的数据》。库克尔在报告中提到，世界上有着无法想象的巨量数字信息，并以极快的速度增长。从经济界到科学界，从政府部门到艺术领域，很多方面都已经感受到这种巨量信息的影响，科学家和计算机工程师就此现象提出了“大数据”。

2011 年 2 月，IBM 的沃森超级计算机每秒扫描并分析 4TB（约 2 亿页的文字量）的数据，并在美国著名智力竞赛电视节目《危险边缘》（*Jeopardy*）上击败两名人类选手而夺冠。后来，《纽约时报》认为这一成果应归功于“大数据计算”的胜利。

2011 年 5 月，全球知名咨询公司麦肯锡全球研究院（McKinsey Global Institute，MGI）发布一份报告——《大数据：创新、竞争和生产力的下一个新领域》，由此大数据开始备受人们关注。报告中指出，大数据已经渗透到当今每一个行业和业务的职能领域，并成为重要的生产因素。人们对海量数据的挖掘和运用，预示着新一波生产率的增长和消费者盈余浪潮的到来。报告还提到，“大数据”源于数据生产和收集的能力和速度的大幅提升，由于越来越多的人、设备和传感器通过数字网络连接起来，获取、传送、分享和访问数据的能力也发生了彻底的变革。

2011 年 12 月，工业和信息化部发布的《物联网“十二五”发展规划》中，信息处理技术作为四项关键技术的创新工程之一被提出来，其中包括海量数据存储、数据挖掘、图像视频智能分析，这些都是大数据的重要组成部分。

2012 年 1 月，瑞士达沃斯召开的世界经济论坛，大数据是主题之一，会上发布的报告——《大数据，大影响》(*Big Data, Big Impact*) 宣称：数据已经成为一种新的经济资产类别。

2012 年 3 月，美国政府在白宫网站发布《大数据研究和发展倡议》，这一倡议标志着大数据已经成为重要的时代特征；美国政府宣布投资 2 亿美元以推动大数据技术发展，是大数据技术从商业行为上升到国家科技战略的分水岭。大数据技术领域的竞争，事关国家的安全和未来。美国政府认识到国家层面的竞争力将部分体现为一国拥有数据的规模、活性以及对数据的解释、运用能力；国家数字主权体现为对数据的占有和控制，数字主权将是继边防、海防、空防之后另一个大国博弈的空间。

2012 年 4 月，美国软件公司 Splunk 在纳斯达克成功上市，成为第一家上市的大数据处理公司。鉴于美国经济持续低迷、股市持续震荡的大背景，Splunk 首日股价暴涨一倍多。Splunk 是首家大数据监测和分析服务的软件提供商，其成功上市促进了资本市场对大数据的关注，同时也促使 IT 厂商加快大数据战略布局。

2012 年 7 月，联合国在纽约发布一份关于大数据政务的白皮书，总结各国政府如何利用大数据更好地服务和保护人民。这份白皮书举例说明在一个数据生态系统中，个人、公共部门和私人部门各自的角色、动机和需求。其主要包括个人由于对价格的关注和更好服务的渴望，提供数据和众包信息，并对隐私和退出权提出需求；公共部门出于改善服务、提升效益的目的，提供诸如统计数据、设备信息、健康指标及税务和消费信息等，对隐私和退出权提出需求；私人部门出于提升客户认知和预测趋势的目的，提供汇总数据、消费和使用信息，并对敏感数据所有权和商业模式更加关注。白皮书还指出，人们如今可以使用丰富的数据资源，包括旧数据和新数据，对社会人口进行前所未有的实时分析。联合国还以爱尔兰和美国的社交网络活跃度增长作为失业率上升的早期征兆为例，说明政府如果能合理分析所掌握的数据资源，将能“与数俱进”，快速应变。

2012 年 7 月，为挖掘大数据的价值，阿里巴巴集团全面推进“数据分享平台”战略，并推出大型的数据分享平台——“聚石塔”，为天猫、淘宝平台上的电商及电商服务商等提供数据云服务。随后，阿里巴巴集团董事局主席马云提出，从 2013 年 1 月 1 日起，集团将转型，重塑平台、金融和数据三大业务。阿里巴巴集团希望通过资源共享和挖掘海量数据来创造价值。此举是国内企业把大数据提升到企业管理高度的一个重大里程碑。阿里巴巴也是最早提出通过数据进行企业数据化运营的企业。

2014 年 4 月，世界经济论坛以“大数据的回报与风险”为主题发布了《全球信息技术报告（第 13 版）》。报告认为，在未来几年中，针对各种信息通信技术的政策会变得越来越重要。全球大数据产业的日趋活跃，技术演进和应用创新的加速发展，使各国政府逐渐认识到大数据在推动经济发展、改善公共服务、增进人民福祉乃至保障国家安全方面的重大意义。

2014 年 5 月，美国发布《大数据：把握机遇，守护价值》白皮书，再次重申要把握大数据可为经济社会发展带来创新动力的重大机遇，同时也要高度警惕大数据应用所带来的隐私、公平等问题，以积极、务实的态度深刻剖析可能面临的治理挑战。

2017 年，中国大数据产业生态大会发布了《2017 中国大数据产业发展白皮书》，其中指出，与 2016 年相比，中国大数据产业最大的变化在于生态系统的完善。2016 年，我国大数据产业逐步形成了以京津冀、长三角、珠三角、中西部以及东北地区为集聚发展区的发展格局，产业生态日渐成熟，大数据产业增长迅速且产业规模持续放大。基础支撑层作为整个大数据产业链的核心环节，预计 2017 年的规模约为 2246 亿元，增长 68.2%；融合应用层作为大数据产业未来发展的着力点，预计 2017 年规模约为 16 998 亿元，增长率为 30.7%；数据服务层围绕各类大数据应用需求提供辅助性服务，预计 2017 年规模约为 326 亿元，增长率达到 60.6%。

2018 年 10 月，中国国际大数据大会聚焦大数据产业高质量发展，围绕“大数据与实体经济深度融合”，从生态完善、技术突破、融合应用、环境优化等维度进行了讨论，并且把大数据安全作为一个重要的研究领域。

1.2　大数据的基本特征

大数据，指无法在一定时间范围内用常规软件工具进行捕捉、管理和处理的数据集合，是需要新处理模式才能利用它获得更强的决策力、洞察力和流程优化能力的海量、高增长率和多样化的信息资产。IBM 提出大数据具有以下 5V 特征。

（1）海量的数据规模（volume）

第一个特征是数据量大，包括采集、存储和计算的量都非常大。大数据的起始计量单位至少是拍字节（PB）、艾字节（EB）或泽字节（ZB）等[①]。

（2）快速的数据流转和动态的数据体系（velocity）

数据增长速度快，处理速度也快，时效性要求高。比如，搜索引擎要求几分钟前的新闻能够被用户查询到，个性化推荐算法尽可能要求实时完成推荐。这是大数据区别于传统数据挖掘的显著特征。

（3）多样的数据类型（variety）

种类和来源多样化，包括结构化、半结构化和非结构化数据，具体表现为网络日志、音频、视频、图片、地理位置信息等，多类型的数据对数据处理能力提出更高的要求。

（4）低价值密度（value）

随着互联网以及物联网的广泛应用，信息感知无处不在，信息海量，但价值密度较低，如何结合业务逻辑并通过强大的机器算法来挖掘数据价值，是大数据时代最需要解决的问题。

（5）真实性（veracity）

真实性表现为数据的准确性和可信赖度，即数据的质量。

---

① 1PB=1024TB，1EB=1024PB，1ZB=1024EB。

1.3 大数据处理框架

大数据系统是一个最基本的组件处理框架，主要负责对系统中的数据进行计算。例如，处理从非易失存储中读取的数据，或处理刚刚获取到系统中的数据。数据的计算则是指从大量单一数据点中提取信息和解释信息的过程。一个完整的大数据平台应该提供离线计算、即时查询、实时计算、实时查询四方面的功能。

大数据处理常见的框架主要包括仅批处理框架（如 Apache Hadoop）、仅流处理框架（如 Apache Storm，Apache Samza）和混合框架（如 Apache Spark，Apache Flink）。

处理框架和处理引擎负责对数据系统中的数据进行计算。虽然“引擎”和“框架”之间的区别没有权威的定义，但大部分时间可以将前者定义为实际负责处理数据操作的组件，将后者定义为承担类似作用的一系列组件。例如，Apache Hadoop 可以看作一种以 MapReduce 作为默认处理引擎的处理框架。但是，通常引擎和框架可以相互替换或同时使用，例如，另一个框架 Apache Spark 可以纳入 Hadoop 并取代 MapReduce。组件之间的这种互操作性体现了大数据系统的灵活性。

1.4 大数据技术的主要应用领域

大数据技术目前已广泛应用于公共事业、消费、金融、工业、医疗、农业等领域，成为促进国民经济快速发展的重要科技力量。

1.4.1 大数据技术在公共事业领域的应用

大数据技术的核心不是拥有数据，而是重在如何应用数据。在公共事业领域，海量数据信息分属于不同部门，各部门之间不同类别的数据并没有建立起关联性，数据相互隔离，形成一个个“信息孤岛”。这些孤岛信息，各部门仅仅用于简单的统计分析，缺乏对数据的深入挖掘，数据的整合度和分享度很低。因此，迫切需要推进大数据技术在公共事业领域的应用。

2015 年 9 月，国务院发布《促进大数据发展行动纲要》，主要任务是加快政府数据开放共享，推动资源整合，提升治理能力；推动产业创新发展，培育新兴业态，助力经济转型；强化安全保障，提高管理水平，促进健康发展。随后，各省纷纷跟进，如广东省地方税务局积极接触大数据平台，推进第三方涉税信息共享，明确了 28 个部门交换共享涉税信息的内容和方式，推动地税机关在办证服务上的创新，利用大数据技术为经济社会发展服务。

1.4.2 大数据技术在消费领域的应用

美国第二大超市塔吉特百货公司是最早利用大数据技术开展精准营销的零售商。公司为了挖掘孕妇这一群体，要求顾客数据分析部建立模型，以期在孕妇进入中期妊娠时就把她们确认出来。通过对顾客消费数据的建模分析，顾客数据分析部选出 25 种典型商品的消费数据构建“怀孕预测指数”，可以在很小的误差范围内预测顾客的怀孕情况，以便能早早把孕妇优惠广告寄给顾客。

全球零售业的巨头沃尔玛也通过大数据获取巨大利益。该公司在对消费者购物行为进行分析时发现，男性顾客在购买婴儿尿布时，常常会顺便搭配几瓶啤酒来犒劳自己，于是推出将啤酒和尿布捆绑销售的促销手段。如今，这一“啤酒+尿布”的数据分析成果也成为大数据技术应用的经典案例。

由此可见，零售业大数据技术应用环节，主要集中在用户、市场、产品、供应链和运营 5 个方面，如图 1-1 所示。

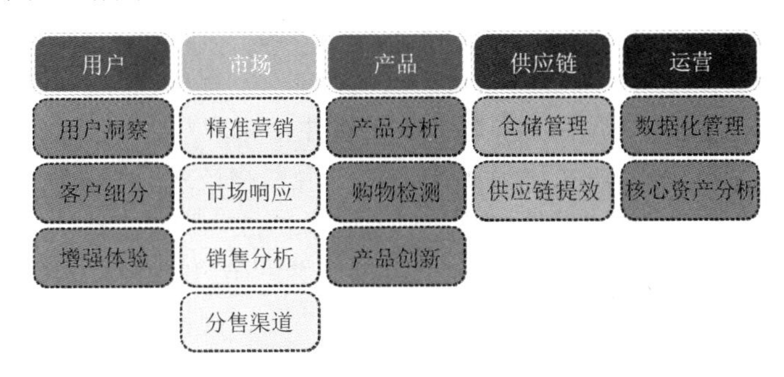

图 1-1　零售业大数据技术应用环节

1.4.3　大数据技术在金融领域的应用

金融行业无疑是大数据技术应用的重要领域之一，主要包括精准营销和大数据风控两个方面。

精准营销是基于行为数据预测用户的偏好和兴趣，继而推荐合适的金融产品。大数据风控的两个应用分别为信用风险和欺诈风险，均是通过分析历史事件，找到其内在规律构建模型，然后用新的数据去验证和优化该模型。图 1-2 给出我国金融行业大数据技术应用投资结构。

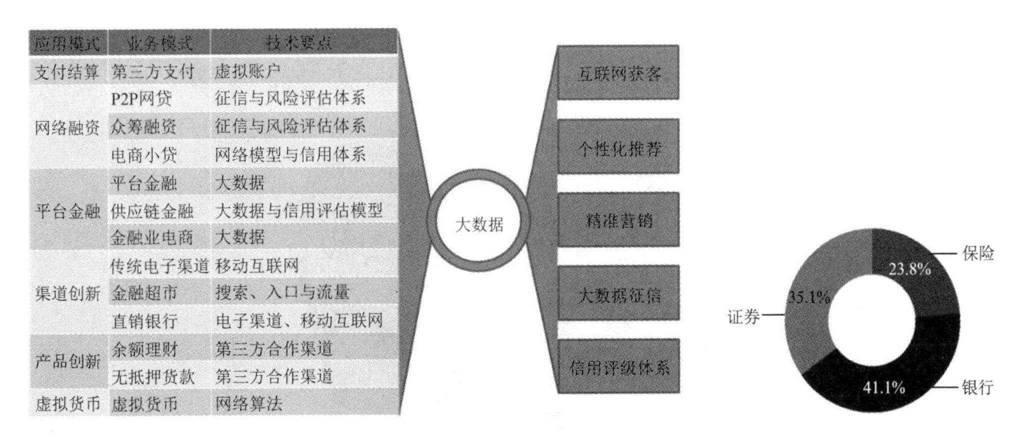

图 1-2　我国金融行业大数据技术应用投资结构

金融行业对大数据技术的需求属于业务驱动型。大型金融机构纷纷开启了基于云计算的信息系统架构转型之路，逐步将业务向云迁移。为促进大数据技术在金融领域的创新和安全应用，中国支付清算协会在金融科技专业委员会的基础上，成立了金融大数据应用研究组。从 2016 年开始，金融大数据技术逐渐成熟，金融机构可以通过客户动态数据的获取更深入地了解客户。

1.4.4 大数据技术在工业领域的应用

大数据技术在工业领域的应用主要体现在以下 8 个方面。

1）产品创新挖掘和分析。客户与工业企业之间的交互和交易行为数据，能够帮助客户参与到产品的需求分析和产品设计等创新活动中。

2）产品销售预测与需求管理。通过历史数据的多维度组合，可以看出区域性需求占比和变化、产品品类的市场受欢迎程度以及最常见的组合形式，以此来调整产品策略和铺货策略。

3）产品质量管理与分析。高度自动化的设备在加工产品的同时，也同步生成了庞大的检测结果。传统的制造业迫切期待着创新方法的诞生，来应对大数据背景下的挑战。

4）产品故障诊断与预测。无所不在的传感器、互联网技术的引入使产品故障实时诊断变为现实，大数据技术、建模与仿真技术则使动态预测成为可能。

5）生产计划与排程。生产环节的大数据可以提供更详细的数据信息，有助于发现历史预测与实际的偏差概率；考虑产能约束、人员技能约束、物料可用约束、工装模具约束，通过智能的优化算法制订排产计划。

6）工业供应链的分析和优化。利用大数据技术提前分析和预测各地商品需求量，可以提高配送和仓储的效能，保证次日货到的客户体验。

7）工业物联网生产线建设。现代化工业物联网生产线安装有数以千计的小型传感器，用来探测温度、压力、热能、振动和噪声。这些传感器每隔几秒就收集一次数据，利用这些数据可以实现很多形式的分析。

8）工业污染与环境监测。在传统人工手动监测的基础上，使用先进监测手段，推动开展环境质量连续自动监测和环境污染遥感监测，可以预测排污、进行预警与监控。

1.4.5 大数据技术在医疗领域的应用

大数据技术有望促进疾病管理、疾病诊断、医疗卫生决策、医学研究等方面的改变甚至革新，从而带动整个医疗模式的转变。图 1-3 所示为医疗行业的大数据来源。

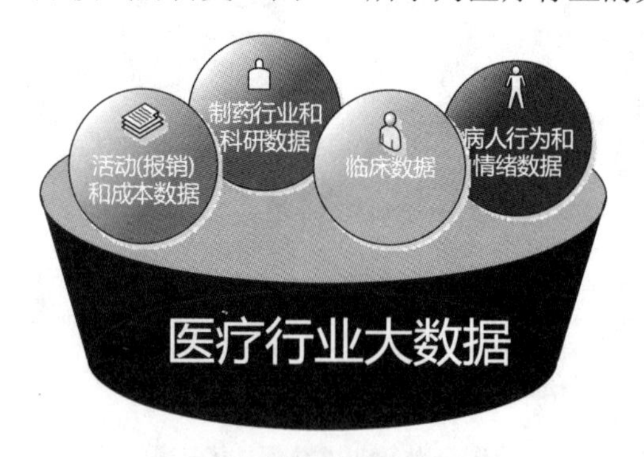

图 1-3 医疗行业大数据来源

有统计显示，一般的医疗机构每年会产生 1～20TB 的数据，一些大医院甚至可以产生 300TB～1PB 的数据。医院的医疗数据以往都是独立的，病人若首次在某家医院就诊，医生需要花费时间和精力了解病人的既往病史，不仅诊治效率低，而且增加病人就医的时间成本。大数据技术使医院之间互通数据成为可能，可以避免患者在多个不同的医院之间进行重复诊治而付出高昂的医疗费用。大数据技术有望构建一个以患者为中心的个性化平台，为患者提供疾病管理、疾病治疗、挂号预约、健康数据查询等多方面服务，充分尊重患者的价值观和需求，协调不同专业的医疗服务。

大数据技术为许多医学难题的解决提供了新途径，改变了一些疾病诊断方式。大数据技术可以挖掘出大量以往的相似疾病诊断数据，通过分析这些诊断数据来对疑难杂症进行快速判别。例如，在心脏病的诊断过程中，首先采集心脏数据并转化为心脏图谱，然后根据图谱进行建模，模型中的变量包括压力、张力、僵硬度等，最后根据这个模型分析心脏疾病病情，并作出相应的诊疗方案。此外，还可以利用图像处理技术，将心脏数据建模成为一个虚拟实体，通过设置不同的参数，模拟观察各类手术或者药物对心脏机能造成的影响，从而在诊疗之前就对诊疗后心脏疾病可能的走势做出预测，为获取疾病诊治方法提供了手段。

当流行病发生时，利用大数据技术可以对疾病已有的扩散趋势和感染人数进行建模，对每一个时间节点的数据进行分析处理，从而对流行病进行统计研究，预测病情的扩散趋势，为疾病防治、医疗卫生决策提供参考。

1.4.6　大数据技术在农业领域的应用

农业作为第一产业，拥有海量多样的数据。农业大数据是融合农业地域性、季节性、多样性、周期性等自身特征后产生的来源广泛、类型多样、结构复杂、具有潜在价值，并难以应用通常方法处理和分析的数据集合。它保留了大数据自身具有的规模巨大、处理速度快、类型多样和价值密度低等基本特征，并使农业内部的信息流得到了延展和深化。

大数据技术不断改变着农业研究的方法和手段，为解决粮食安全问题起到关键性的推动作用。2013 年 4 月，在美国华盛顿召开了八国农业共享数据国际会议。该会议创建了数据共享平台，其中包括各种类型的农业相关数据，涵盖植物遗传、天气条件、土壤状况、降雨水平、病虫害信息、农产品价格信息等，是农业大数据时代和农业信息学来临的标志。

目前，大数据技术在农业领域的应用主要集中在农业自然资源与环境、农业生产、农业市场和农业管理等方面。

1）农业自然资源与环境数据，主要是指土地资源数据、水资源数据、气象资源数据、生物资源数据和灾害数据。

2）农业生产数据，主要是指种植业生产数据和养殖业生产数据。其中，种植业生产数据包括良种信息、地块耕种历史信息、育苗信息、播种信息、农药信息、化肥信息、农膜信息、灌溉信息、农机信息和农情信息；养殖业生产数据主要包括个体系谱信息、个体特征信息、饲料结构信息、圈舍环境信息、疫情情况等。

3）农业市场数据，主要是指市场供求信息、价格行情、生产资料市场信息、价格及利润、流通市场和国际市场信息等。

4）农业管理数据，主要是指国民经济基本信息、国内生产信息、贸易信息、国际农产品动态信息和突发事件信息等。

习　　题

简答题

1. 什么是大数据？

2. 大数据的基本特征是什么？
3. 列举身边的大数据应用实例，对比其使用大数据技术前后发生的改变，并做简要分析。

参考文献

林子雨，2017. 大数据技术原理与应用[M]. 北京：人民邮电出版社.

王鹏，李俊杰，2016. 云计算和大数据技术：概念、应用与实战[M]. 2 版. 北京：人民邮电出版社.

叶晓江，刘鹏，2016. 实战 Hadoop 2.0 从云计算到大数据[M]. 北京：电子工业出版社.

HASHEM I A T, YAQOOB I, ANUAR N B, et al. , 2015. The rise of “big data” on cloud computing: review and open research issues[J]. Information systems, 47(C):98-115.

HEER J, KANDEL S, 2012 . Interactive analysis of big data[J]. XRDS, 19(1):50-54.

JURE L, ANAND R, JEFFREY D U, 2014. Mining of massive datasets[M]. Cambridge : Cambridge University Press.

MAURO A D, GRECO M, GRIMALDI M, 2016. A formal definition of big data based on its essential features[J]. Library review, 65(3):122-135.

VIKTOR M S, KENNETH C, 2013. Big data : a revolution that will transform how we live, work, and think[M]. Boston: John Murray.

第2章 大数据处理平台 Hadoop

Hadoop 是由阿帕奇软件基金会开发的一种分布式系统基础架构，以分布式文件系统 HDFS 和 MapReduce 等模块为核心，为用户提供细节透明的系统底层分布式基础架构。用户能够通过 Hadoop 轻松地组织计算机资源，搭建分布式计算平台，并充分应用 Hadoop 集群的计算和存储能力完成海量数据的处理。

本章内容包括 Hadoop 简介、Hadoop 的架构与组成。

2.1 Hadoop 简介

2.1.1 Hadoop 概述

Hadoop 是基于 Java 语言开发的，具有很好的跨平台特性，并且可以部署在廉价的计算机集群中。Hadoop 框架中最核心的是 HDFS 和 MapReduce。HDFS（Hadoop distributed file system）是一种 Hadoop 分布式文件系统，它为分布式计算存储提供了底层支持。HDFS 是对 Google 文件系统（Google file system，GFS）的开源实现，是面向普通硬件环境的分布式文件系统，具有较高的读写速度、良好的容错性和可伸缩性，支持大规模数据的分布式存储，其冗余数据存储方式很好地保证了数据的安全性。Hadoop MapReduce 提供对数据的计算，简单地讲，就是“对任务的分解与结果的汇总”。Hadoop MapReduce 是针对 Google MapReduce 的开源实现，允许用户在不了解分布式系统底层细节的情况下开发并行应用程序，采用其整合分布式文件系统上的数据，可以保证数据分析和处理的高效性。借助 Hadoop，程序员可以轻松地编写分布式并行程序，将其运行于廉价的计算机集群上，完成海量数据的存储与计算。

Hadoop 被公认为行业大数据的标准开源软件，具有在分布式环境下提供海量数据的处理能力。几乎所有主流厂商都围绕 Hadoop 提供开发工具、开源软件、商业化工具和技术服务，如 Google、Yahoo、Microsoft、Cisco、阿里巴巴等都支持 Hadoop。

2.1.2 Hadoop 特性

Hadoop 是一个能够对大量数据进行分布式处理的软件框架，以一种可靠、高效、可伸缩的方式进行处理。它具有以下 7 个特性。

1）高可靠性。采用冗余数据存储方式，即使一个副本发生故障，其他副本也可以保证对外提供正常服务。

2）高效性。作为并行分布式计算平台，Hadoop 采用分布式存储和分布式处理两大核心技术，能够高效地处理拍字节级数据。

3）高扩展性。Hadoop 的设计目标是可以高效稳定地运行在廉价的计算机集群上，并且可以扩展到数以千计的计算机节点。

4）高容错性。采用冗余数据存储方式，自动保存数据的多个副本，并且能够自动将失败的任务进行重新分配。

5）低成本。Hadoop 采用廉价的计算机集群，成本比较低，普通用户也很容易用自己的计算机搭建 Hadoop 运行环境。

6）可在 Linux 平台上运行。Hadoop 是基于 Java 语言开发的，可以较好地运行在 Linux 平台上。

7）支持多种编程语言。Hadoop 上的应用程序也可以使用其他语言编写，如 C++等。

2.1.3 Hadoop 应用现状

Hadoop 因其在大数据处理领域具有广泛的实用性和良好的易用性，自 2007 年推出后，很快在工业界得到普及应用，同时得到学术界的广泛关注和研究。在短短的几年中，Hadoop 很快成为最成功、使用最广泛的大数据处理主流技术和系统平台，并且成为一种大数据处理的工业标准，继而在工业界被进一步开发和改进，尤其是在互联网行业得到广泛应用。由于在系统性能和功能方面存在不足，Hadoop 自 2007 年已经先后推出数十个版本，目前版本为 2018 年 4 月推出的 Apache Hadoop 3.1。

Yahoo 是 Hadoop 的最大支持者，截至 2012 年，Yahoo 的 Hadoop 机器总节点数目超过 420 000 个，有超过 10 万个核心 CPU 在运行 Hadoop。最大的一个单 Master 节点集群有 4500 个节点（每个节点双路 4 核心 CPUboxesw，4×1TB 磁盘，16GB RAM）。集群总存储容量大于 350PB，每月提交的作业数目超过 1000 万个。Yahoo 在 2011 年将 Hadoop 团队独立为子公司 Hortonworks，专门提供完全基于和更新开源版本的 Hadoop 相关服务，并与 Microsoft、Teradata、Rackspace 等合作搭建开源 Hadoop 集群。

Facebook 使用 Hadoop 存储内部日志与多维数据，并以此作为报告、分析和机器学习的数据源。2010 年，Facebook 组建了当时世界上最大的 Hadoop 集群，到 2012 年总存储容量已经达到 100PB，并以每天 0.5PB 的速度增长。Facebook 同时在 Hadoop 基础上建立了一个名为 Hive 的高级数据仓库框架，Hive 已经独立出来成为基于 Hadoop 的 Apache 一级项目。此外，Facebook 还开发了 HDFS 上的 FUSE 实现。

2008 年，Google 工程师 Christophe Bisciglia 成立了一个专门商业化 Hadoop 的公司 Cloudera。Cloudera 开发的 CDH（Cloudera distribution Hadoop）是经过 Apache Hadoop 和相关项目完整测试的流行发行版本，使用 Cloudera 可以很简单地部署集群，安装需要的组件，监控和管理集群。Cloudera 为 AOL、CBS、eBay、Expedia、JPM、Monsanto、Nokia、RIM 和 Disney 等公司提供 Hadoop 解决方案。2018 年 10 月，Cloudera 与 Hortonworks 合并，进一步推动了 Hadoop 的商业化进程。

除了传统的现场数据中心，Hadoop 还可以部署在云中。这样，希望进行数据管理的公司无须投资硬件或具备特定专业知识即可进行大数据处理，从而节约大量的成本。目前，提供云报价的供应商包括 Microsoft、Amazon、IBM、Google、SAP、Oracle 等。

Google 云提供从自管理到 Google 管理的多种 Hadoop 生态系统，并为 Hadoop 和 Spark 推出了 Cloud Dataproc 服务。除此之外，还可以在 Google 云平台上使用第三方插件，比如

Cloudera Director 插件。

Microsoft Azure HDInsight 是在 Azure 上部署 Hadoop 的服务。Azure HDInsight 使用 Microsoft 与 Hortonworks 共同开发的 HDI，并允许使用.Net 进行编程扩展。用户也可以在 Azure 虚拟机上运行 Cloudera 或 Hortonworks Hadoop 集群。

Amazon 自 2007 年就提供在 Elastic Compute Cloud（EC2）和 Simple Storage Service（S3）上部署 Hadoop 的服务。2009 年 4 月推出的 Elastic MapReduce（EMR）可以自动进行 Hadoop 集群的设置、作业的运行和终止，以及处理 EC2（虚拟机）和 S3（对象存储）之间的数据传输，并可以在 Hadoop 之上构建 Apache Hive 来提供数据仓库服务。

2013 年，超过半数的财富 50 强公司已经开始使用 Hadoop 进行大数据处理。除了互联网行业，目前美国很多非 IT 企业，包括银行、保险、电信、制造业、餐饮和百货零售等都已经广泛使用 Hadoop 生态圈套件进行超大规模数据处理。比如，美国排名前十的汽车保险公司之一 Progressive，早已通过实时采集诸如加减速行为和车辆行进路线等用户驾驶数据来决定是否需要改变用户的车辆保险价格；与物联网技术结合，美国福特汽车公司通过在汽车里面安装传感器来采集数据并进行分析，实时反馈给服务端来优化驾驶体验。Hadoop 生态系统将在 ABC（AI、Big Data 和 Cloud Computing）时代中，不断创造更大的商业价值。

根据中国信息通信研究院发布的《中国大数据发展调查报告（2018 年）》显示：2017 年中国大数据产业总体规模为 4700 亿元人民币，同比增长 30%；2017 年大数据核心产业规模为 236 亿元人民币，增速达到 40.5%，预计 2018～2020 年增速将保持在 30%以上；同时，38.6%的受访企业选择非结构化的批处理架构（如 Hadoop），其在平台应用中最为广泛。

百度在 2006 年开始调研和使用 Hadoop，2012 年其总的集群规模达到近十个，单集群超过 2800 台机器节点，Hadoop 机器总数有上万台，总的存储容量超过 100PB，每天提交的作业数目有数千个之多，每天的输入数据量超过 7500TB，输出超过 1700TB。同时，百度在 Hadoop 的基础上还开发了自己的日志分析平台、数据仓库系统，以及统一的 C++编程接口，并对 Hadoop 进行了深度改造，开发了 Hadoop C++扩展 HCE 系统。

淘宝部分业务部门在 2008 年开始搭建小规模 Hadoop 集群。2008 年 10 月阿里巴巴抽调 Yahoo 中国的核心技术人员成立专门团队，于 2010 年初全面转向 Hadoop 集群。2012 年，阿里巴巴搭建了中国规模最大的单 Master 节点 Hadoop 集群，大约有 3200 台服务器，总内存 100TB，总存储容量超过 60PB，每天 Hive 查询大于 6000 个，每天扫描数据量约为 7.5PB，每天扫描文件数约为 4 亿，存储利用率大约为 80%，CPU 利用率平均为 65%，峰值可达 80%。阿里巴巴的 Hadoop 集群拥有 150 个用户组、4500 个集群用户，为淘宝、天猫、一淘、聚划算、支付宝等产品线提供底层的基础计算和存储服务。阿里云通过 E-MapReduce 为外部提供 Hadoop 服务。

腾讯也是使用 Hadoop 较早的中国互联网公司之一，截至目前，腾讯的 Hadoop 集群机器总量接近 3 万台，最大单集群约为 1 万多个节点，并利用 Hadoop-Hive 构建了自己的数据仓库系统 TDW，同时还开发了自己的 TDW-IDE 基础开发环境。腾讯的 Hadoop 集群为腾讯各个产品线提供基础云计算和云存储服务。

2.2 Hadoop 架构与组成

2.2.1 Hadoop 架构

Hadoop 分布式系统基础框架具有极大的可扩展性，用户可以在不了解分布式底层细节的情况下开发分布式程序，充分利用集群的威力进行高速运算和存储。图 2-1 为 Hadoop 2.0 的架构图。Hadoop 的核心组成部分是 HDFS、MapReduce 以及 YARN 等，其中，HDFS 为分布式存储框架提供海量数据的存储，MapRaduce 为分布式计算框架提供数据的计算。

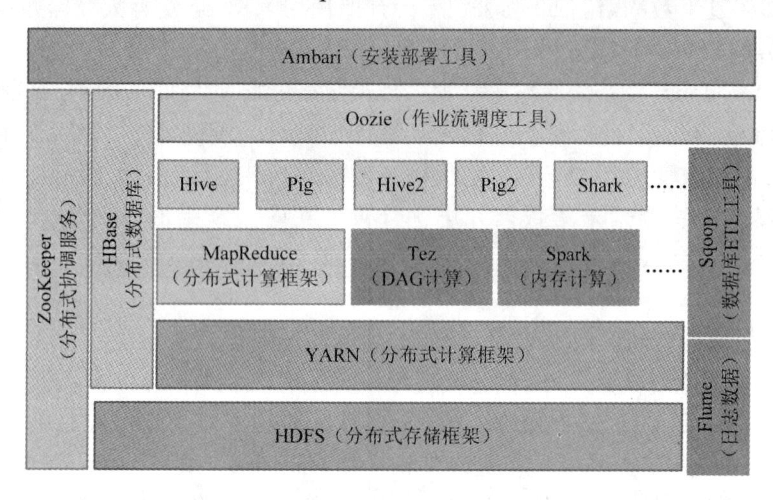

图 2-1 Hadoop 2.0 主要部分的框架

对比 Hadoop 1.0 与 Hadoop 2.0，其核心部分变化如图 2-2 所示。其中，Hadoop 2.0 中的 YARN 是在 Hadoop 1.0 中 MapReduce 基础上发展而来的，主要是为了解决 Hadoop 1.0 扩展性较差且不支持多计算框架的问题而提出的。

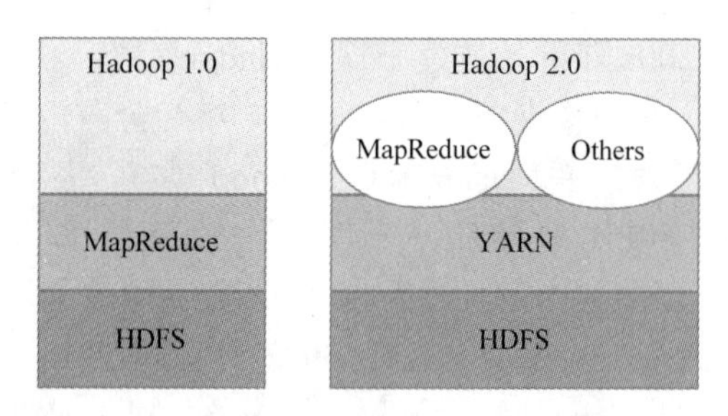

图 2-2 Hadoop 1.0 与 Hadoop 2.0 核心对比

2.2.2 Hadoop 组成模块

1. MapReduce

MapReduce 是一个用于编写并行处理大数据集的应用程序软件框架。MapReduce 作业分割大型数据集并将数据组织成键值对进行处理。为了充分利用 Hadoop 提供的并行处理优势，需要将数据的查询表示成 MapReduce 作业，它是客户端需要执行的一个工作单元，包括数据输入、MapReduce 程序和配置信息。Hadoop 将作业分成若干个小任务来执行，其中包括两类任务：Map 任务和 Reduce 任务。有两类节点控制着作业执行过程：一个 JobTracker 和一系列 TaskTracker。JobTracker 通过调度 TaskTracker 上运行的任务来协调所有运行在系统上的作业。TaskTracker 在运行任务的同时将运行进度报告发送给 JobTracker，JobTracker 由此记录每项作业任务的整体进度情况。如果其中一个任务失败，JobTracker 可以在另外一个 TaskTracker 节点上重新调度该任务。Hadoop 将 MapReduce 的输入数据划分成等长的小数据块，称为输入分片（input split），简称分片。Hadoop 为每个分片构建一个 Map 任务，并由该任务来运行用户自定义的 Map 函数，从而处理分片中的每条记录。拥有许多分片，意味着处理每个分片所需要的时间少于处理整个输入数据所花的时间。因此，如果并行处理每个分片，且每个分片数据比较小，那么整个处理过程将获得更好的负载平衡，因为一台较快的计算机能够处理的数据分片比一台较慢的计算机更多，且成一定的比例。即使使用相同的机器，处理失败的作业或其他同时运行的作业也能够实现负载平衡，并且如果分片被切分得更细，负载平衡的质量会更好。另外，如果分片切分得太小，那么管理分片的总时间和构建 Map 任务的总时间将决定作业的整个执行时间。对于大多数作业来说，一个合理的分片大小趋向于 HDFS 的一个块的大小，默认是 64MB，不过可以针对集群调整这个默认值。

2. HDFS

HDFS 是 HDInsight 上 Hadoop 集群的标准文件系统。HDFS 以流式数据访问模式来存储超大文件，运行于商用硬件集群上。它的构建思路是：一次写入、多次读取是最高效的访问模式。数据集通常由数据源生成或从数据源复制而来，接着长时间在此数据集上进行各类分析。每次分析都将涉及该数据集的大部分数据甚至全部，因此读取整个数据集的时间延迟比读取第一条记录的时间延迟更重要。当数据集的大小超过一台独立物理计算机的存储能力时，需要对数据集进行分区（partition）并将其存储到若干台单独的计算机上。管理网络中跨多台计算机存储的文件系统就称为 HDFS。该系统架构于网络之上，势必会增加网络编程的复杂性，因此 HDFS 比普通磁盘文件系统更为复杂。例如，如何使文件系统能够容忍节点故障且不丢失任何数据，是一个极大的挑战。

Hadoop 在存储有输入数据的节点上运行 Map 任务，可以获得最佳性能，这就是所谓的数据本地优化。为什么最佳分片的大小应该与块大小相同？因为它可以确保存储在单个节点上的最大输入块的大小。如果分片跨越两个数据块，那么对于任何一个 HDFS 节点，基本上都不可能同时存储这两个数据块，因此分片中的部分数据需要通过网络传输到 Map 任务节点，与使用本地数据运行整个 Map 任务相比，这种方法显然效率更低。Map 任务将其输出写入本地硬盘而非 HDFS。因为 Map 输出是中间结果，该中间结果由 Reduce 任务处理后才产生最终输出结果，而且一旦作业完成，Map 的输出结果可以被删除。所以，如果把它存储在 HDFS 中并实现备份，难免有些小题大做。如果该节点上运行的 Map 任务在将 Map 中间结果传送给 Reduce 任务之前失败，Hadoop 将在另一个节点上重新运行这个 Map 任务以再次构建 Map 中间结果。

3. HBase

HBase 是一个分布式的、面向列的开源数据库，该技术来源于 Fay Chang 所撰写的 Google 论文——“Bigtable：一个结构化数据的分布式存储系统”。HBase 可以实现实时地随机访问超大规模数据集。

HBase 从另一个角度来解决可伸缩性的问题。它采用自底向上地构建的方式，能够简单地通过增加节点来达到线性扩展。HBase 并不是关系型数据库，它不支持 SQL，但在特定的问题空间中能够做到 RDBMS 不能做的事，即在廉价硬件构成的集群上管理超大规模的稀疏表。

4. Apache Pig

Apache Pig 是一个高级平台，允许使用一种简化脚本语言（Pig Latin）对超大型数据集执行复杂的 MapReduce 转换。

Pig 为大型数据集的处理提供更高层次的抽象。MapReduce 使程序员能够自己定义一个 Map 函数和一个紧跟其后的 Reduce 函数。但是，必须使数据处理过程与这一连续的 Map 和 Reduce 模式相匹配。大多数时候数据处理需要多个 MapReduce 过程才能实现，这样数据处理过程与该模式匹配可能很困难。有了 Pig，就能使用多样性的数据结构。这些数据结构往往是多值的和嵌套的。Pig 还提供了一套更强大的数据交换操作，包括在 MapReduce 中被忽略的链接操作。

Pig 由两部分构成：

1）用于描述数据流的语言，称为 Pig Latin。

2）用于运行 Pig Latin 程序的执行环境。当前的执行环境包括单 Java 虚拟机（Java virtual machine，JVM）中的本地执行环境和 Hadoop 集群中的分布式执行环境。

Pig Latin 程序由一系列的操作或变换组成。每个操作或变换对输入进行数据处理，并产生输出结果。从整体上看，这些操作描述一个数据流。Pig 执行环境把数据流翻译为可执行的内部表示并运行它。在 Pig 内部，这些变换操作被转换成一系列 MapReduce 作业，在多数情况下并不需要知道这些转换是如何进行的。这样一来，可以将精力集中在数据上，而非执行细节上。MapReduce 的缺点是开发周期太长，写 Mapper 和 Reducer，对代码进行编译和打包，提交作业，获取结果，整个过程非常耗时。即使使用 Streaming 能在这一过程中去除代码编译和打包步骤，仍不能改善这一情况。Pig 的优点在于只用控制台上的五六行 Pig Latin 代码就能够处理太字节级的数据。然而，Pig 并不适用于所有的数据处理任务。和 MapReduce 一样，它是为数据批处理而设计的。如果想执行的查询只涉及一个大型数据中心的一小部分数据，Pig 的表现并不是很好，这是因为它要扫描整个数据集或其中的很大一部分。

5. Apache Hive

Apache Hive 是构建于 Hadoop 上的一个数据仓库软件，允许使用类似于 SQL 的语言（称为 HiveQL）来查询和管理分布式存储中的大型数据集。Hive 是一种基于 MapReduce 的抽象。在运行时，Hive 会将查询转换为一系列 MapReduce 作业。Hive 比 Pig 在概念上更接近于关系数据库管理系统，因此适用于结构化程度更高的数据。对于非结构化数据，Pig 是更佳选择。Hive 的设计目的是为了让精通 SQL 技能的分析师能够对 Facebook 存放在 HDFS 中的大规模数据集执行查询。如今 Hive 已经是一个成功的 Apache 项目，很多组织把它用作一个通用的、可伸缩的数据处理平台。Apache HCatalog 是 Hadoop 的表和存储管理层，为用户提供数据的关系视图。在 HCatalog 中，可以读取和写入采用可以写入 HiveSerDe（序列化程序-反序列化程序）的任何格式的文件。

6. Apache Mahout

Apache Mahout 是在 Hadoop 上运行的一种可扩展的计算机学习算法库。计算机学习应用程序采用的是统计学原理，使系统学习数据并使用以往的结果来确定将来的行为。

7. Apache Oozie

Apache Oozie 是一种管理 Hadoop 作业的工作流协调系统。通过与 Hadoop 堆栈集成后，能够支持 MapReduce、Pig、Hive 和 Sqoop 的 Hadoop 作业；也能用于安排特定于某系统的作业，例如 Java 程序或 Shell 脚本。

8. Apache Sqoop

Apache Sqoop 是一种用于在 Hadoop 和关系数据库（如 SQL）或其他结构化数据存储之间尽可能高效地传输批量数据的工具。

9. Apache ZooKeeper

Apache ZooKeeper 通过数据寄存器的共享层次结构命名空间（ZNode），协调大型分布式系统中的进程。ZNode 包含协调流程所需的少量元数据信息，如状态、位置、配置等。

习 题

一、简答题

1. 简述 Hadoop 的基本特性。
2. 简述 Hadoop 集群的主要构成。

二、选择题

1. 从技术上看，Hadoop 由哪两项关键服务构成？（ ）
   A. HDFS 分布式文件系统　B. MapReduce 高性能并行数据处理
   C. HBase 分布式按列存储数据库　D. Oozie 工作流管理
2. Hadoop 的主要优点包括（ ）。
   A. 高可靠性　B. 高效性　C. 高扩展性　D. 高容错性
3. Hadoop 将作业分成若干个小任务来执行，其中包括哪两类任务？（ ）
   A. Map　B. Reduce　C. Apache Oozie　D. Apache ZooKeeper

参考文献

叶晓江，刘鹏，2016. 实战 Hadoop 2.0 从云计算到大数据[M]. 2 版. 北京：电子工业出版社.

BITTORF M, BOBROVYTSKY T, ERICKSON C C A C J, et al., 2015. Impala: a modern, open-source SQL engine for Hadoop[C]//Proceedings of the 7th Biennial Conference on Innovative Data Systems Research. Asilomar: DBLP: 25-43.

OWEN O M, 2008. Terabyte sort on Apache Hadoop[R/OL].(2008-05-01)[2019-01-11]. http://sortbenchmark.org/YahooHadoop.pdf.

THUSOO A, SARMA J S, JAIN N, et al., 2010. Hive:a petabyte scale data warehouse using Hadoop[C]//International Conference on Data Engineering. Long Beach: IEEE: 996-1005.

WHITE T, 2011. Hadoop: the definitive guide[M]. 南京：东南大学出版社.

第3章 分布式文件系统 HDFS

大数据处理面临的首要问题是如何有效存储规模巨大的海量数据。对于大数据处理应用来说，依靠集中式的物理服务器保存数据是不现实的，容量大小和数据传输速度是主要的两大技术瓶颈。要实现大数据的存储，需要使用几十台、几百台甚至更多的分布式服务器节点。为了统一管理这些节点上存储的数据，必须使用一种特殊的文件系统——分布式文件系统。

本章主要介绍分布式文件系统 HDFS 的基本特征、体系架构、数据存储及访问方法，在此基础上进一步介绍 HDFS 的文件操作命令、编程接口和编程示例。

3.1 HDFS 简介

HDFS 是 Hadoop 的核心技术之一。它为大数据平台的其他所有组件提供了最基本的存储功能，其高容错、高可靠、高可扩展、高获得性、高吞吐率等特征为大数据存储和处理提供了强大的底层存储架构。因此，它是大数据平台的基础。参照 Google 于 2003 年 10 月提出的 GFS（Google file system），Apache 实现了 Hadoop 版的分布式文件系统 HDFS，由于 HDFS 自身的成熟稳定，加之用户众多，HDFS 已经成为当前分布式存储的事实标准。

3.1.1 HDFS 设计理念

作为 Hadoop 生态圈的基础，HDFS 非常适合运行在廉价硬件集群之上，以流式数据访问模式来存储超大文件。HDFS 的特点如下。

（1）运行在廉价硬件之上

HDFS 在设计的时候，就已经认为在集群规模足够大时，节点故障并不是小概率事件，而可以认为是一种常态。例如，一个节点故障的概率如果是千分之一，那么当集群规模是 1000 台时，正常情况每天都会有节点故障。当节点发生故障时，HDFS 能够继续运行并且不让用户察觉到明显的中断，所以 HDFS 并不需要运行在高可靠且昂贵的服务器上，运行在普通 PC Server 上即可。

（2）适合存储超大文件

存储在 HDFS 上的文件大多在吉字节、太字节级别，目前已经有存储拍字节级数据的 Hadoop 集群。

（3）流式数据访问

HDFS 认为，一次写入、多次读取是最高效的访问模式。HDFS 的数据集生成后，会长时间在此数据集上进行各类分析，每次分析都涉及该数据集的大部分甚至全部数据，因此读取整个数据集的时间延迟比读取第一条记录的时间延迟更重要。

3.1.2　HDFS的缺点

HDFS的缺点主要有如下3个方面。

（1）不适合低延迟数据访问

如果要处理一些用户要求时间比较短的低延迟应用请求，则HDFS是不合适的。HDFS是为了处理大型数据集分析任务、为达到高的数据吞吐量而设计的，这就可能要求以高延迟作为代价。改进策略是，对于那些有低延时要求的应用程序，HBase是一个更好的选择。通过上层数据管理项目来尽可能地弥补这个不足，HDFS在性能上有了很大的提升，实现了“goes real time”的目标；若使用缓存或多Master设计，同样可以降低Client的数据请求压力，以减少延时；若对HDFS系统内部实施修改，权衡大吞吐量与低延时关系，也可以改善HDFS的性能。

（2）无法高效存储大量小文件

由于NameNode将文件系统的元数据放置在内存中，其文件系统所能容纳的文件数目由NameNode的内存大小来决定。因此，一般来说，每一个文件、文件夹和Block需要占据150B左右的空间。例如，如果仅有100万个文件，每一个文件占据一个Block，这时至少需要300MB内存。目前，数百万个文件还是可行的，当扩展到数十亿个文件时，当前的硬件水平就无法实现了。

（3）不支持多用户写入及任意修改文件

在HDFS的一个文件中只有一个写入者，而且写操作只能在文件末尾完成，即只能执行追加操作。目前，HDFS还不支持多个用户对同一文件的写操作，以及在文件任意位置进行修改。

3.1.3　基本组成结构与文件访问过程

一个HDFS文件系统包括一个主控节点NameNode和一组从节点DataNode。HDFS集群有两类节点，并以管理者-工作者模式运行，即一个NameNode（管理者）和多个DataNode（工作者）。

NameNode保存了文件系统的3种元数据。

1）命名空间，即整个分布式文件系统的目录结构。

2）数据块与文件名的映射表。

3）每个数据块副本的位置信息，每一个数据块默认有3个副本。

HDFS对外提供命名空间，让用户的数据可以存储在文件中，但是在内部，文件可能被分成若干个数据块。DataNode用来实际存储和管理文件的数据块。Hadoop 2.×中，HDFS文件每个数据块默认的大小为128MB；同时，为了防止数据丢失，每个数据块默认有3个副本，且3个副本会分别复制在不同的节点上，以避免因一个节点失效造成一个数据块的彻底丢失。

每个DataNode的数据，实际上存储在每个节点的本地Linux文件系统中。在NameNode上可以执行文件操作，比如打开、关闭、重命名等；而且NameNode也负责向DataNode分配数据块并建立数据块和DataNode的对应关系。DataNode负责处理文件系统用户具体的数据读写请求，同时也可以处理NameNode对数据块的创建和删除副本的指令。

NameNode 和 DataNode 对应的程序可以运行在廉价的普通商用服务器上。这些机器一般都运行着 GNU/Linux 操作系统。HDFS 由 Java 语言编写，支持 JVM 的机器都可以运行 NameNode 和 DataNode 对应的程序。虽然一般情况下是 GNU/Linux 系统，但是因为 Java 的可移植性，HDFS 也可以运行在很多其他平台上。一个典型的 HDFS 部署情况是：NameNode 程序单独运行于一台服务器节点上，其余的服务器节点每一台运行一个 DataNode 程序。

在一个集群中采用单一的 NameNode 可以大大简化系统的架构。另外，虽然 NameNode 是所有 HDFS 元数据的唯一所有者，但是，程序访问文件时，实际的文件数据流并不会通过 NameNode 传送，而是从 NameNode 获得所需访问数据块的存储位置信息后，直接去访问对应的 DataNode 获取数据。这样设计有两点好处：一是允许一个文件的数据能同时在不同 DataNode 上并发访问，提高数据访问的速度；二是可以大大减少 NameNode 的负担，避免 NameNode 成为数据访问的瓶颈。

HDFS 的基本文件访问过程包括如下 3 个步骤。

1）用户的应用程序通过 HDFS 的客户端程序将文件名发送至 NameNode。

2）NameNode 接收到文件名之后，在 HDFS 目录中检索文件名对应的数据块，再根据数据块信息找到保存数据块的 DataNode 地址，将这些地址回送给客户端。

3）客户端接收到这些 DataNode 地址之后，与这些 DataNode 并行地进行数据传输操作，同时将操作结果的相关日志（比如是否成功，修改后的数据块信息等）提交到 NameNode。

3.2 HDFS 体系架构

HDFS 采用主/从（master/slave）架构，如图 3-1 所示。

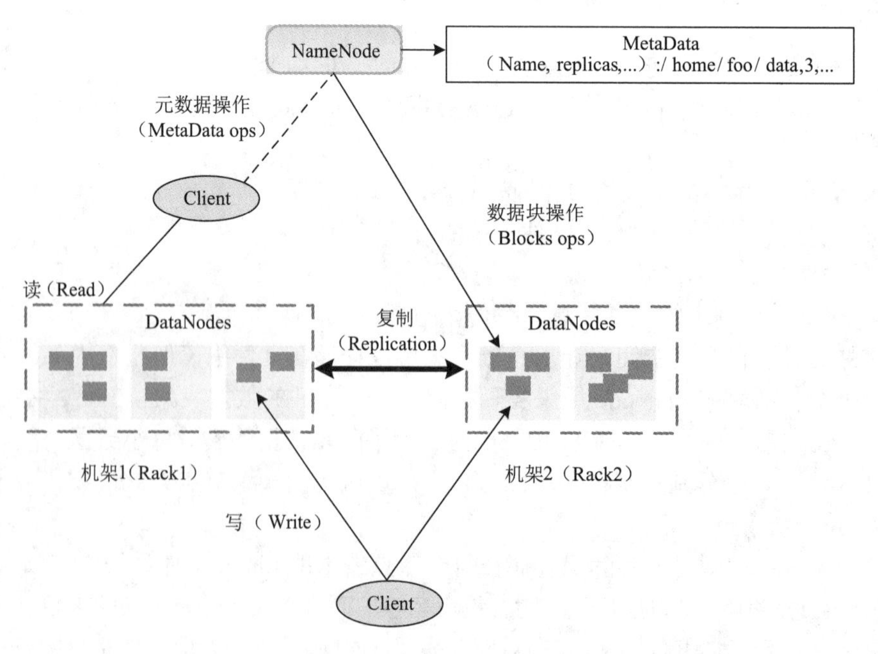

图 3-1 HDFS 体系架构

从最终用户的角度来看，它就像传统文件系统一样，用户可以通过目录路径对文件执行 CRUD（create、read、update 和 delete）操作。但由于分布式存储的性质，HDFS 集群包括一个 NameNode 存储主节点、多个 DataNode 存储从节点和 Client 客户端。NameNode 管理文件系统的元数据 MetaData，DataNode 存储实际数据，客户端通过同 NameNode 和 DataNode 的交互来访问文件系统，客户端联系 NameNode 以获取文件的 MetaData，而真正的文件 I/O 操作是直接和 DataNode 交互的。DataNode 提供真实文件数据的存储服务，负责处理客户的读写请求，依照 NameNode 的命令执行数据块的创建、复制、删除等工作。例如，客户端要访问一个文件，首先，客户端从 NameNode 中获得组成该文件的数据块位置列表，即知道数据块被存储在哪些 DataNode 上；然后，客户端直接从 DataNode 上读取文件数据。此过程中，NameNode 不参与文件的传输。

在具体介绍 HDFS 体系架构之前，先介绍如下两个概念。

1. 数据块

为了提高硬盘的效率，文件系统中最小的数据读写单位不是字节，而是一种数据块。HDFS 同样也有块（Block）的概念，将文件划分为一系列的块来存储。与一般文件系统大小为若干千字节的数据块不同，Hadoop 2.×中 HDFS 数据块的默认大小是 128MB，比文件系统上几个千字节的数据块大了几千倍，而且数据块的大小可以随着实际需要而变化，配置项为 hdfs-site.xml 文件中的 dfs.block.size 项。

HDFS 数据块设置成这么大的原因是为了减少寻址开销的时间。在 HDFS 中，当应用发起数据传输请求时，NameNode 会首先检索文件对应的数据块信息，找到数据块对应的 DataNode；DataNode 则根据数据块信息在自身的存储中寻找相应的文件，进而与应用程序交换数据。因为检索的过程都是单机运行，所以要增加数据块大小，这样就可以减少寻址的频度和时间开销。

作为一个分布式文件系统，为了保证系统的容错性和可靠性，HDFS 采用多副本方式对数据进行冗余存储。通常一个数据块的多个副本会被分布到不同的数据节点上，如图 3-2 所示，数据块 1 被存放在数据节点 A 和 C 上，数据块 2 被存放在数据节点 A 和 B 上。在 hdfs-site.xml 文件中，通过配置项 dfs.replication 来设置每个 HDFS 块在 Hadoop 集群中保存的份数，值越大，冗余性越好，占用存储也越多，默认值为 3，即有 2 份冗余。

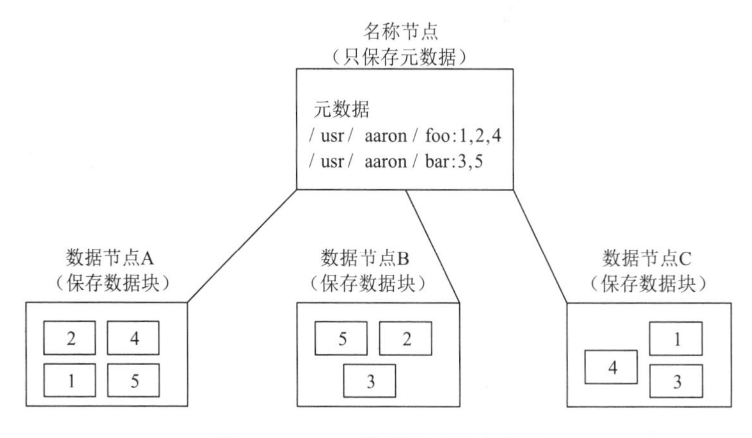

图 3-2　HDFS 数据块多副本存储

这种多副本方式具有以下 3 个优点。

1）加快数据传输速度。当多个客户端需要同时访问同一个文件时，可以让各个客户端分别从不同的数据块副本中读取数据，这就大大加快了数据传输速度。

2）容易检查数据错误。HDFS 的数据节点之间通过网络传输数据，采用多个副本可以很容易判断数据传输是否出错。

3）保证数据的可靠性。即使某个数据节点出现故障失效，也不会造成数据丢失。

另外，一个数据块的 3 个副本通常会保存到两个或者两个以上机架的服务器中，其目的是防灾容错，因为发生一个机架掉电或者一个机架的交换机损坏的概率还是很高的。

2. 心跳

心跳是 DataNode 定期向 NameNode 汇报的信息集合。HDFS 中主节点 NameNode 并不会主动连接从节点 DataNode，而是由 DataNode 主动发起。正常运行时，每次通信都由 DataNode 主动发起，NameNode 会根据心跳包判断此 DataNode 的当前状态，当 NameNode 需要向 DataNode 发出相关存取命令时，也是通过“应答心跳包”传送的。如果 NameNode 在心跳包最大间隔时间内依旧接收不到某 DataNode 的心跳包，NameNode 会认为此 DataNode 已失效，并将此 DataNode 标记为“DeadNodes”。

3.2.1 NameNode

NameNode 是 HDFS 的主进程名，整个集群中只有一个，通常称运行 NameNode 进程的主机为存储主节点，作为守护进程，主节点需长期运行此进程，可以说 NameNode 开启就是集群的开启，NameNode 停止就是集群的停止。

从功能上看，NameNode 主要具有如下 3 大功能。

（1）管理 HDFS 命名空间

NameNode 通过 MetaData 来管理整个文件系统，MetaData 将命名空间镜像文件 fsimage 和编辑日志文件 edits 两类文件保存在磁盘中，其还保存了数据块与文件名的映射表及每个数据块副本的位置，即一个文件切割成哪些数据块，分布在哪些 DataNode 上，但是这些信息并不存储在磁盘上，而是在系统启动时从 DataNode 收集的。如图 3-3 是某一 HDFS 集群运行时主节点上的 fsimage 和 edits 文件列表。

从 NameNode 角度来看，MetaData 可靠性较低，一旦 fsimage 和 edits 文件丢失，整个文件系统就会丢失，设计者可采用 Secondary NameNode、Checkpoint Node 等机制确保 MetaData 的性能。

（2）协调整个 HDFS 存取

NameNode 负责集群的所有存储任务，是 HDFS 所有决策的仲裁中心。从某种意义上说，NameNode 被设计得非常智能，而 DataNode 却毫无智能可言，它实际上就是一个命令执行者，只能被动地读写数据块，它甚至都不知道文件的存在。

（3）应答客户端存取请求

每次存取时，Client 主动连接 NameNode，而当 Client 想要具体存取某块数据时，NameNode 会把对应机器（存储此数据块且物理上离此 Client 最近）的协议信息发往 Client，让 Client 自己到该 DataNode 上存取。

从集群角度来说，NameNode 存在单点故障，一旦 NameNode 宕机，整个集群服务都

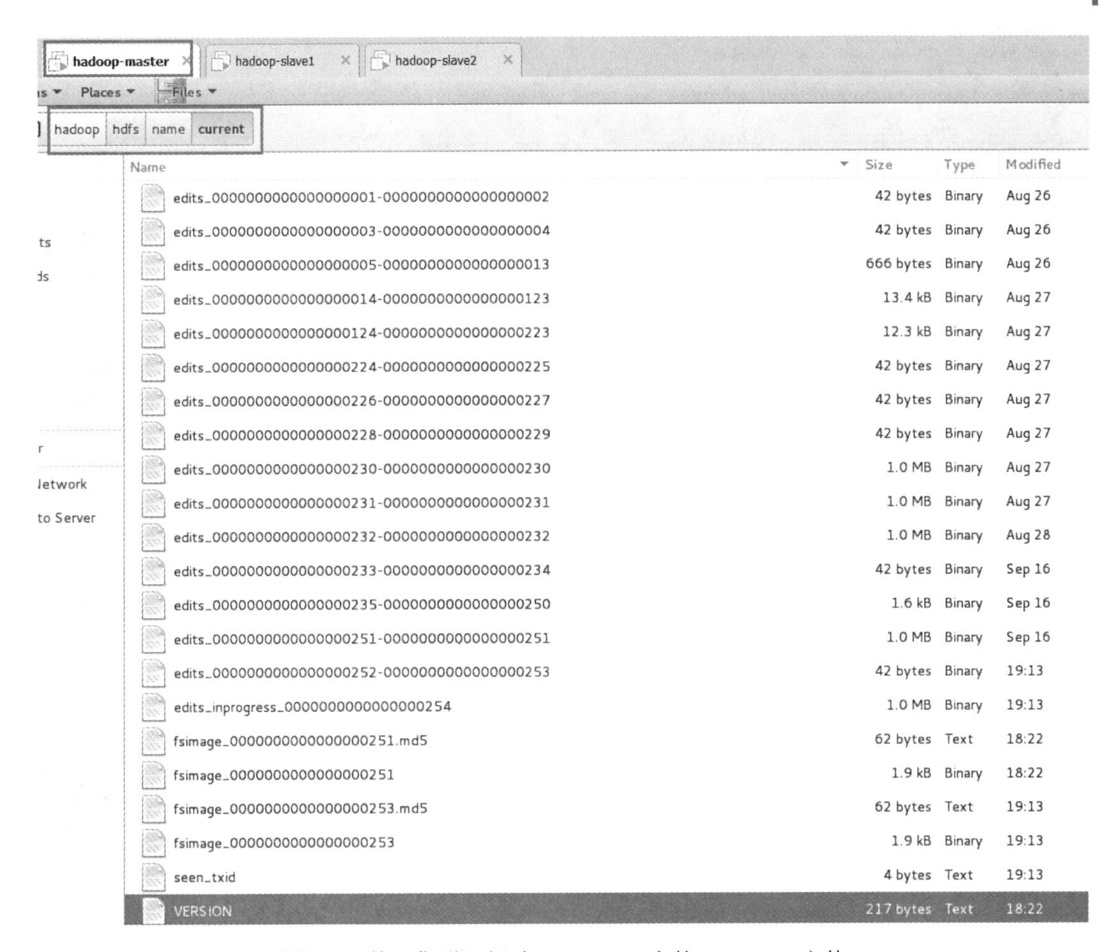

图 3-3　某一集群运行时 NameNode 上的 MetaData 文件

随之崩溃，此时唯一的办法就是重启 NameNode。因此，为了确保 HDFS 提供 24 小时 365 天不间断的服务，就必须对 NameNode 进行双机甚至多机热备。目前常用的三大方案为 high availability with QJM、high availability with NFS 和 federation，其中，high availability with QJM 效果最佳。关于单点故障，读者还可以参考 MapR 公司的设计方案，该公司对 HDFS 进行了重构，不存在单点故障。

3.2.2　DataNode

DataNode 是 HDFS 的从进程名，整个集群中有多个，通常称运行 DataNode 进程的主机为存储从节点，作为守护进程，每台从节点上都应部署并长期运行此进程。

DataNode 在本地文件系统上以块的形式存放 HDFS 文件，DataNode 无法感知文件的存在，其维护的都是块及其相关存储信息，对外服务时，DataNode 会按照 Client 和 NameNode 的要求，针对特定块进行读写和复制操作。HDFS 块文件存放在 DataNode 块目录下（默认目录是$(dfs.data.dir)/current），块的文件名为 blk_blkID。例如，某一 HDFS 集群从节点 slave1 上存放块的目录内容，如图 3-4 所示。

部署 HDFS 集群时，DataNode 应当有多个，而且最好是 3 个以上，由于采用主/从架构，可以实时动态地向集群中增删 DataNode 节点。

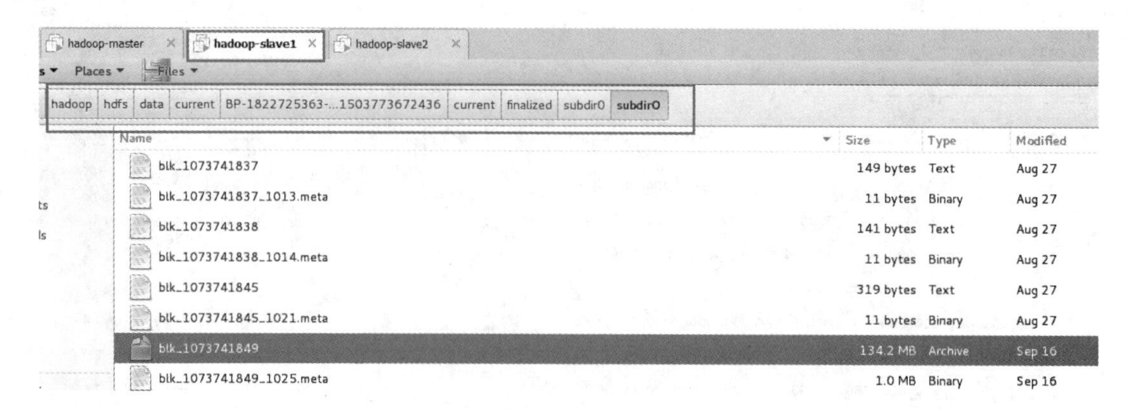

图 3-4　某一集群 DataNode 存放数据块的目录内容

3.2.3　Client

Client 是欲使用集群存储服务的机器，显然 Client 上至少应当有一套 NameNode 访问协议。事实上，Client 上也只需要此类协议以及相关支持命令、jar 包，并不需要任何守护进程。

下面简单总结一下 NameNode、DataNode 和 Client 这 3 个实体之间的关系。首先，NameNode 管理所有 DataNode，两者之间是管理和被管理的关系，不过要注意每次都是 DataNode 主动向 NameNode 发送心跳包，NameNode 并不会主动询问 DataNode；其次，各个 DataNode 之间是对等的，没有特别联系，不过在块复制等操作时，DataNode 之间会有大量的 RPC 调用，此时它们会在 NameNode 的指挥下协作完成数据存取服务；再次，Client 和 NameNode 之间是服务与被服务的关系，NameNode 为 Client 提供服务，Client 则按使用者需求向 NameNode 发出相关存取请求，对于特定集群而言，NameNode 是固定的，Client 是不断变化的，它可以是世界上任何一个节点；最后，Client 和 DataNode 之间根本无关系可言，实际上，Client 并不知道也不应当知道 DataNode 的存在，只是在访问具体数据时，NameNode 会要求 Client 到某特定 DataNode 上进行存取。

3.3　HDFS 数据读写过程

HDFS 客户端可以通过多种不同方式（如 Shell 命令、Java API 等）对 HDFS 进行读写操作。

3.3.1　读取数据

读数据的过程如图 3-5 所示，关键步骤如下：

1）使用 HDFS 提供的客户端开发库 Client，向远程的 NameNode 发起请求。

2）NameNode 会视情况返回文件的部分或者全部 Block 列表，对于每个 Block，NameNode 都会返回由该 Block 复制的 DataNode 地址。

3）客户端开发库 Client 会选取离客户端最接近的 DataNode 来读取 Block；如果客户端本身就是 DataNode，那么将从本地直接获取数据。

4）读取完当前 Block 的数据后，关闭与当前 DataNode 的连接，并为读取下一个 Block 寻找最佳的 DataNode。

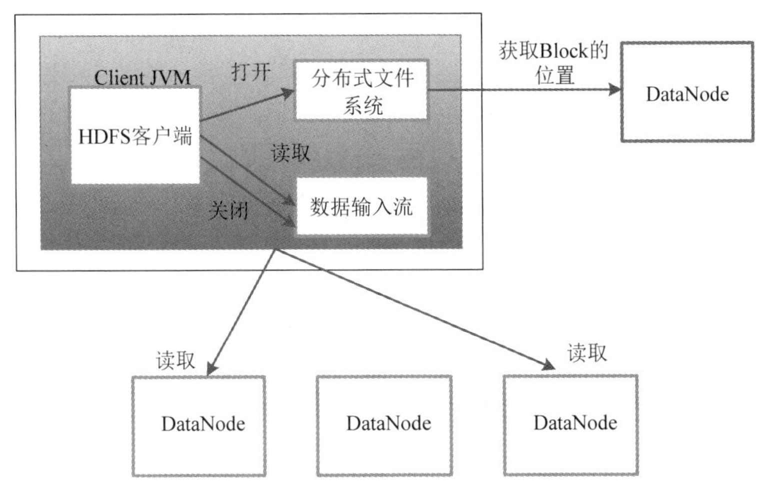

图 3-5　读数据过程

5）当读完列表的 Block 后，且文件读取还没有结束，客户端开发库 Client 会继续向 NameNode 获取下一批的 Block 列表。

6）读取完一个 Block 会进行 checksum 验证，如果读取 DataNode 时出现错误，客户端会通知 NameNode，然后再从下一个拥有该 Block 复制的 DataNode 地址继续读。

3.3.2　写数据

写数据的过程如图 3-6 所示，具体步骤如下：

1）使用 HDFS 提供的客户端开发库 Client，向远程的 NameNode 发起 RPC 请求。

2）NameNode 会检查要创建的文件是否已经存在，创建者是否有权限进行该操作，检查成功则会为文件创建一个记录，否则会让客户端抛出异常。

3）当客户端开始写入文件时，会将文件切分成多个 packet，并在内部以数据队列（data queue）的形式管理这些 packet，并向 NameNode 申请新的 Block，获取用来存储 replicas 合适的 DataNode 列表，列表的大小根据在 NameNode 中对 replication 的设置而定。

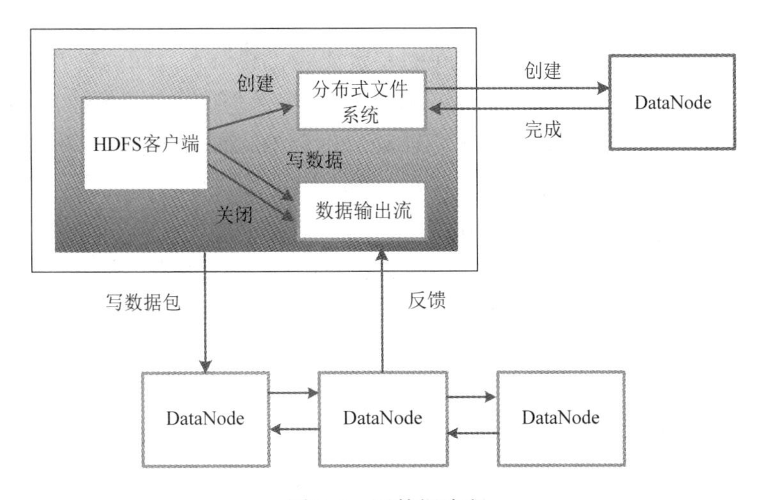

图 3-6　写数据流程

4）开始以 pipeline（管道）的形式将 packet 写入所有的 replicas 中。把 packet 以流的方式写入第一个 DataNode，此 DataNode 把 packet 存储之后，再将其传递给在此 pipeline 中的下一个 DataNode，直到最后一个 DataNode 完成写入操作，这种写数据的方式呈流水线的形式。

5）最后一个 DataNode 成功存储之后会返回一个 ack packet，在 pipeline 里传递至客户端，在客户端的开发库内部维护 ack queue，成功收到 DataNode 返回的 ack packet 后会从 ack queue 移除相应的 packet。

6）如果传输过程中，有某个 DataNode 出现故障，那么当前的 pipeline 会被关闭，出现故障的 DataNode 会从当前的 pipeline 中移除，剩余的 Block 会在剩下的 DataNode 中继续以 pipeline 的形式传输，同时，NameNode 会分配一个新的 DataNode，保持 replicas 设定的数量。

3.4 保障 HDFS 可靠性的措施

HDFS 的主要设计目标之一就是在故障情况下也能保证数据存储的可靠性。HDFS 具备较为完善的冗余备份和故障恢复机制。

3.4.1 冗余备份

HDFS 将每个文件存储成一系列数据块，目前默认块大小为 128MB（可配置）。为了容错，文件的所有数据块都会有副本（副本数量即复制因子，也可配置）。HDFS 的文件都是一次性写入的，并且严格限制为任何时候都只有一个写用户。DataNode 使用本地文件系统存储 HDFS 的数据，但是它对 HDFS 的文件一无所知，只是用一个个文件存储 HDFS 的每个数据块。当 DataNode 启动时，它会遍历本地文件系统，产生一份 HDFS 数据块和本地文件对应关系的列表，并把这个报告发给 NameNode，这就是块报告。块报告包括 DataNode 上所有块的列表。

3.4.2 副本存放

HDFS 集群一般运行在多个机架上，不同机架上的通信需要通过交换机。通常情况下，副本的存放策略很关键，机架内节点之间的带宽比跨机架节点之间的带宽要大，其能影像 HDFS 的可靠性和性能。HDFS 采用机架感知的策略来改进数据的可靠性、可用性和网络带宽的利用率。通过机架感知 NameNode 可以确定每个 DataNode 所属的机架 ID。一般情况下，当复制因子是 3 的时候，HDFS 的部署策略是将一个副本存放在同一机架上的另一个节点，一个副本存放在本地机架上的节点，最后一个副本存放在不同机架上的节点。机架的错误远比节点的错误少，这个策略可以防止整个机架失效时数据丢失，既不会影响到数据的可靠性和可用性，又能保证性能。

3.4.3 心跳检测

NameNode 周期性地从集群中的每个 DataNode 接收心跳包和块报告，收到心跳包说明该 DataNode 工作正常。NameNode 会标记最近没有心跳的 DataNode 为死机，不会发给它们任何新的 I/O 请求。任何存储为死机的 DataNode 数据将不再有效，DataNode 的死机会造成一些数据块的副本数下降并低于指定值。NameNode 会不断检测这些需要复制的数据块，并在需要的时候重新复制。重新复制的引发可能有多种原因，比如 DataNode 不可用、数据副本损坏、DataNode 上的磁盘错误或复制因子增大等。

3.4.4 安全模式

系统启动时，NameNode 会进入一个安全模式。此时不会出现数据块的写操作。NameNode 会收到各个 DataNode 拥有的数据块列表对应的数据块报告，因此，NameNode 会获得所有的数据块信息。数据块达到最小副本数时，该数据块就被认为是安全的。在一定比例（可配置）的数据块被 NameNode 检测确认安全之后，再等待若干时间，NameNode 自动退出安全模式状态。当检测到副本数不足的数据块时，该块会被复制到其他数据节点，以达到最小副本数。

3.4.5 数据完整性检测

多种原因会造成从 DataNode 中获取的数据块有可能是损坏的。HDFS 客户端软件实现对 HDFS 文件内容的校验和检查，在 HDFS 文件创建时，计算每个数据块的校验和，并将校验和作为一个单独的隐藏文件保存在命名空间下。当客户端获取文件后，它会检查从 DataNode 获得的数据块对应的校验和是否和隐藏文件中的相同，如果不同，客户端就会认为数据块有损坏，将会从其他 DataNode 中获取该数据块的副本。

3.4.6 空间回收

文件被用户或应用程序删除时，并不是立即从 HDFS 中移走，而是先把它移动到/trash 目录中。只要还在这个目录中，文件就可以被迅速恢复。文件在这个目录中的时间是可以配置的，超过了这个时间，系统就会把它从命名空间中删除。文件的删除操作会引起相应数据块的释放，但是从用户执行删除操作到从系统中看到剩余空间的增加可能会有一个时间延迟。只要文件还在/trash 目录中，用户就可以取消删除操作。当用户想取消删除操作时，可以浏览/trash 目录并取回文件，这个目录只保存被删除文件的最后一个副本。在这个目录上，HDFS 会使用特殊策略自动删除文件。

3.4.7 MetaData 磁盘失效

HDFS 的核心数据结构是 fsimage 和 edits。如果这些文件损坏了，整个 HDFS 实例都将失效。因而，NameNode 可以配置成支持维护多个 fsimage 和 edits 的副本。任何对 fsimage 或者 edits 的修改，都将同步到它们的副本上。这种多副本的同步操作可能会降低 NameNode 每秒处理的名字空间事务数量。然而这个代价是可以接受的，因为即使 HDFS 的应用是数据密集的，它们也是非元数据密集的。当 NameNode 重启的时候，它会选取最近的完整的 fsimage 和 edits 来使用。NameNode 是 HDFS 集群中的单点故障（single point of failure）所在，如果 NameNode 出现故障，是需要手工干预的。

3.4.8 快照

快照支持存储在某个时间的数据复制，当 HDFS 数据损坏时，可以回滚到过去一个已知正确的时间点。当前 HDFS 支持完备的快照功能。

3.5 HDFS Shell

在 Linux 命令行终端，利用 Shell 命令可以对 Hadoop 进行操作，如完成 HDFS 中文档的上传、下载、复制、查看文件信息、格式化名称节点等操作。

语法：hadoop [--配置 confdir] [命令] [通用选项] [命令选项]

表 3-1 给出了 HDFS 操作指令和功能解释。

表 3-1 HDFS 操作指令

命令选项	解　释
--配置 confdir	重写默认的配置目录。默认目录为${HADOOP_HOME}/conf
通用选项	一组通用的选项，由多种命令提供支持
命令选项	多种命令及它们的选项

3.5.1 通用选项

表 3-2 给出了 HDFS 的通用选项及其解释。

表 3-2 HDFS 通用选项

通用选项	解　释
-conf <configuration file>	指定一个应用程序配置文件
-D <property=value>	使用给定属性的值
-fs <local namenode:port>	指定一个名字节点
-jt <local jobtracker:port>	指定一个 JobTracker，只对 Job 有效
-file<comma separated list of files>	指定一个逗号分隔文件，复制到 MapReduce 集群，只对 Job 有效
-libjars<comma separated list of jars>	指定包含 classpath 的逗号分隔压缩文件，只对 Job 有效
-archives<comma separated list of archives>	指定逗号分隔档案，释放到计算机上，只对 Job 有效

3.5.2 用户命令

1. classpath 命令

功能：输出获取 Hadoop jar 包和库必需的类路径。

语法：hadoop hdfs classpath

2. path 命令

功能：显示<path>指定文件的详细信息。

语法：hadoop hdfs dfs-ls <path>

3. chgrp 命令

功能：将<path>指定文件所属的组改为 group，使用-R 将对应<path>指定文件夹内的文件进行递归操作。这个命令只适用于超级用户。

语法：hadoop hdfs dfs chgrp[-R] group<path>

4. dfs 命令

功能：在 Hadoop 支持的文件系统上运行一个文件系统的命令。
语法：`hadoop hdfs dfs [COMMAND [COMMAND_OPTIONS]]`
dfs 指令选项、语法结构及解释如表 3-3 所示。

表 3-3 dfs 指令选项、语法结构及解释

指令选项	语 法	解 释
-ls	hdfs dfs -ls [-R] <args>	显示文件目录内容
-mkdir	hdfs dfs -mkdir [-p] <paths>	创建目录
-touchz	hdfs dfs -touchz URI [URI …]	创建一个长度为 0 的文件
-cp	hdfs dfs -cp [-f] [-p / -p[topax]] URI [URI …] <dest>	将文件复制到一到多个目录中
-put	hdfs dfs -put <localsrc> …<dst>	将本地文件系统中的文件复制到 HDFS 中
-rm	hdfs dfs -rm [-f] [-r/-R] [-skipTrash] URI [URI …]	将文件从 HDFS 中删除

5. archive 命令

功能：创建一个 Hadoop 档案。
语法：`hadoop archive-archiveName NAME <src>*<dest>`
archive 指令选项及解释如表 3-4 所示。

表 3-4 archive 指令选项及解释

指令选项	解 释
-archiveName NAME	被创建文档的名字
src	文件系统的路径名，以正则表达式工作
dest	将要包含档案的目的目录

6. distcp 命令

功能：递归地复制文件。
语法：`hadoop distcp <srcurl><desturl>`
distcp 指令选项及解释如表 3-5 所示。

表 3-5 distcp 指令选项及解释

指令选项	解 释
srcurl	源 Url
desturl	目标 Url

7. fs 命令

功能：运行一个通用文件系统客户端。
语法：`hadoop fs[GENERIC_OPTIONS][COMMAND_OPTIONS]`

8. fsck 命令

功能：运行一个 HDFS 文件系统检查工具。

语法：`hadoop fsck [GENERIC_OPTIONS]<path>[-move|-delete|-openforwrite] [-files[-blocks[-locations|-racks]]]`

fsck 指令选项及解释如表 3-6 所示。

表 3-6 fsck 指令选项及解释

命令选项	解　释
<path>	从这一路径开始检查
-move	将受损文件移动到 lost+found
-delete	删除受损文件
-openforwrite	输出打开供写入的文件
-files	输出正接受检查的文件
-blocks	输出块报告
-locations	输出每一个块的位置
-racks	输出数据节点的网络拓扑结构

9. jar 命令

功能：运行一个 jar 文件，用户可以捆绑它们的 MapReduce 代码并放入一个 jar 文件中。

语法：`hadoop jar <jar>[mainClass]args...`

Streaming job 通过这一命令运行。

3.5.3 管理与更新

1. 报告 HDFS 的基本统计信息

此处展示通过-report 命令查看 HDFS 的基本统计信息。

```
hadoop dfsadmin -report
```

执行结果如下所示。

```
Configured Capacity: 15530876928 (14.46GB)
Present Capacity: 11749761024 (10.94GB)
DFS Remaining: 11749031936(10.94GB)
DFS Used: 729088(712KB)
DFS Used:0.01%
Under replicated blocks: 7
Blocks with corrupt replicas: 0
Missing blocks: 0

Datanodes available: 2 (2 total, 0 dead)
Name: 192.168.11.102:50010
Decommission Status : Normal
Configured Capacity: 7765438464 (7.23GB)
```

2. 退出安全模式

NameNode 在启动时会自动进入安全模式。安全模式是 NameNode 的一种状态，在这个阶段，文件系统不允许有任何修改。安全模式的目的是在系统启动时，检查各个 NameNode 上数据块的有效性，同时根据策略对数据块进行必要的复制或删除，当数据块的最小百分比数满足配置的最小副本数时，会自动退出安全模式。

系统显示“NameNode is in safe mode”，说明系统正处于安全模式，这时只需要等待 17 秒即可，也可以通过下面的命令退出安全模式。

```
hadoop dfsadmin -safemode leave
```

执行结果如下所示。

```
Safe mode is OFF
```

3. 进入安全模式

在必要情况下，可以通过以下命令把 HDFS 置于安全模式。

```
hadoop dfsadmin -safemode enter
```

执行结果如下所示。

```
Safe mode is ON
```

4. 添加节点

可扩展性是 HDFS 的一个重要特性，向 HDFS 集群中添加节点很容易实现。添加一个新的 DataNode 节点，首先在新节点上安装好 Hadoop，要和 NameNode 使用相同的配置（可以直接从 NameNode 中复制），修改 hadoop/conf/master 文件，加入 NameNode 主机名。然后在 NameNode 节点上修改 hadoop/conf/slaves 文件，加入新节点主机名，再建立到新节点无密码的 SSH 连接，运行如下启动命令。

```
start-all.sh
```

5. 负载均衡

HDFS 的数据在各个 DataNode 中的分布可能很不均匀，尤其是在 DataNode 节点出现故障或新增 DataNode 节点时。新增数据块时，NameNode 对 DataNode 节点的选择策略也有可能导致数据块分布不均匀。用户可以使用如下命令重新平衡 DataNode 上的数据块分布。

```
start-balancer.sh
```

3.6　HDFS Java API 编程实践

3.6.1　HDFS 常用 Java API 介绍

Hadoop 主要使用 Java 语言编写实现，不同的文件系统之间通过调用 Java API 进行交互。上面介绍的 Shell 命令，本质上就是 Java API 的应用。这里将介绍 HDFS 中进行文件上传、复制、下载等操作常用的 Java API 及其编程实例。

Hadoop 提供的大部分文件操作 API 位于 org.apache.hadoop.fs 这个包中。基本的文件操作包括打开、读取、写入、关闭等。为了保证能够跨文件系统交换数据，Hadoop 的 API 也可以对部分非 HDFS 的文件系统提供支持。也就是说，用这些 API 来操作本地文件系统的文件也是可行的。

1. HDFS 编程基础知识

在 Hadoop 中，所有的文件 API 都来自 FileSystem 类。FileSystem 类是一个用来与文件系统交互的抽象类，可以利用 FileSystem 的子类来处理具体的文件系统，比如 HDFS 或者其他文件系统。通过 factory 方法 FileSystem.get(Configuration conf)，可以获得所需的文件系统实例[factory 方法是软件开发的一种设计模式，指基类定义接口，但是由 FileSystem 的子类实例化实现；在这里 FileSystem 定义 get 接口，但是由 FileSystem 的子类（比如 FilterFileSystem）实现]。Configuration 类比较特殊，这个类通过键-值对的方式保存一些配置参数。这些配置在默认情况下来自对应文件系统的资源配置。可以通过如下方式获得具体的 FileSystem 实例：

```
Configuration conf = new Configuration();
FileSystem hdfs = FileSystem.get(conf);
```

如果要获得本地文件系统对应的 FileSystem 实例，则可以通过 factory 方法 FileSystem.getLocal(Configuration conf)实现：

```
FileSystem local = FileSystem.getLocal(conf);
```

Hadoop 中，使用 Path 类的对象来编码目录或者文件的路径，使用后面会提到的 FileStatus 类来存放目录和文件信息。在 Java 文件的 API 中，文件名都是 String 类型的字符串，在这里则是 Path 类型的对象。

2. 常用 Java API 介绍

（1）org.apache.Hadoop.fs.FileSystem

一个通用文件系统的抽象基类，可以被分布式文件系统继承。所有可能使用 Hadoop 文件系统的代码都要使用到这个类。Hadoop 为 FileSystem 这个抽象类提供了多种具体的实现，如 LocalFileSystem、DistributedFileSystem、HftpFileSystem、HsftpFileSystem、HarFileSystem、KosmosFileSystem、FtpFileSystem。

（2）org.apache.hadoop.fs.FileStatus

一个接口，用于向客户端展示系统中的文件和目录的元数据，具体包括文件大小、块大小、副本信息、所有者、修改时间等。可通过 FileSystem.listStatus()方法获得具体的实例对象。

（3）org.apache.hadoop.fs.FSDataInputStream

文件输入流，用于读取 Hadoop 文件。

（4）org.apache.hadoop.fs.FSDataOuputStream

文件输出流，用于写 Hadoop 文件。

（5）org.apache.hadoop.conf.Configuration

访问配置项。所有配置项的值，如果在 core-site.xml 中有对应的配置，则以 core-site.xml 为准，否则以 core-default.xml 中相应的配置项信息为准。

（6）org.apache.hadoop.fs.Path

用于表示 Hadoop 文件系统中的一个文件或者一个目录的路径。

（7）org.apache.hadoop.fs.PathFilter

一个接口，通过实现方法 PathFilter.accept（Path path）来判定是否接收路径 Path 表示的文件或目录。

3. Hadoop Web UI 访问

访问 http://192.168.1.112（NameNodeIP）:50070，可以查看 Hadoop 集群的节点数、NameNode 以及整个分布式文件系统的状态，如图 3-7 所示。

Overview 'gtroot2:8020' (active)

Started:	Wed Jun 29 10:42:16 CST 2016
Version:	2.5.2-transwarp, rUnknown
Compiled:	2016-02-24T14:28Z by root from Unknown
Cluster ID:	hdfs1
Block Pool ID:	BP-943708374-192.168.1.111-1466739844799

Summary

Security is off.

Safemode is off.

671 files and directories, 533 blocks = 1204 total filesystem object(s).

Heap Memory used 414.68 MB of 1.18 GB Heap Memory. Max Heap Memory is 3.56 GB.

Non Heap Memory used 40.99 MB of 41.38 MB Commited Non Heap Memory. Max Non Heap Memory is 130 MB.

Configured Capacity:	21.43 TB
DFS Used:	1.17 GB
Non DFS Used:	1.03 TB
DFS Remaining:	20.39 TB
DFS Used%:	0.01%
DFS Remaining%:	95.17%
Block Pool Used:	1.17 GB
Block Pool Used%:	0.01%
DataNodes usages% (Min/Median/Max/stdDev):	0.01% / 0.01% / 0.01% / 0.00%
Live Nodes	3 (Decommissioned: 0)
Dead Nodes	0 (Decommissioned: 0)
Decommissioning Nodes	0
Number of Under-Replicated Blocks	0
Number of Blocks Pending Deletion	0

图 3-7　NameNode Web UI 访问

在图 3-7 中，部分项目的意义如下所示。

- Started：Hadoop 系统启动的时间。
- Version：Hadoop 的版本号。
- Compiled：Hadoop 源码编译的时间。
- Upgrades：是否有升级进程没有结束。在 Hadoop 系统升级确保成功以后需要执行 Upgrades 命令，否则下次没法升级。
- Configured Capacity：HDFS 的容量大小。

- DFS Used：HDFS 使用的空间。
- Non DFS Used：HDFS 预留的空间。
- DFS Used%：HDFS 空间使用的百分比。
- DFS Remaining%：HDFS 空间剩余的百分比。
- Live Nodes：Hadoop 集群活着的节点数。
- Dead Nodes：Hadoop 集群宕机的节点数。

通过访问 http://192.168.195.140（DataNodeIP）:50030，可以查看 JobTracker 的运行状态，包括 Job 运行的进度、Map 个数、Reduce 个数等，如图 3-8 所示。

Datanode Information

In operation

Node	Last contact	Admin State	Capacity	Used	Non DFS Used	Remaining	Blocks	Block pool used	Failed Volumes	Version
gtroot1 (192.168.1.111:50010)	0	In Service	7.14 TB	399.8 MB	352.98 GB	6.8 TB	533	399.8 MB (0.01%)	0	2.5.2-transwarp
gtroot2 (192.168.1.112:50010)	1	In Service	7.14 TB	399.79 MB	352.99 GB	6.8 TB	533	399.79 MB (0.01%)	0	2.5.2-transwarp
gtroot3 (192.168.1.113:50010)	0	In Service	7.14 TB	399.8 MB	352.97 GB	6.8 TB	533	399.8 MB (0.01%)	0	2.5.2-transwarp

图 3-8　JobTracker Web UI 访问

4. HDFS 基本文件操作 API

HDFS 基本文件操作 API 主要包括创建、打开、获取文件信息、获取目录信息、读取、写入、关闭、删除等。

有关以下接口的实际内容可以在 Hadoop API 和 Hadoop 源代码中进一步了解。

（1）创建文件

FileSystem.create 方法有很多种定义形式，参数最多的一个如下：

```
public abstract FSDataOutputStream create(Path f,
          fsPermission permission,
          boolean overwrite,
          int bufferSize,
          short replication,
          long blockSize,
          Progressable progress)
          Throws IOException
```

那些参数较少的 create 只不过是将其中一部分参数用默认值代替，最终还是要调用这个函数，其中各项含义如下。

1）overwrite：如果已存在同名文件，overwrite=true，将其覆盖，否则抛出错误，默认是 true。

2）bufferSize：文件缓存大小。默认值为 Configuration 中 io.file.buffer.size 的值，如果 Configuration 中未显式设置该值，则是 4096。

3）replication：创建的副本个数，默认是 1。

4）blockSize：文件的 block 大小，默认值为 Configuration 中 fs.local.block.size 的值，如果 Configuration 中未设置该值，则是 32MB。

5）permission 和 progress 的值与具体文件系统实现有关。但是大部分情况下，只需要用到最简单的几个版本，如下所示。

```
publicFSDataOutputStream create(Path f);
publicFSDataOutputStream create(Path f,boolean overwrite);
publicFSDataOutputStream create(Path f,boolean overwrite,int bufferSize);
```

（2）打开文件

FileSystem.open 方法有两个，参数最多的一个定义如下：

```
public abstract FSDataInputStream open(Path f, intbufferSize) throws IOException
```

其中，各项含义如下。

- f：文件名。
- intbufferSize：文件缓存大小。默认值为 Configuration 中 io.file.buffer.size 的值，如果 Configuration 中未设置该值，则是 4096。

（3）获取文件信息

FileSystem.getFileStatus 方法格式如下：

```
public abstract FileStatus getFileStatus(Path f) throws IOException
```

这一方法会返回一个 FileStatus 对象。通过阅读源代码可知，FileStatus 保存了文件的很多信息，包括如下几个方面。

1）path：文件路径。

2）length：文件长度。

3）isDir：是否为目录。

4）block_replication：数据块副本因子。

5）blockSize：文件长度（数据块数）。

6）modification_time：最近一次修改时间。

7）access_time：最后一次访问时间。

8）owner：文件所属用户。

9）group：文件所属组。

如果想了解这些信息，可以在获得文件的 FileStatus 实例之后，调用相应的 get×××方法（比如，FileStatus.getModificationTime()获得最近修改时间）。

3.6.2 HDFS Java API 编程案例

【例 3-1】编程实现如下功能：在输入文件目录下的所有文件中，检索某一特定字符串出现的行，将这些行出现的内容输出到本地文件系统的输出文件夹。

【分析】这一功能在分析 MapReduce 作业的 Reduce 输出时很有效。这个程序假定只有第一层目录下的文件才有效，而且假定文件都是文本文件。如果输入文件夹是 Reduce 结果的输出，那么一般情况下，上述条件都能满足。为了防止单个输出文件过大，这里还增加了一个文件最大行数的限制，当文件行数达到最大值时，便会关闭此文件，创建另外的文件继续保存。保存的结果文件名为 1、2、3、4，以此类推。如上所述，这个程序可以用来分析 MapReduce 的结果，所以称为 resultFilter。程序的基本流程为：获取该目录下所有文件的信息，对每个文件打开文件、循环读取文件、写入目标位置，然后关闭文件，最后关闭输出文件。

类 resultFilter 的实现代码如下所示。

```
import java.util.Scanner;
import java.io.IOException;
import java.io.File;

import org.apache.hadoop.conf.Configuration;
import org.apache.hadoop.fs.FSDataInputStream;
import org.apache.hadoop.fs.FSDataOutputStream;
import org.apache.hadoop.fs.FileStatus;
import org.apache.hadoop.fs.FileSystem;
import org.apache.hadoop.fs.Path;

public class resultFilter {

    public static void main(String[] args) throws IOException{
        Configuration conf = new Configuration();
        //以下两句中，hdfs 和 local 分别对应 HDFS 实例和本地文件系统实例
        FileSystem hdfs = FileSystem.get(conf);
        FileSystem local = FileSystem.getLocal(conf);

        Path inputDir,localFile;

        FileStatus[] inputFiles;
        FSDataOutputStream out = null;
        FSDataInputStream in = null;
        Scanner scan;
        String str;
        byte[] buf;
        int singleFileLines;
        int numLines,numFiles, i;

        if(args.length!=4){
            //输入参数数量不够，提示参数格式后终止程序执行
            System.err.println("usage  resultFilter  <dfs  path><local
path>" + "<match str><single file lines>");
            return;
        }
        inputDir = new Path(args[0]);
        singleFileLines = Integer.parseInt(args[3]);

        try{
            inputFiles = hdfs.listStatus(inputDir);  //获取目录信息
            numLines = 0;
            numFiles = 1;    //输出文件从 1 开始编号
            localFile = new Path(args[1]);
            if(local.exists(localFile))  //若目标路径存在，则删除之
                local.delete(localFile, true);
            for (i =0;i<inputFiles.length;i++){
                if(inputFiles[i].isDir()== true)  //忽略子目录
```

```
                continue;
            System.out.println(inputFiles[i].getPath().getName());
            in = hdfs.open(inputFiles[i].getPath());
            scan = new Scanner(in);
            while (scan.hasNext()){
                str = scan.nextLine();
                if(str.indexOf(args[2])==-1)
                    continue;    //如果该行没有match字符串，则忽略
                numLines++;
                if(numLines == 1) {//如果是1，说明需要新建文件
                    localFile =new Path(args[1]+File.separator+numFiles);
                    out= local.create(localFile);  //创建文件
                    numFiles++;
                }
                buf = (str+"\n").getBytes();
                out.write(buf,0,buf.length);    //将字符串写入输出流
                //如果已满足相应行数，关闭文件
                if(numLines == singleFileLines){
                    out.close();
                    numLines = 0;    //行数变为0，重新统计
                }
            }//end of while
            scan.close();
            in.close();
        }//end of for

        if(out != null)
            out.close();
    }//end of try
    catch (IOException e) {
        e.printStackTrace();
    }
  }//end of main
}//end of resultFilter
```

运行命令如下：

```
hadoop jar resultFilter.jar resultFilter <dfs path><local path><match str><single file lines>
```

参数的含义如下。

1）<dfs path>：HDFS上的路径。

2）<local path>：本地路径。

3）<match str>：待查找的字符。

4）<single file lines>：结果的每个文件的行数。

【例3-2】 编程实现一个类MyFSDataInputStream，该类继承org.apache.hadoop.fs.FSDataInputStream，要求实现按行读取HDFS中指定文件方法readLine()，如果读到文件末尾，则返回空，否则返回文件一行的文本。

类MyFSDataInputStream的实现代码如下所示。

```
import org.apache.hadoop.conf.Configuration;
import org.apache.hadoop.fs.FSDataInputStream;
import org.apache.hadoop.fs.FileSystem;
```

```
import org.apache.hadoop.fs.Path;
import java.io.*;

public class MyFSDataInputStream extends FSDataInputStream {
    public MyFSDataInputStream(InputStream in) {
        super(in);
    }

    /**
    * 实现按行读取
    * 每次读入一个字符，遇到"\n"结束，返回一行内容
    */
    public static String readline(BufferedReader br) throws IOException {
        char[] data = new char[1024];
        int read = -1;
        int off = 0;
        //循环执行时，br 每次会从上一次读取结束的位置继续读取
        //因此该函数里，off 次都从 0 开始
        while ( (read = br.read(data, off, 1)) != -1 )
            if (String.valueOf(data[off]).equals("\n") ) {
                off += 1;
                break;
            }
            off += 1;
        }

        if (off > 0) {
            return String.valueOf(data);
        } else {
            return null;
        }
    }

    /**
    * 读取文件内容
    */
    public static void cat(Configuration conf, String remoteFilePath)
throws IOException {
        FileSystem fs = FileSystem.get(conf);
        Path remotePath = new Path(remoteFilePath);
        FSDataInputStream in = fs.open(remotePath);
        BufferedReader br = new BufferedReader(new InputStreamReader(in));
        String line = null;
        while ( (line = MyFSDataInputStream.readline(br)) != null ) {
            System.out.println(line);
        }
        br.close();
        in.close();
        fs.close();
    }

    /**
```

```
     * 主函数
     */
    public static void main(String[] args) {
        Configuration conf = new Configuration();
        conf.set("fs.default.name","hdfs://localhost:9000");
        String remoteFilePath = "/user/hadoop/text.txt";
        try {
            MyFSDataInputStream.cat(conf, remoteFilePath);
        } catch (Exception e) {
            e.printStackTrace();
        }
    }
}
```

习 题

一、简答题

1. 简述海量数据造成了哪些存储问题。
2. 简述 HDFS 功能作用及其体系架构。
3. 简述 HDFS 如何保障数据的可靠性。

二、选择题

1. 下面程序负责 HDFS 数据存储的是（　　）。
   A. NameNode　　B. DataNode
   C. Secondary NameNode　　D. 以上选项均不正确
2. HDFS 中的 Block 默认保存（　　）。
   A. 3 份　　B. 2 份　　C. 1 份　　D. 不确定
3. 下列程序通常与 NameNode 在一个节点启动的是（　　）。
   A. Secondary NameNode　　B. DataNode
   C. TaskTracker　　D. JobTracker
4. 一个 HDFS 文件系统包括（　　）。
   A. 一个 NameNode 主控节点　　B. 一组 DataNode 从节点
   C. Secondary NameNode　　D. Standby NameNode
5. HDFS 的核心数据结构包括（　　）。
   A. fsImage　　B. edits　　C. NameSpace　　D. NameNode

参 考 文 献

林意群，2017. 深度剖析 Hadoop HDFS[M]. 北京：机械工业出版社.

王鹏，黄炎，2014. 云计算与大数据技术[M]. 北京：人民邮电出版社.

BORTHAKUR D, 2007. The Hadoop distributed file system: architecture and design[J]. Hadoop project website, 11: 21-32.

ISLAM N S, RAHMAN M W, JOSE J, et al. , 2012. High performance RDMA-based design of HDFS over infiniband[C]//Proceedings of the International Conference on High Performance Computing, Networking, Storage and Analysis. Salt Lake City: IEEE Computer Society Press: 35.

KARUN A K, CHITHARANJAN K, 2013. A review on Hadoop—HDFS infrastructure extensions[C]//Information and Communication

Technologies. Thuckalay: IEEE: 132-137.

KUNE R, KONUGURTHI P K, AGARWAL A, et al., 2017. XHAMI-extended HDFS and MapReduce interface for big data image processing applications in cloud computing environments[J]. Software: practice and experience, 47(3): 455-472.

SHVACHKO K, KUANG H , RADIA S, et al. , 2010. The Hadoop distributed file system[C]// Symposium on Mass Storage Systems and Technologies. IEEE: 55-72.

WHITE T, 2011. Hadoop: the definitive guide[M]. 南京：东南大学出版社.

第4章 分布式计算框架 MapReduce

大规模数据集的处理包括分布式存储和分布式计算两个核心技术。Hadoop 使用分布式文件系统 HDFS 实现分布式数据存储，使用 MapReduce 实现分布式计算。MapReduce 的输入和输出都需要借助分布式文件系统进行存储，这些文件被分布存储到集群中的多个节点上。

MapReduce 是一个高性能的批处理分布式计算框架，与传统数据仓库和分析技术相比，MapReduce 适合处理各种类型的数据，包括结构化、半结构化和非结构化数据。数据量在太字节和拍字节级别，在这个量级上，传统方法通常已经无法处理数据。MapReduce 将分析任务分为大量的并行 Map 任务和 Reduce 汇总任务两类，即 Map（映射）和 Reduce（归约）。MapReduce 极大地方便了编程人员快速编写并行程序，并将程序运行在分布式系统上。

本章主要介绍 MapReduce 框架结构、WordCount 实例分析、MapReduce 执行流程、MapReduce 运行原理、MapReduce 性能优化和 MapReduce 编程实践。

4.1 MapReduce 框架结构

4.1.1 MapReduce 的函数式编程概述

MapReduce 编程源于函数式编程。Map 和 Reduce 是函数式编程中的两个常用函数。在函数式编程中，Map 函数对列表的每个元素执行操作。例如，在列表[1,2,3,4]上执行 multiple-by-two 函数会产生另一个列表[2,4,6,8]。执行这些函数时，原有列表不会被修改。函数式编程认为，应当保持数据不可变，避免在多个进程或线程间共享数据。这意味着演示的 Map 函数虽然很简单，却可以通过两个或更多线程在同一列表上同时执行，线程之间互不影响，因为列表本身没有改变。

1. 列表处理

MapReduce 程序是用来并行计算大规模海量数据的，这需要把工作流划分到大量的机器上去，如果组件（component）之间可以任意地共享数据，那么这个模型就没法扩展到大规模集群（数百或数千个节点）上去，用来保持节点间数据同步而产生的通信开销，会使系统在大规模集群上变得不可靠和效率低下。实际上，所有在 MapReduce 上的数据元素都是不可变的，这就意味着它们不能被更新。如果在一个 Mapping 任务中改变一个输入键-值对，它并不会反馈到输入文件；节点间的通信只在产生新的输出键-值对时发生，Hadoop 会把这些输出传到下一个执行阶段。

从概念上讲，MapReduce 程序将输入数据元素列表转变成输出数据元素列表。一个 MapReduce 程序会重复这个步骤两次，并用两个不同的术语描述：Map 和 Reduce，这些术语来自于列表处理（list processing）语言，如 LISP、Scheme 或 ML。

在 MapReduce 中，没有一个值是单独的，每一个值都会有一个键与其关联，键标识相关的值。例如，从多辆车中读取的时间编码车速表日志可以由车牌号码标识，如下所示。

AAA-123　　65mph,12:00pm
ZZZ-789　　50mph,12:02pm
AAA-123　　40mph,12:05pm
CCC-456　　25mph,12:15pm

2. Mapping 的数据列表

MapReduce 程序的第一步叫作 Mapping。在这一步会有一些数据元素作为 Map 函数的输入数据，每次一个 Mapper 会把每次 Map 得到的结果单独传到一个输出数据元素中。Mapper 模型如图 4-1 所示。

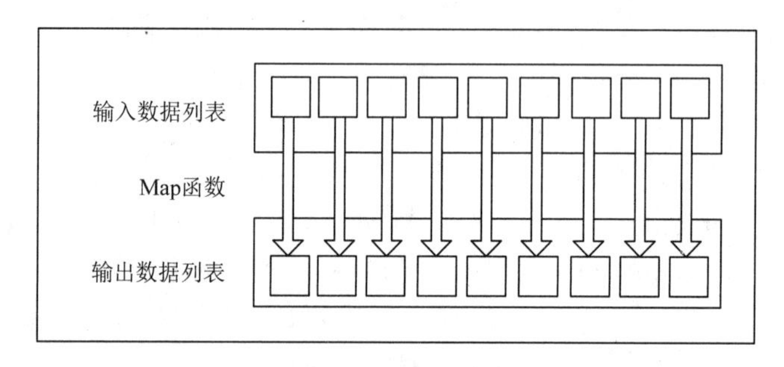

图 4-1　Mapper 模型

Mapper 模型通过对输入数据列表中的每个元素使用一个函数创建一个新的输出数据列表。这里列举一个 Map 功能的例子：假设有一个函数 toUpper(str)，用来返回输入字符串的大写版本，可以在 Map 中使用这个函数把常规字符串列表转换成大写的字符串列表。注意，这里并没有改变输入字符串，而是返回一个新的字符串作为新输出数据列表的组成部分之一。

3. Reducing 的数据列表

Reducing 可以将数据聚集在一起。Reduce 函数接收来自输入数据列表的迭代器，它会把这些数据聚合在一起，然后返回一个输出值。Reducer 模型如图 4-2 所示。

通过列表迭代器对输入数据进行 Reducing 操作，输出聚合结果。Reducing 一般用来生成汇总数据，把大规模的数据转变成更小的总结数据。比如，“+”可以用作一个 Reduce 函数，返回输入数据列表值的总和。

4. Mapper 和 Reducer 工作原理

对于 Mapper 模型和 Reducer 模型是如何工作的，MapReduce 没有像其他语言那样严格定义。在函数式 Map 和 Reduce 设置中，Map 函数针对每一个输入元素都要生成一个输出元素，Reduce 函数针对每一个输入列表都要生成一个输出元素。在 MapReduce 中，每一个

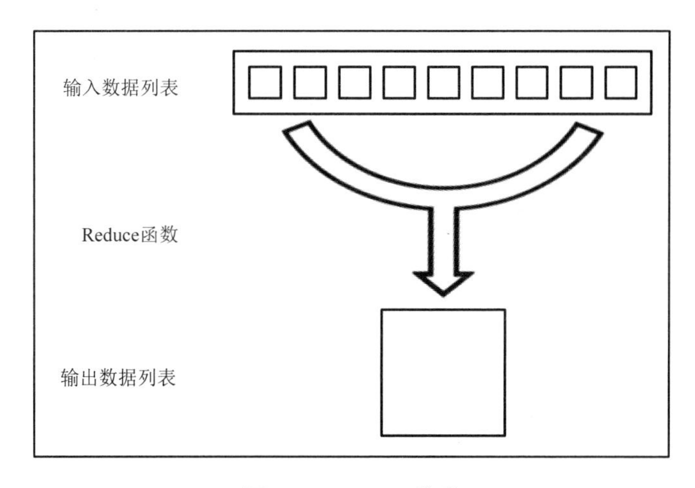

图 4-2　Reducer 模型

阶段都可以生成任意的数值；Mapper 可能把一个输入 Map 为 0 个、1 个或 100 个输出。Reducer 可能计算超过一个的输入列表并生成一个或多个不同的输出。

Reduce 函数的作用是把大的数值列表转变为一个（或几个）输出数值。在 MapReduce 中，所有的输出值一般不会被 Reduce 在一起，除非设置 Reduce 的个数为 1。但是有相同键的所有数值会被一起送到一个 Reduce 函数中处理。作用在不同键关联的数值列表上的 Reduce 操作之间是独立执行的。Reduce 函数原理如图 4-3 所示。

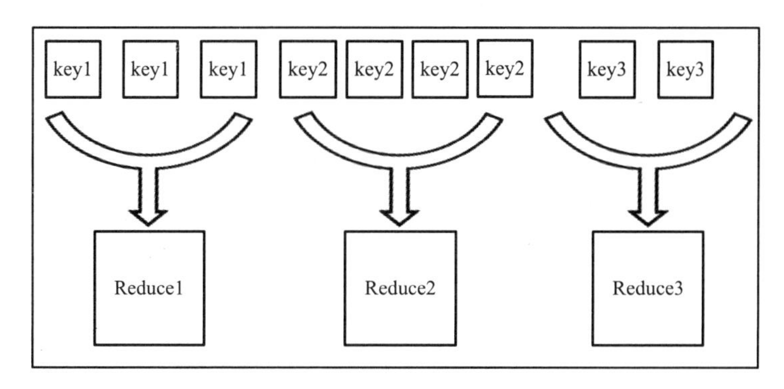

图 4-3　Reduce 函数原理

从图 4-3 可以看出，有相同键的数值都被传到同一个 Reduce 函数中进行汇总，一个 Reduce 函数可以处理多个 key。如键为 key1 的值可以被发送到 Reduce1 函数中进行汇总，也可以被发送到 Reduce2 函数中进行汇总，只要确保同一个 key 被发送到同一个 Reduce 即可。

为什么相同的 key 要发送到同一个 Reduce 呢？假设统计“hello”出现的次数，那么 key 的值就为“hello”，有两个 Reduce 函数，分别为 Reduce1 和 Reduce2。如果 key 为“hello”，发送到 Reduce1 和 Reduce2 处理汇总，Reduce1 汇总的结果为<"hello",3>，Reduce2 汇总的结果为<"hello",7>，这样写入 HDFS 结果文件的 key 为“hello”的结果会出现两次，分别为

hello　3
hello　7

这不是想要的结果，结果应该是“hello 10”，所以相同的 key 必须发送给同一个 Reduce 函数进行处理。

4.1.2 MapReduce 组成

图 4-4 描述了 MapReduce 框架中主要组成部分及其之间的关系。

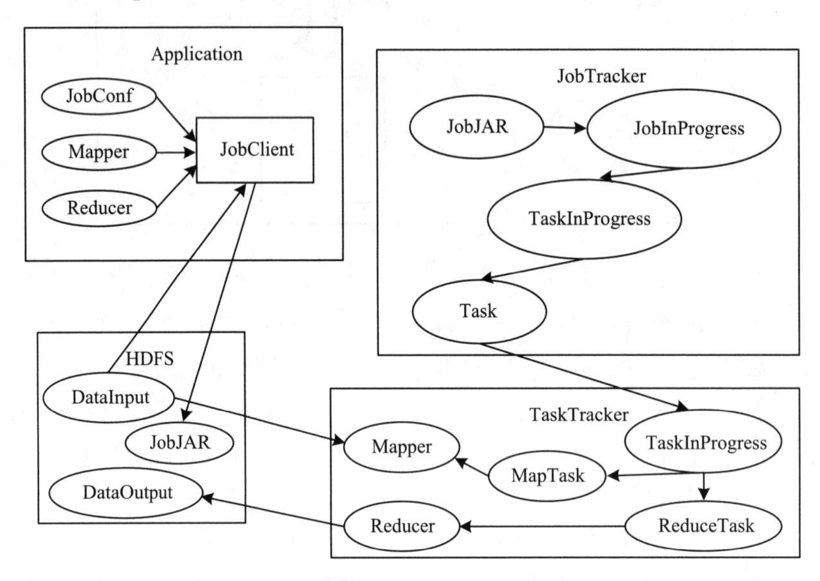

图 4-4　MapReduce 框架结构

（1）Mapper 和 Reducer

运行于 Hadoop 的 MapReduce 应用程序最基本的组成部分包括：一个 Mapper 抽象类和一个 Reducer 抽象类，以及创建 JobConf 的执行程序，在一些应用中还可以包括 Combiner 类，Combiner 实际也是 Reducer 的实现。

（2）JobTracker

JobTracker 是一个 Master 服务，软件启动之后 JobTracker 接收 Job，负责调度 Job 的每一个子任务 Task 运行于 TaskTracker 上，并监控它们，如果发现有失败的 Task 就重新运行它。一般情况下，应该把 JobTracker 部署在单独的机器上。

（3）TaskTracker

TaskTracker 是运行在多个节点上的 Slaver 服务。TaskTracker 主动与 JobTracker 通信（与 DataNode 和 NameNode 相似，通过心跳来实现）来接收作业，并负责直接执行每一个任务。

（4）JobClient

每一个 Job 都会在用户端通过 JobClient 类将应用程序以及配置参数 configuration 打包成 JAR 文件存储在 HDFS，并把路径提交到 JobTracker 的 Master 服务中，然后由 Master 创建每一个 Task（即 MapTask 和 ReduceTask），并将它们分发到各个 TaskTracker 服务中去执行。

（5）JobInProgress

JobClient 提交 Job 后，JobTracker 会创建一个 JobInProgress 来跟踪和调度这个 Job，并把它添加到 Job 队列中。JobInProgress 会根据提交的任务 JAR 中定义的输入数据集（已分解成 FileSplit）创建对应的一批 TaskInProgress，用于监控和调度 MapTask；同时，创建指定数目的 TaskInProgress，用于监控和调度 ReduceTask，默认为 1 个 ReduceTask。

（6）TaskInProgress

JobTracker 启动任务时通过每一个 TaskInProgress 来运行 Task，这时会把 Task 对象（即 MapTask 和 ReduceTask）序列化写入相应的 TaskTracker 服务中，TaskTracker 收到后会创建对应的 TaskInProgress（此 TaskInProgress 实现非 JobTracker 中使用的 TaskInProgress，但作用类似）用于监控和调度该 Task。启动具体的 Task 进程，通过 TaskInProgress 来管理，通过 TaskRunner 对象来运行。TaskRunner 自动装载任务 JAR 文件并设置好环境变量后，启动一个独立的 Javachild 进程来执行 Task，即 MapTask 或者 ReduceTask，但它们不一定运行在同一个 TaskTracker 中。

（7）MapTask 和 ReduceTask

一个完整的 Job 会自动依次执行 Mapper、Combiner（在 JobConf 指定 Combiner 时执行）和 Reducer，其中，Mapper 和 Combiner 由 MapTask 调用执行，Reducer 则由 ReduceTask 调用执行，Combiner 实际也是 Reducer 接口类的实现。Mapper 会根据 JobJAR 中定义的输入数据集按<key1,value1>对读入，处理完成后生成临时的<key2,value2>对，如果定义了 Combiner，MapTask 会在 Mapper 完成调用该 Combiner 时将相同 key 输出结果集。MapTask 的任务全完成即交给 ReduceTask 进程，将调用的值做合并处理，以减少 Reducer 处理，生成最终结果<key3,value3>对。

首先要编写好客户端 MapReduce 程序，配置好 MapReduce 的作业即 Job。接着就是提交 Job 了，Job 是被提交到 JobTracker 上的，此时 JobTracker 会构建这个 Job，具体就是分配一个新的 Job 任务的 ID 值，然后 JobTracker 会做检查操作，这个检查的目的是确定输出目录是否存在，如果存在，那么 Job 就不能正常运行下去，JobTracker 会抛出错误给客户端。还要检查输入目录是否存在，如果不存在，JobTracker 同样会抛出错误；如果存在，JobTracker 会根据输入计算输入分片，如果分片计算不出来，JobTracker 也会抛出错误。这些都做好了，JobTracker 会配置 Job 需要的资源。分配好资源后，JobTracker 会进行初始化作业，初始化主要工作是将 Job 放入一个内部的队列，让配置好的作业调度器能调度到这个作业，作业调度器也会初始化这个 Job，初始化是创建一个正在运行的 Job 对象（封装任务和记录信息），以便 JobTracker 跟踪 Job 的状态和进程。

初始化完毕后，作业调度器会获取输入分片的信息，每个分片创建一个 Map 任务。接下来就是任务分配了，这个时候 TaskTracker 会运行一个简单的循环机制定期发送心跳给 JobTracker，发送心跳的间隔时间是 5 秒，程序员可以配置这个时间，心跳是 JobTracker 和 TaskTracker 沟通的桥梁，通过心跳 JobTracker 可以监控 TaskTracker 是否存活，也可以获取 TaskTracker 处理的状态和问题，同时 TaskTracker 可以通过心跳中的返回值获取 JobTracker 给它的操作指令。在任务执行的时候，JobTracker 可以通过心跳机制监控 TaskTracker 的状态和进度，同时也能计算出整个 Job 的状态和进度，而 TaskTracker 也可以本地监控自己的状态和进度。当 JobTracker 收到最后一个完成指定任务的 TaskTracker 操作成功通知的时候，JobTracker 会把整个 Job 状态置为成功，然后当客户端查询 Job 运行状态时，客户端会查到 Job 完成的通知。如果 Job 中途失败，MapReduce 也会有相应的机制处理。一般而言，如果不是程序本身的 Bug，MapReduce 错误处理机制都能保证提交的 Job 正常完成。

4.1.3　MapReduce 框架核心优势

MapReduce 框架核心优势包括以下 6 个方面。

1）高度可扩展。可动态增加/削减计算节点，真正实现弹性计算。

2）高容错能力。支持任务自动迁移、重试和预测执行，不受计算节点故障的影响。

3）公平调度算法。支持优先级和任务抢占，兼顾长/短任务，有效支持交互式任务。

4）就近调度算法。调度任务到最近的数据节点，有效降低网络带宽。

5）动态灵活的资源分配和调度，达到资源利用最大化，计算节点不会出现闲置和过载的情况，同时支持资源配额管理。

6）经过大量实际生产环境的使用和验证，最大集群规模为4000个计算节点。

4.2 WordCount 实例分析

4.2.1 WordCount 任务

在编程语言的学习过程中，都会以“Hello World”程序作为入门范例，WordCount 就是类似“Hello World”的 MapReduce 入门程序。表 4-1 给出了 WordCount 程序任务，表 4-2 给出了一个 WordCount 的输入和输出实例。

表 4-1　WordCount 程序任务

项　目	描　述
程序	WordCount
输入	一个包含大量单词的文本文件
输出	文件中每个单词及其出现次数，并按照单词字母顺序排序，每个单词及其频数占一行，单词和频数之间有间隔

表 4-2　一个 WordCount 输入和输出实例

输　入	输　出
Hello World Hello Hadoop Hello MapReduce	Hadoop 1 Hello 3 World 1 MapReduce 1

4.2.2 WordCount 设计思路

首先，需要检查 WordCount 程序任务是否可以采用 MapReduce 来实现。在前面章节中提到，适合用 MapReduce 来处理的数据集需要满足一个前提条件，就是待处理的数据集可以分解成许多小的数据集，而且每一个小数据集都可以完全并行处理。在 WordCount 程序任务中，不同单词之间的频数不存在相关性，彼此独立，可以把不同的单词分发给不同的机器进行并行处理。因此，可以采用 MapReduce 来实现词频统计任务。

然后，确定 MapReduce 程序的设计思路。思路很简单，把文件内容解析成许多个单词，再把所有相同的单词聚集到一起，然后计算出每个单词出现的次数进行输出。

最后，确定 MapReduce 程序的执行过程。把一个大文件切分成许多个分片，每个分片输入给不同机器上的 Map 任务，并行执行完成“从文件中解析出所有单词”的任务。Map 的输入采用 Hadoop 默认的<key,value>输入方式，即文件的行号作为 key，文件的一行作为 value；Map 的输出以单词作为 key，1 作为 value，即<单词,1>，表示单词出现了 1 次。Map

阶段完成后，会输出一系列<key,value-list>，分发给不同的 Reduce 任务。Reduce 任务接收到所有分配给自己的中间结果后，就开始执行汇总计算工作，计算得到每个单词的频数并把结果输出到分布式文件系统中。

4.2.3 WordCount 执行过程

对于 WordCount 程序任务，整个 MapReduce 过程实际的执行顺序如图 4-5 所示。

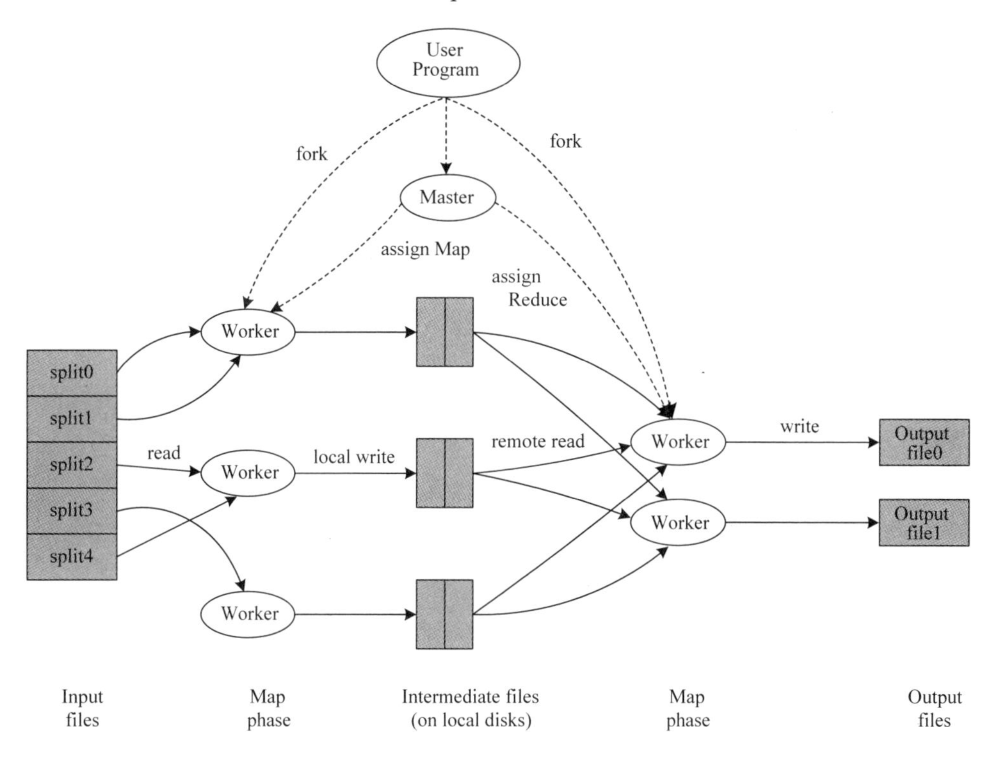

图 4-5　WordCount 执行过程

1）执行 WordCount 的用户程序（采用 MapReduce 编写），会被系统分发部署到集群中的多台机器上，其中一个机器作为 Master，负责协调调度作业的执行，其余机器作为 Worker，可以执行 Map 任务或 Reduce 任务。

2）系统分配一部分 Worker 执行 Map 任务，一部分 Worker 执行 Reduce 任务。将输入文件切分成 M 个分片，Master 将 M 个分片分给处于空闲状态的 N 个 Worker 来处理。

3）执行 Map 任务的 Worker 读取输入数据，执行 Map 操作，生成一系列<key,value>形式的中间结果，并将中间结果保存在内存的缓冲区。

4）缓冲区中的中间结果会被定期刷新写入本地磁盘，并被划分为 R 个分区，这 R 个分区会被分发给 R 个执行 Reduce 任务的 Worker 进行处理；Master 会记录这几个分区在磁盘上的存储位置，并通知执行 Reduce 任务的 Worker 来“领取”属于自己处理的那些分区的数据。

5）执行 Reduce 任务的 Worker 收到 Master 的通知后，就到相应的 Map 机器上“领回”属于自己处理的分区。需要注意的是，正如之前在 Shuffle 过程阐述的那样，可能会有多个 Map 机器通知某个 Reduce 机器来领取数据。因此，一个执行 Reduce 任务的 Worker 可能会从多个机器上“领取”数据。当位于所有 Map 机器上的、属于自己处理的数据都已经被“领取”回来以后，这个执行 Reduce 任务的 Worker 会对“领取”到的键-值对进行排序（如果内存中放不下，需要用到外部排序），使具有相同 key 的键-值对聚集在一起，然后就可以执行具体的 Reduce 操作了。

6）执行 Reduce 任务的 Worker 遍历中间数据，对每一个唯一 key 执行 Reduce 函数，结果写入输出文件；执行完毕后，唤醒用户程序，返回结果。

4.3 MapReduce 执行流程

4.3.1 MapReduce 执行流程概述

MapReduce 的核心思想可以用“分而治之”来描述，如图 4-6 所示。把一个大的数据集拆分成多个小数据块在多台机器上并行处理，也就是说，一个大的 MapReduce 作业首先会被拆分成多个 Map 任务在多台机器上并行执行，每个 Map 任务通常运行在数据存储的节点上，这样计算和数据就可以放在一起运行，不需要额外的数据传输开销。当 Map 任务结束后，会生成以<key,value>表示形式的许多中间结果，这些中间结果会被分发到多个 Reducc 任务，然后在多机器上并行执行，具有相同 key 的<key,value>会被发送到同一个 Reduce 任务，Reduce 任务会对中间结果进行汇总计算得到最后的结果，并输出到分布式文件系统中。

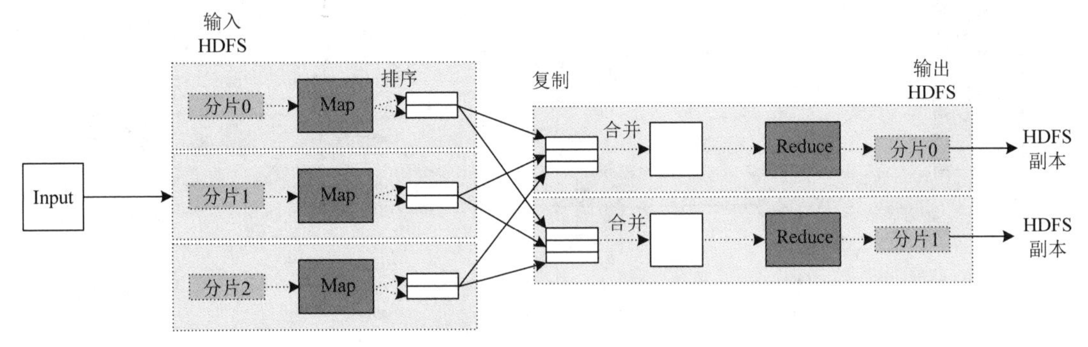

图 4-6 MapReduce 执行流程

需要指出的是，不同的 Map 任务之间不会进行通信，不同的 Reduce 任务之间也不会发生任务的信息交换，所有的数据交换都是通过 MapReduce 框架自身去实现的。

在 MapReduce 的整个执行过程中，Map 任务的输入文件、Reduce 任务的处理结果都是保存在分布式文件系统中的，而 Map 任务处理得到的中间结果则保存在本地存储（如磁盘）中。

4.3.2 MapReduce 各个执行阶段

Mapper 处理的是<key,value>格式的数据。Mapper 并不能直接处理文件流，导致 Mapper 数据源如何获得多个 Mapper 产生的数据及如何分配给多个 Reducer 操作的问题。实际上，这些操作都是由 Hadoop 提供的基本 API（InputFormat、Partioner、OutputFormat）实现的，这些 API 类似于 Mapper 和 Reducer，它们属于同一层次，不过完成的是不同的任务，并且它们本身已实现了很多默认的操作，这些默认的操作已经可以满足用户的大部分需求了。当然，如果默认操作并不能满足用户的需求，用户也可以继承覆盖这些基本类，实现特殊处理。

下面描述 MapReduce 提供的 6 类操作。

1. 分片

分片（split）操作是根据源文件的情况，按特定的规则划分一系列 InputSplit，每个 InputSplit 都将由一个 Mapper 进行处理。对文件进行的分片操作，不是把文件切分开来形成新的文件分片副本，而是形成一系列 InputSplit。InputSplit 中含有各分片的数据信息，如文件块信息、起始位置、数据长度、所在节点列表等，所以只需要根据 InputSplit 就可以找到分片的所有数据。

分片过程中最主要的任务是确定参数 Splitsize，Splitsize 即分片数据大小。该值一旦确定，就可以依次将源文件按该值进行划分，如果文件小于该值，那么这个文件会成为一个单独的 InputSplit；如果文件大于该值，按 Splitsize 进行划分后，剩下不足 Splitsize 的部分成为一个单独的 InputSplit。

2. 输入格式化

输入格式化（InputFormat）是将划分好的 InputSplit 格式转化成<key,value>形式的数据，其中，key 为偏移量；value 为每一行的内容。在 Map 任务执行过程中，会不停地执行上述操作，每生成一个<key,value>数据，便会调用一次 Map 函数，同时把数据传递过去，所以，这部分的操作不是先把 InputSplit 全部解析成<key,value>形式的数据之后再整体上调用 Map 函数，而是每解析出一个数据元，便交给 Mapper 处理一次，如图 4-7 所示。

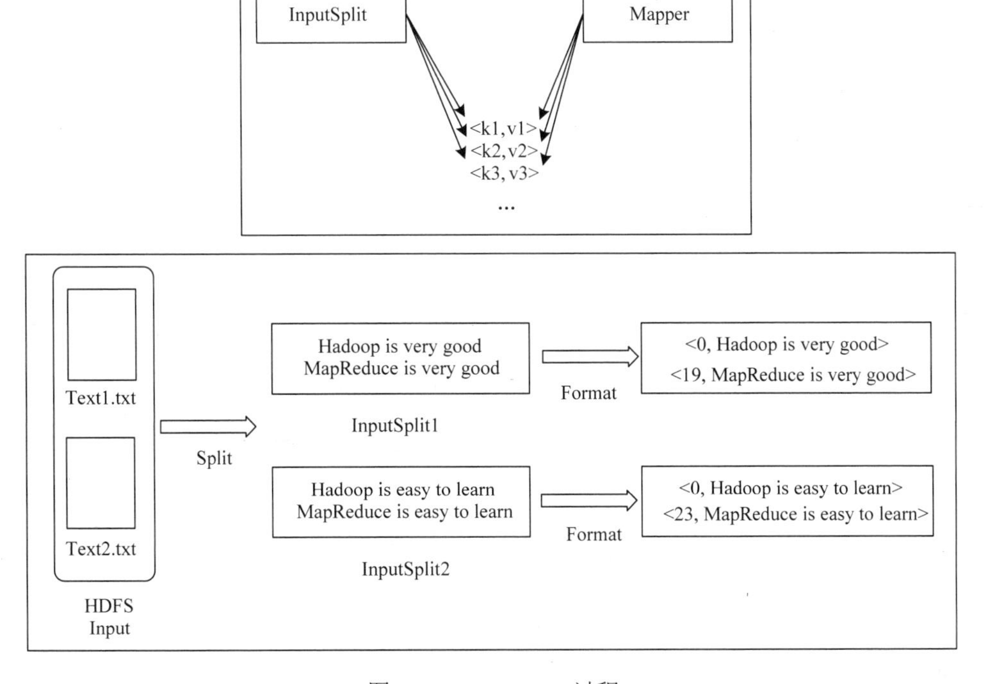

图 4-7　InputFormat 过程

3. Map 过程

Mapper 接收<key,value>形式的数据，并处理成<key,value>形式的数据，具体处理过程可由用户定义。在 WordCount 中，Mapper 会解析传过来的 key 值，并以“空格字符”为标识符，如果碰到“空格字符”，就会把之前累计的字符串作为输出的 key 值，并以 1 作为当前 key 的 value 值，形成<word,1>的形式，如图 4-8 所示。

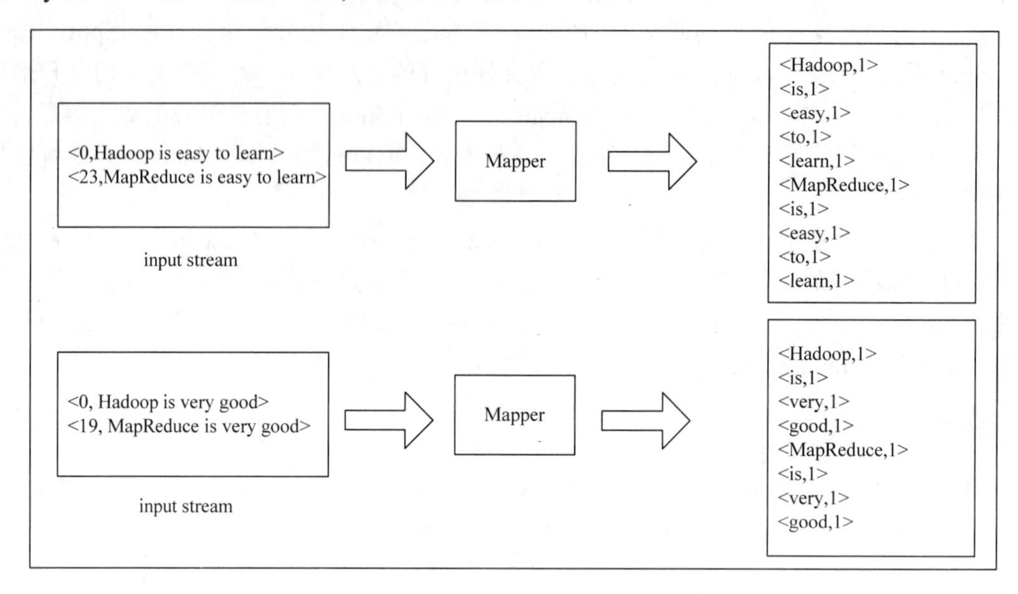

图 4-8 WordCount 的 Map 过程

4. Shuffle 过程

Shuffle 过程是 MapReduce 整个工作流程的核心环节。Shuffle 是指对 Map 输出结果进行分区、排序、合并等处理并交给 Reduce 的过程。因此，Shuffle 过程分为 Map 端的操作和 Reduce 端的操作，如图 4-9 所示。

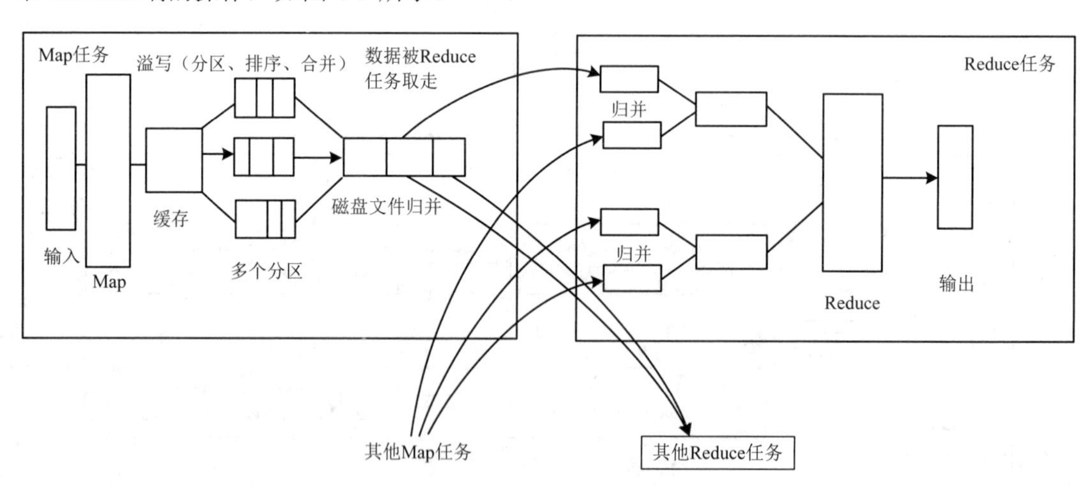

图 4-9 Shuffle 过程

Shuffle 过程主要执行以下操作。

（1）Map 端的 Shuffle 过程

Map 的输出结果首先被写入缓存，当缓存满时，就启动溢写操作，把缓存中的数据写入磁盘文件，并清空缓存。当启动溢写操作时，首先需要把缓存中的数据进行分区，然后对每个分区的数据进行排序（sort）和合并（combine），之后再写入磁盘文件。每次溢写操作会生成一个新的磁盘文件，随着Map任务的执行，磁盘中会生成多个溢写文件。在Map任务全部结束之前，这些溢写文件会被归并（merge）成一个大的磁盘文件，然后通知相应的Reduce任务来“领取”属于自己处理的数据。

Map端的Shuffle过程包括以下步骤，如图4-10所示。

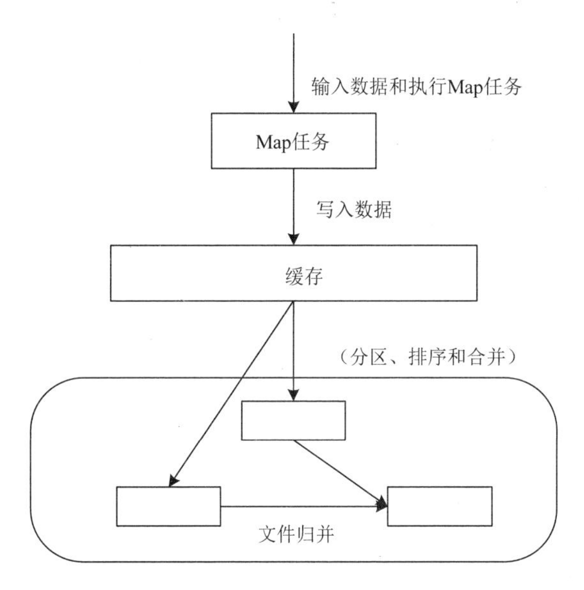

图4-10 Map端的Shuffle过程

1）输入数据和执行Map任务。Map任务的输入数据一般保存在分布式文件系统（如GFS或HDFS）的文件块中，这些文件块的格式是任意的，可以是文档，也可以是二进制格式。Map任务接收<key,value>作为输入后，按一定的映射规则转换成一批<key,value>进行输出。

2）写入缓存。每个Map任务都会被分配一个缓存Map的输出，结果不是立即写入磁盘，而是首先写入缓存。在缓存中积累一定数量的Map输出结果以后，再一次性批量写入磁盘，这样可以大大减少对磁盘I/O的影响。因为磁盘包含机械部件，它是通过磁头移动和盘片的转动来寻址定位数据的，每次寻址的开销很大，如果每个Map输出结果都直接写入磁盘，会引入很多次寻址开销，而一次性批量写入就只需要一次寻址，连续写入大大降低了开销。需要注意的是，在写入缓存之前，key与value的值都会被序列化成字节数组。

3）溢写（分区、排序和合并）。提供给MapReduce缓存的容量是有限的，默认大小是100MB。随着Map任务的执行，缓存中Map结果数量会不断增加，很快就会占满整个缓存，这时就必须启动溢写（spm）操作，把缓存的内容一次性写入磁盘，并清空缓存。溢写的过程通常由另外一个单独的后台线程来完成，不会影响Map结果往缓存写入，但是为了保证Map结果能够不停地持续写入缓存，不受过程的影响，就必须让缓存中一直有可用的空间，不能等到全部占满才启动溢写过程，所以一般会设置一个溢写比例，如0.8。也就是说，当100MB大小的缓存被填满80MB数据时，就启动溢写过程，把已经写入的80MB数据写入磁盘，剩余20MB空间供Map结果继续写入。

但是，在溢写到磁盘之前，缓存中的数据首先会被分区（partition）。缓存中的数据是<key,value>形式的键-值对，这些键-值对最终需要交给不同的Reduce任务进行并行处理。MapReduce通过Partitioner接口对这些键-值对进行分区，默认采用的分区方式是采用Hash函数对 key 进行 Hash 变换后，再用 Reduce 任务的数量进行取模，可以表示成 hash(key) mod R。其中，R 表示 Reduce 任务的数量，这样就可以把 Map 输出结果均匀地分配给这 R 个 Reduce 任务去并行处理了。当然，MapReduce 也允许用户通过重载 Partitioner 接口来自定义分区方式。

对于每个分区内的所有键-值对，后台线程会根据 key 对它们进行内存排序，排序是 MapReduce 的默认操作。排序结束后，还包含一个可选的合并操作。如果用户事先没有定义 Combiner 函数，就不用进行合并操作。如果用户事先定义了 Combiner 函数，则此时会执行合并操作，从而减少需要溢写到磁盘的数据量。

经过分区、排序以及可能发生的合并操作之后，这些缓存中的键-值对就可以被写入磁盘，并清空缓存。每次溢写操作都会在磁盘中生成一个新的溢写文件，写入溢写文件中的所有键-值对都是经过分区和排序的。

4）文件归并。每次溢写操作都会在磁盘中生成一个新的溢写文件，随着 MapReduce 任务的进行，磁盘中的溢写文件数量会越来越多。当然，如果 Map 输出结果很少，磁盘上只会存在一个溢写文件，但是，通常都会存在多个溢写文件。最终，Map 任务全部结束之前，系统会对所有溢写文件中的数据进行归并，生成大的溢写文件，这个大的溢写文件中的所有键-值对也是经过分区和排序的。

（2）Reduce 端的 Shuffle 过程

Reduce 任务从 Map 端的不同 Map 机器“领取”属于自己处理的那部分数据，然后对数据进行归并后交给 Reduce 处理。

相对于 Map 端而言，Reduce 端的 Shuffle 过程非常简单，只需要从 Map 端读取 Map 结果，然后执行归并操作，最后输送给 Reduce 任务进行处理。具体而言，Reduce 端的 Shuffle 过程包括以下 3 个步骤。

1）“领取”任务。Map 端的 Shuffle 过程结束后，Map 输出结果都保存在 Map 机器的本地磁盘上，Reduce 任务需要把这些数据“领取”回来存放到自己所在机器的本地磁盘上。每个 Reduce 任务会不断地通过 RPC 向 JobTracker 询问 Map 任务是否已经完成，JobTracker 的一个 Map 任务完成后，会通知相关的 Reduce 任务来“领取”数据；一旦一个 Reduce 任务收到 JobTracker 通知，它就会到该 Map 任务所在机器上把属于自己处理的分区数据“领取”到本地磁盘中。一般系统中会存在多个 Map 机器，因此，Reduce 任务会使用多个线程同时从多个 Map 机器“领取”数据。

2）归并数据。从 Map 端“领取”的数据，会首先被存放在 Reduce 任务所在机器的缓存中，如果缓存被占满，就会像 Map 端一样被溢写到磁盘中。由于在 Shuffle 阶段 Reduce 任务还没有真正开始执行，这时可以把内存的大部分空间分配给 Shuffle 过程作为缓存。需要注意的是，系统中一般存在多个 Map 机器，Reduce 任务会从多个 Map 机器“领取”属于自己处理的那些分区的数据，因此，缓存中的数据是来自不同的 Map 机器的，一般会存在很多可以合并的键-值对。当溢写过程启动时，具有相同 key 的键-值对会被归并，如果用户定义了 Combiner，则归并后的数据还可以执行合并操作，减少写入磁盘的数据量。每个溢写过程结束后，都会在磁盘中生成一个溢写文件，因此，磁盘上会存在多个溢写文件，最终当所有的 Map 端数据都被“领取”时，和 Map 端类似，多个溢写文件会被归并成一个大文件，归并的时候还会对键-值对进行排序，从而使最终大文件中的键-值对都是有序的。当然，在数据很少的情形下，缓存可以存储所有数据，不需要把数据溢写到磁盘上，而是直接在内存中执行归并操作，然后直接输出给 Reduce 任务。需要说明的是，把磁盘中的多个溢写文件归并成一个大文件，可能需要执行多轮归并操作。每轮归并操作可以归并的文件数量是由参数 io.sort.factor 的值（默认值是 10，可以修改）来控制的。假设磁盘中生成了 50 个溢写文件，每轮可以归并 10 个溢写文件，则需要经过 5 轮归并，得到 5 个归并后的大文件。

3）把数据输入 Reduce 任务。磁盘中经过多轮归并后得到的若干个大文件，不会继续归并成一个新的大文件，而是直接输入给 Reduce 任务，这样可以减少磁盘的读写开销。至此，整个 Shuffle 过程顺利结束。接下来 Reduce 任务会执行 Reduce 函数中定义的各种映射，输出最终结果，并保存到分布式文件系统（比如 GFS 或 HDFS）中。

5. Reduce 过程

Reduce 接收<key,{value list}>形式的数据流，形成<key,value>形式的数据输出，输出数据直接写入 HDFS，具体的处理过程可由用户自定义。在 WordCount 中，Reducer 会将相同 key 的 value list 进行累加，得到这个单词出现的总次数，然后输出，其处理过程如图 4-11 所示。

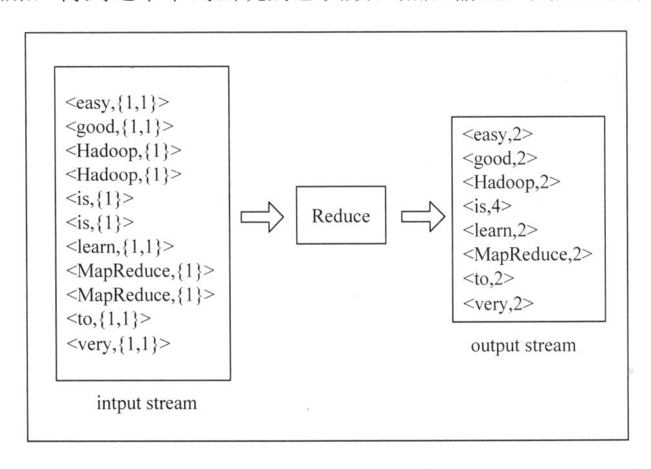

图 4-11　Reduce 过程

6. 输出

输出（OutputFormat）用于描述数据的输出形式，并且会生成相应的类对象，调用相应的 write()方法将数据写入 HDFS 中，用户也可以修改这些方法实现想要的输出格式。在 Task 执行时，MapReduce 框架自动把 Reducer 生成的<key,value>传入 write()方法，write()方法实现文件的写入。在 WordCount 中，调用的是默认的文本写入方法，该方法把 Reducer 的输出数据按[key\value]的形式写入文件，如图 4-12 所示。

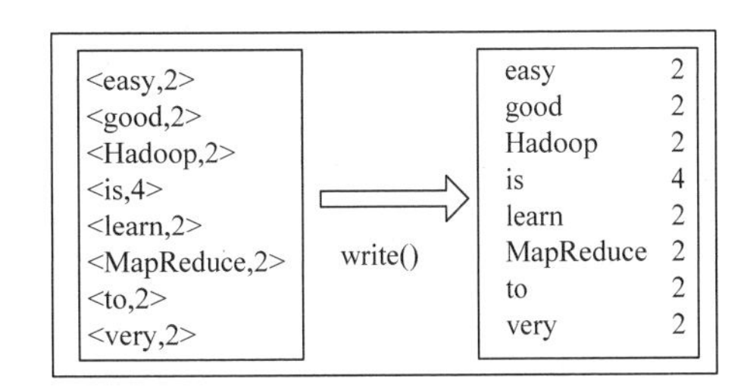

图 4-12　OutputFormat 过程

4.4 MapReduce 运行原理

Hadoop 中的 MapReduce 是一个使用简单的软件框架，基于它写出来的应用程序能够运行在由上千个商用机器组成的大型集群上，并以一种可靠容错的方式并行处理太字节级别的数据集。

一个 MapReduce 作业（Job）通常会把输入的数据集切分为若干独立的数据块，由 Map 任务以完全并行的方式处理它们。框架会对 Map 函数的输出先进行排序，然后把结果输入给 Reduce 任务。通常作业的输入和输出都会被存储在文件系统中。整个框架负责任务的调度和监控，以及重新执行已经失败的任务。

通常，MapReduce 框架和分布式文件系统是运行在一组相同的节点上的，即计算节点和存储节点通常在一起。这种配置允许框架在那些已经存好数据的节点上高效地调度任务，可以使整个集群的网络带宽被非常高效地利用。

4.4.1 作业提交

JobClient 的 runjob()方法用于新建 JobClient 实例并调用其 submitjob()方法，利用这种便捷方式提交作业后，runjob()每秒轮询作业的进度，如果发现自上次上报后的信息有改动，便把进度报告输出到控制台。作业完成后，如果成功，显示作业计数器；如果失败，则导致作业失败的错误也会被输出到控制台。Hadoop 运行 MapReduce 作业的工作原理如图 4-13 所示。

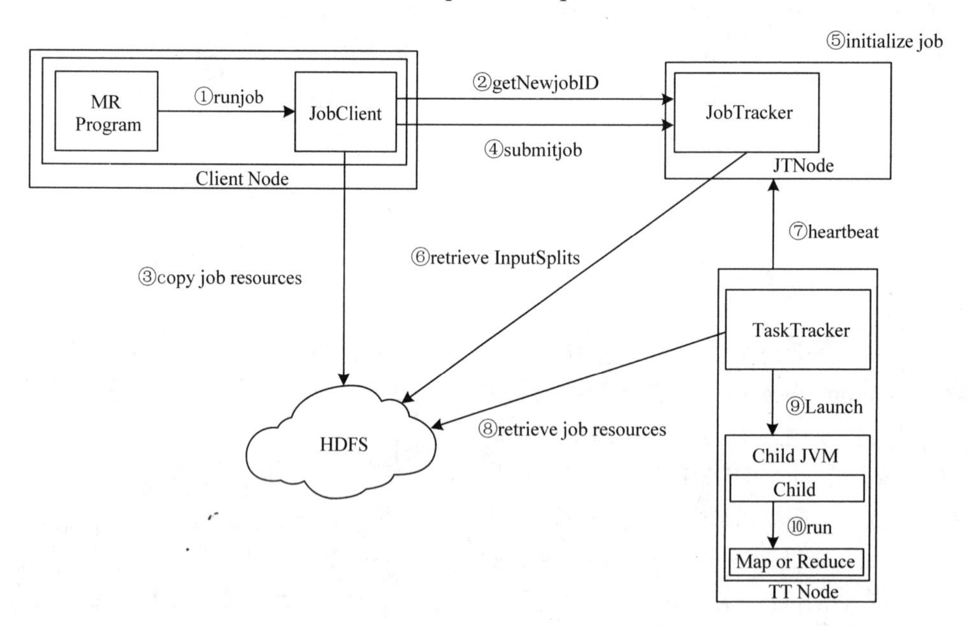

图 4-13 MapReduce 作业的工作原理

JobClient 的 submitjob()方法实现的作业提交过程如下：

1）向 JobTracker 请求一个新的作业 ID（通过 JobTracker 的 getNewjobID()获取，见图 4-13 中步骤②）。

2）检查作业的输出说明。例如，如果没有指定输出目录或者它已经存在，作业就不会被提交，并将错误返回给 MapReduce 程序。

3）计算作业的输出划分。如果划分无法计算，例如，因为输入路径不存在，作业就不会被提交，并将错误返回给 MapReduce 程序。

4）将运行作业所需要的资源（包括作业的 JAR 文件、配置文件和计算所得的输入划分）复制到一个以作业 ID 命名的目录中。作业 JAR 的副本较多（由 mapred.submit.replication 属性控制，默认为 10），如此一来，在 TaskTracker 运行作业任务时，集群能为它们提供许多副本进行访问（见图 4-13 中的步骤③）。

5）通过调用 JobTracker 的 submitjob()方法，告诉 JobTrackcr 作业准备执行（见图 4-13 中步骤④）。

6）JobTracker 接收到对其 submitjob()方法调用后，会把此调用放入一个内部的队列中，交由作业调度器进行调度，并对其进行初始化。初始化包括创建一个代表该正在运行的作业对象，封装任务和记录信息，以便跟踪任务的状态和进程（见图 4-13 中步骤⑤）。

7）要创建运行任务列表，作业调度器首先从共享文件系统中获取 JobClient 已经计算好的输入划分信息（见图 4-13 中步骤⑥），然后为每个划分创建一个 Map 任务。创建的 Reduce 任务的数量由 JobConf 的 mapred.reduce.tasks 属性决定，它是用 setNumReduceTasks()方法设定的，然后调度器便创建指定个数的 Reduce 来运行任务。任务在此时指定 ID。

8）TaskTracker 执行一个简单的循环，使用定期发送心跳（heartbeat）的方法调用 JobTracker，并告诉 JobTracker 是否存活，同时充当两者之间的消息通道。作业心跳方法调用指 TaskTracker 会向 JobTracker 汇报当前的状态，如果正常，JobTracker 会为它分配一个任务，并使用心跳方法的返回值与 TaskTracker 进行通信（见图 4-13 中步骤⑦）。

TaskTracker 运行任务的步骤描述如下：

1）本地化作业的 JAR 文件，将它从共享文件系统复制到 TaskTracker 所在的文件系统。同时，将应用程序所需要的全部文件从分布式缓存中复制到本地磁盘。

2）为任务新建一个本地工作目录，并把 JAR 文件中的内容解压到这个文件夹下。

3）新建一个 TaskRunner 实例来运行任务。启动一个新的 Java 虚拟机（见图 4-13 中步骤⑨）来运行每个任务（见图 4-13 中步骤⑩），使用户执行任务时启动 Map 和 Reduce 函数的任何缺陷都不会影响 TaskTracker（如导致它崩溃或者挂起），但在不同的任务之间重用 JVM 还是可能的。

子进程通过 Umbilical 接口与父进程进行通信，每隔几秒便将自己的进度告知父进程，直到任务完成。

4.4.2　作业初始化

Job 在到达 JobTracker 后主要操作见图 4-13 的步骤⑤和步骤⑥。因为 Job 在初始化后需要处理 JobTracker 请求任务，及对 TaskTracker 的 Task 分发响应任务。因此，可从 JobTracker 的分发过程逆向理解 Job 初始化。

TaskTracker 在运行时会周期性地向 JobTracker 发送心跳请求，汇报 TaskTracker 的状态、Block 块信息、Task 任务的执行状态和希望从 JobTracker 得到可以执行的 Task 任务等信息。其中，Task 是 Job 的基本单元，由 JobTracker 分发到 TaskTracker 来执行。

一般 Task 分为 MapTask 和 ReduceTask 两类。

1）MapTask：处理输入数据，它应该是输入数据、Job 相关信息等组成的对象。

2）ReduceTask：汇总 MapTask 的输出结果，最后生成 Job 的输出，它也应该由 Job 相关信息组成。

Task 在 TaskTracker 上执行，所以 Task 需要的信息必须与 JobTracker 的状态信息有关，以便 Task 执行时需要。

Job 将所有输入数据组装成逻辑分片，这些逻辑分片只是 HDFS 上物理数据 Block 的索引及存储信息。MapTask 依赖于这些信息来决定将 Task 分发到哪些 TaskTracker 上。JobTracker 可以获取到 Job 相关的 MetaData 信息，然后由这些信息来决定如何分发 Task。因此，4.3 节介绍的这些分片相关信息就存放在特定的目录下，JobTracker 通过 JobID 可以访问到。ReduceTask 不管在哪个 TaskTracker 上执行，都得从其他执行 MapTask 的 TaskTracker 上“拉取”数据，所以 JobTracker 不需要准备什么，只要在合适的时候放到某台 TaskTracker 上执行即可。JobTracker 主要还是关注 MapTask 的准备工作。ReduceTask 并不是从所有 MapTask“拉取”临时数据。如果有多个 ReduceTask，每个 ReduceTask 只“拉取”一部分 MapTask 的临时数据。

本地数据级别 MapTask 的执行效率依赖于读取输入数据的效率。输入数据越靠近执行 Task 的 TaskTracker，MapTask 执行得就越快。根据数据所处的位置与 TaskTracker 的距离可分为 3 种本地数据级别，如表 4-3 所示。

表 4-3 本地数据级别

标 识	级 别	功能描述
0	node-local	输入分片就在 TaskTracker 本地
1	rack-local	输入分片在 TaskTracker 所在 Rack 的其他节点上
2	off-switch	输入分片在其他的 Rack 内

JobTracker 在 Task 分发时应充分考虑本地数据级别。为提高 Job 的执行效率，优化 MapTask 的本地数据至关重要。因此，MapTask 的本地数据优化流程如图 4-14 所示。

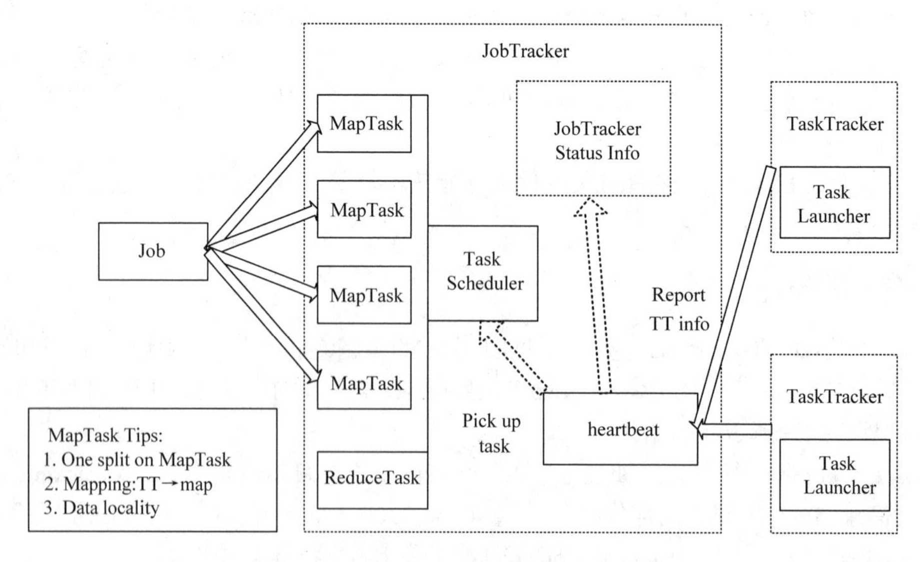

图 4-14 MapTask 的本地数据优化流程

在图 4-14 中，JobTracker 通过 Job 的 MetaData 得到并维护 Job Split→HDFS Block && Slave Node 的映射关系，这种映射关系是生成 MapTask 的基础，使得 Split 和 MapTask 数

量相同。因此，响应心跳选择 MapTask 的处理流程描述如下：

1）根据 TaskTracker 的机器，查看 JobTracker 中是否存在一个 MapTask，它关联的 Block（假设一个 Block 划分为一个 Split）如果存储在 TaskTracker 的本地磁盘上，则优先执行这个 MapTask。

2）如果没有可选的 MapTask，则查看是否有 Map 关联的 Block 处在 TaskTracker 所在的 Rack 内。

3）如果上面两步都未选到某个 MapTask，则根据实情决定是否执行跨 Rack 的 Task 或执行其他推测式 Task。

关于 Scheduler 应用中需要注意的是：

1）当用户开启 Task 推测式执行后，推测式执行就会发生在 JobTracker 观察到某个 Task 执行效率低的时候，此时尽可能使推测式 Task 处在 node-local 级别。如果推测式 Task 跨 Rack 取数据比原来的 Task 执行还慢，就没有现实意义了。

2）Job 初始化过程主要是在 JobTracker 中建立一个 Slave Node 的 Task 映射模型，其他都是附属工作，Job 生命周期重点关注 Task 执行的过程。

4.4.3　任务分配

每个 TaskTracker 定期向 JobTracker 发送心跳信息，心跳信息包含 TaskTracker 的状态，是否可以接收新的任务，JobTracker 以此来决定将任务分配给谁（仍然使用心跳的返回值与 TaskTracker 通信）。每个 TaskTracker 会有固定数量的任务槽（slot）来处理 Map 和 Reduce（表示 TaskTracker 可以同时运行两个 Map 和 Reduce），任务槽的数量由机器内核的数量和内存大小来决定。JobTracker 会先将 TaskTracker 的 Map 槽填满，然后分配 Reduce 任务到 TaskTracker。

JobTracker 选择哪个 TaskTracker 来运行 Map 任务需要考虑网络位置。它会选择一个离输入分片较近的 TaskTracker，优先级是数据本地化（data-local），然后再到机架本地化（rack-local）。

对于 Reduce 任务，选择哪个 TaskTracker 没有什么标准，因为无法考虑数据的本地化。Map 的输出结果始终是需要经过整理（切分、排序和合并）后，由 Reduce 通过开启多线程去抓取的。可能多个 Map 的输出会切分出一部分送给一个 Reduce，因此 Reduce 任务没有必要选择在和 Map 相同或最近的机器上。

4.4.4　任务执行

TaskTracker 分配到一个任务后，首先从 HDFS 中把作业的 JAR 文件复制到 TaskTracker 所在的本地文件系统（JAR 本地化用来启动 JVM）中，同时将应用程序所需要的全部文件从分布式缓存复制到本地磁盘。接下来 TaskTracker 为任务新建一个本地工作目录 work，并把 JAR 文件的内容解压到这个文件夹下。

TaskTracker 通过新建的 TaskRunner 实例运行该任务。TaskRunner 启动一个新的 JVM 来运行每个任务，以便客户的 MapReduce 不会影响 TaskTracker 守护进程，但在不同任务之间重用 JVM 还是可能的。子进程通过 Umbilical 接口与父进程进行通信，任务的子进程每隔几秒便将自己的进度告知父进程，直到任务完成。

4.4.5 进度和状态的更新

一个作业和每个任务都有一个状态信息，包括作业或任务的运行状态（running，successful，failed）、Map 和 Reduce 的进度、计数器值、状态消息和描述等。

这些状态信息是在一定的时间间隔内，通过 Child-JVM-Task 和 Tacker-JobTracker 完成汇聚。其中，JobTracker 将产生一个表明所有运行作业及其任务状态的全局视图，并通过 Web UI 查看。同时，JobClient 通过每秒查询 JobTracker 来获得最新状态，并输出到控制台。

Streaming 和 Pipes 用于运行其他语言编写的 Mapper 和 Reducer。Streaming 任务特指使用标准输入/输出 Streaming 与进程通信的任务，可以是任何语言编写的，如 Python、Derby、Shell 等。Pipes 特指 C++语言编写的任务，其通过 socket 来通信。执行的 Streaming 和 Pipes 与 TaskTracker 及子进程的关系如图 4-15 所示。

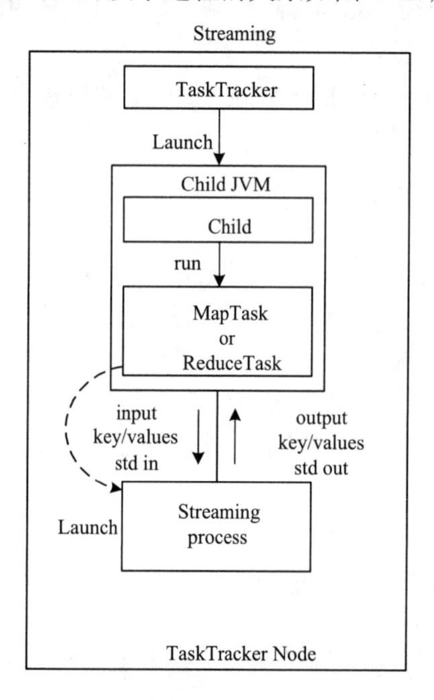

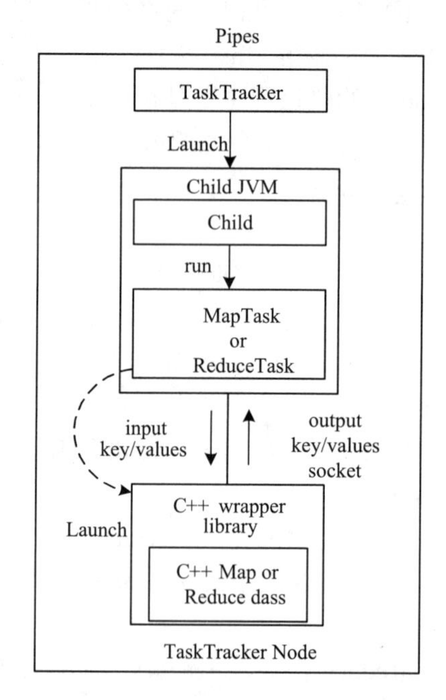

图 4-15 执行的 Streaming 和 Pipes 与 TaskTracker 及子进程的关系图

4.4.6 作业完成

当 JobTracker 收到作业最后一个任务已完成的通知后，便把作业的状态设置为“成功”。这样在 JobClient 查询状态时，便知道任务已经完成，于是 JobTracker 打印一条消息到控制台，最后调用 runjob()方法返回。

4.5 MapReduce 性能优化

MapReduce 计算模型的优化涉及内容较多，但主要集中在两个方面：一是计算性能方面的优化；二是 I/O 操作方面的优化。

4.5.1 任务调度

任务调度是 Hadoop 中非常重要的一环，它的优化涉及两个方面的内容：计算方面，

Hadoop 总会优先将任务分配给空闲的机器，使所有的任务能公平地分享系统资源；I/O 方面，Hadoop 会尽量将 Map 任务分配给 InputSplit 所在的机器，以减少网络 I/O 的消耗。

4.5.2 数据预处理和 InputSplit 的大小

MapReduce 任务擅长处理少量的大数据，而在处理大量的小数据时，MapReduce 的性能就要逊色很多。因此，在提交 MapReduce 任务前可以先对数据进行一次预处理，将数据合并以提高 MapReduce 任务的执行效率。如果这还不够，可以参考 Map 任务的运行时间，当一个 Map 任务只运行几秒钟就结束时，需要考虑是否应该给它分配更多的数据。通常情况下，一个 Map 任务的运行时间在一分钟左右比较合适，可以通过设置 Map 的输入数据大小来调节 Map 的运行时间。在 FileInputFormat（除了 CombineFileInputFormat）中，Hadoop 会在处理每个 Block 后将其作为一个 InputSplit，因此合理地设置 Block 块的大小是很重要的调节方式。除此以外，也可以通过合理地设置 Map 任务的数量来调节 Map 任务的数据输入。

4.5.3 Map 和 Reduce 任务的数量

合理地设置 Map 任务与 Reduce 任务的数量对提高 MapReduce 任务的效率至关重要，默认的设置往往不能很好地体现出 MapReduce 任务的需求。一般而言，设置它们的数量必须依据实践经验完成。

Map 任务槽和 Reduce 任务槽区分十分重要。Map/Reduce 任务槽就是这个集群能够同时运行的 Map/Reduce 任务的最大数量。例如，在一个具有 1200 台机器的集群中，设置每台机器最多可以同时运行 10 个 Map 任务、5 个 Reduce 任务，则这个集群的 Map 任务槽是 12 000，Reduce 任务槽是 6000。

另一种方法是通过任务槽对任务调度进行设置。设置 MapReduce 任务的 Map 任务数量时主要参考的还是 Map 的运行时间，但设置 Reduce 任务的数量时仅需要参考任务槽的设置。一般来说，Reduce 任务的数量应该是 Reduce 任务槽的 0.95 倍或者 1.75 倍，这是基于不同考虑而决定的。当 Reduce 任务的数量是任务槽的 0.95 倍时，如果一个 Reduce 任务失败，Hadoop 可以很快地找到一台空闲的机器重新执行这个任务。当 Reduce 任务的数量是任务槽的 1.75 倍时，执行速度快的机器可以获得更多的 Reduce 任务，因此可以使负载更加均衡，以提高任务的处理速度。

4.5.4 Combine 函数

Combine 函数是用于在本地合并数据的函数，在有些情况下，Map 函数产生的中间数据会有很多重复的数据。例如，在一个简单的 WordCount 程序中，因为词频是接近于一个 Zipf 分布的，每个 Map 任务可能会产生成千上万个<the,1>记录，若将这些记录一一传送给 Reduce 任务是非常耗时的。因此，MapReduce 框架可以通过运行用户写的一个 Combine 函数，选计算出在这个 Block 中单词 the 的个数，进行本地合并，从而大大减少网络 I/O 操作的消耗。

在 MapReduce 程序中使用 Combine 函数很简单，只需在程序中添加如下内容：

```
job.setCombinerClass(combine.class);
```

在 WordCount 程序中，可以指定 Reduce 函数为 Combine 函数，如下所示：

```
job.setReducerClass(reduce.class);
```

4.5.5 压缩

编写 MapReduce 程序时，可以选择对 Map 的输出和最终的输出结果进行压缩（同时也可以选择压缩方式）。在一些情况下，Map 的中间输出可能会很大，对其进行压缩可以有效减少网络上的数据传输量。对最终结果的压缩虽然会减少数据写入 HDFS 的时间，但是也会对读取产生一定的影响，因此要根据实际情况进行选择。

4.5.6 自定义 Comparator

Hadoop 为用户提供了自定义 Comparator 功能，实现了复杂数据的计算问题。例如，当用户欲实现 k-means 算法（一种聚类算法）时，可以定义 k 个整数的集合。另外，Hadoop 提供的自定义 Comparator，具有自动实现数据的二进制比较功能，这样不仅减少了 Hadoop 数据序列化和反序列化的时间，而且提高了 Hadoop 程序的运行效率。

4.6 MapReduce 编程实践

“Hello World”是学习编程语言最简单的案例，也是最直观的案例。本节通过 MapReduce 的特性实现“Hello World”两种案例，主要实现单词计数和文本去重功能等。

4.6.1 编程实现单词计数

“单词计数”程序主要功能是统计一系列文本文件中每个单词出现的次数。

1. 准备开发环境

设两个文件 filel.txt 和 file2.txt 已建立，文件 filel.txt 和 file2.txt 已存储的数据如下所示。

（1）文件 file1.txt

hello, I love coding
are you ok?
hello, I love hadoop
are you ok?

（2）文件 file2.txt

hello I love coding
are you ok ?
hello I love hadoop
are you ok ?

本节实例欲统计 filel.txt 和 file2.txt 两个文件中，按照空格分隔的每个单词出现的次数。特别需要注意的是，目前 Hadoop 支持很多种语言开发 MapReduce 程序，其中 Java 语言提供了原生态的 Java API 接口，它是支持开发 MapReduce 最好的语言。尽管 C++、Python、Shen 等语言 Hadoop 也支持开发 MapReduce，但需要 Hadoop 封装一个 Streaming 接口。因此，本节使用 Eclipse 工具开发 MapReduce 的应用实例。

（1）使用 Eclipse 创建 Java 工程

Eclipse 的安装很简单，从官网下载一个 Eclipse 版本，下载后直接解压到某个文件夹中即可。必须安装 JDK1.6 以上的版本。打开 Eclipse IDE 工具，单击 Eclipse 工具栏左上角的“File（文件）→New（新建）→Java Project（Java 项目）”，出现创建工程对话框。Eclipse 创建工程对话框设置属性如图 4-16 所示。

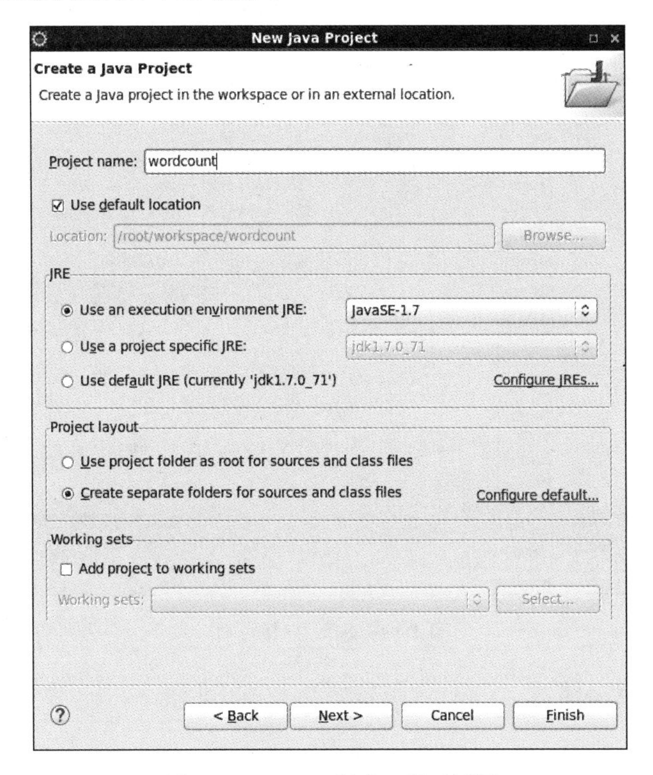

图 4-16　Eclipse 创建工程对话框

部分属性介绍如下：

1）Project name：创建工程的名字。

2）Use default location：默认是选中的，存放路径虽然可以随便更改，但是建议不要改，它默认存在 Eclipse 的工作路径下面。

3）Use an execution environment JRE：选择 JRE 的路径。

4）Use default JRE：表示使用 Eclipse 工具自带的 JRE。如果没有安装 JDK，可以使用自带的 JRE；如果自己安装了 JDK，最好使用自己安装的 JDK。

5）Project layout：这里选择 Create separate folders for sources and class files，会在工程下面自动创建一个存放源代码的 src 文件夹。填好以后单击 Finish 按钮，WordCount 工程就创建好了。

（2）导入 Hadoop 的 JAR 文件

在图 4-17 中，用户实施以下操作：导入开发 MapReduce 程序。所需要的 Hadoop 依赖 JAR 文件，如图 4-17 所示。

1）右击项目名称，新建一个 Folder 文件夹，文件夹的名称为 Lib，把 Hadoop 的核心包和 Lib 依赖包全部复制到新建的 Lib 目录中。

2）右击选择整个项目。

3）选择“Build Path→Configure Build Path→Add External JARS”，如图 4-17 所示。

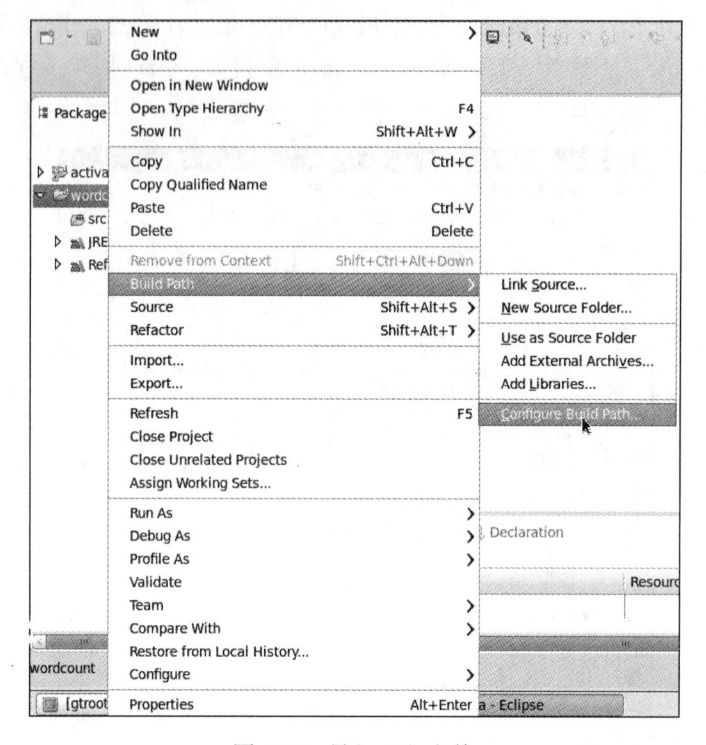

图 4-17　导入 JAR 文件

2. MapReduce 代码编写

使用 Java 语言编写 MapReduce 非常方便，因为 Hadoop 的 API 提供了 Mapper 和 Reducer 抽象类，对于开发人员来说，只要继承这两个抽象类，然后实现抽象类里面的方法就可以了。

（1）编写 WordMapper 类

在工程下创建一个 WordMapper 类，该类要继承 Mapper<Object,Text,IntWritable>抽象类，并且实现方法如下：

```
    Public void map (Object key,Text value,Context context)throws IOException,
InterruptedException
```

这个方法是 Mapper 抽象类的核心方法，它包含如下参数。

1）Object key：每行文件的偏移量。

2）Text value：每行文件的内容。

3）Context context：Map 端的上下文，与 OutputCollector 和 Reporter 的功能类似。

WordMapper 类的实现代码如下所示。

```
package wordcount;

import java.io.IOException;
import java.util.StringTokenizer;
import org.apache.hadoop.io.IntWritable;
import org.apache.hadoop.io.Text;
import org.apache.hadoop.mapreduce.Mapper;
```

```
public class WordMapper extends Mapper<Object,Text,Text,Intwritable>{
    private final static IntWritable one = new Intwritable(1);
    private Text Word = newText();
    public void map(Object key,Text value,Context context ) throws
IOException,InterruptedException{
        StringTokenizer itr = new StringTokenizer(value.tostring());
        while(itr.hasMoreTokens()){
            word.set(itr.nextToken());
            context.write(word,one);
        }
    }
}
```

Map 方法的主要功能是把字符串解析成<key-value>的形式（例如 key=hello,value=l），发给 Reduce 端来统计。

（2）编写 WordReducer 类

在工程下创建一个 WordReducer 类，该类要继承 Reducer<Text,Intwritable,Text, Intwritable>抽象类，并且实现如下方法：

```
public void reduce(Textkey,Iterable<Intwritable>values, Context context)
throwsIOException,InterruptedException
```

这个方法是 Reduce 抽象类的核心方法，它包含如下参数。

1）Text key：Map 端输出的 key 值。

2）lterable<Intwritable>values：Map 端输出的 value 集合（相同 key 的集合）。

3）Context context：Reduce 端的上下文，类似 OutputCollector 和 Reporter 的功能。

WordReducer 类的实现代码如下所示。

```
package wordcount;

import java.io.IOException;
import org.apache.hadoop.io.IntWritable;
import org.apache.hadoop.io.Text;
import org.apache.hadoop.mapreduce.Reducer;

public class WordReducer extends Reducer<Text,Intwritable,Text, Intwritable>{
    private Intwritable result = new Intwritable();
    public void reduce(Text key,Iterable<IntWritable>values,Context context)
    throws IOException, InterruptedException {
        int sum = 0
        for (IntWritable val : values){
            sum +=val.get()
        }
        Result.set(sum);
        context.write(key,result);
    }
}
```

Reduce 方法的主要功能就是获取 Map 方法的<key-value>结果，相同的 key 发送到同一个 Reduce 中处理，然后迭代 key，把 value 相加，结果写到 HDFS 系统中。

（3）编写 WordMain 驱动类

前面实现了 Mapper 和 Reducer 的抽象类，接下来实现一个 MapReduce 的驱动类，驱动类主要用来启动一个 MapReduce 作业。WordMain 驱动类的实现代码如下所示。

```
package wordcount;

import org.apache.hadoop.conf.Configuration;
import org.apache.hadoop.fs.Path;
import org.apache.hadoop.io.IntWritable;
import org.apache.hadoop.io.Text;
import org.apache.hadoop.mapreduce.Job;
import org.apache.hadoop.mapreduce.lib.input.FileInputFormat;
import org.apache.hadoop.mapreduce.lib.output.FileOutputFormat;
import org.apache.hadoop.util.GenericOptionsParser;

public class WordMain {
   public static void main(String[] args)throws Exception{
      Configuration conf = new Configuration();
      String[]  otherArgs  =  new  GenericOPtionsParser(conf,args).
getRemainingArgs();
      if(otherArgs.length != 2){
      System.err.println("Usage:wordcount<in><out>");
      System.exit(2);
      }
      Job job = new Job(conf,"Wordcount");
      job.setJarByClass(WordMain.class);           //主类
      job.setMapperClass(WordMapper.class);        //Mapper
      job.setCombinerClass(WordReducer.class);     //作业合成类
      job.setReducerClass(WordReducer.class);      //Reducer
      job.setoutputKeyClass(Text.class);   //设置作业输出数据的关键类
      job.setoutputvalueClass(IntWritabie.class); //设置作业输出值类
      //文件输入
      FileInputFormat.addInputPath(job,new Path(otherArgs[0]));
      //文件输出
      FileOutputFormat.setoutputPath(job,new  Path(otherArqs[1]));
      System.exit(job.waitForCompletion(true) ? 0 : 1);//等待完成退出
   }
}
```

3. 打包、部署和运行

（1）打包成 JAR 文件

把之前编写的 MapReduce 工程打包成 JAR 文件，然后发送到 Hadoop 的 Master 节点上运行。如图 4-17 所示，右击 wordcount，在快捷菜单中选择 Export，在打开的 Export 对话框中选择 JAR file。

选择 JAR file 以后，单击 Next 按钮，如图 4-18（a）所示，进入 JAR File Specification 对话框，如图 4-18（b）所示。

这里只选择 src 文件夹就可以了，因为 lib 下面的 JAR 是 Hadoop 自带的，不需要把它添加到 JAR 文件里面。还要注意的是，不要把 classpath 和 project 文件添加到 JAR 文件中。在 Select the export destination 下面的 JAR file 选项中，选择 JAR 文件存放的位置和文件名。

（2）部署和运行

1）将 wordcount.jar 文件发送到 Hadoop 集群的 Master 节点下的$HADOOP_HOME 下面。

2）在 Master 节点的/opt/下面创建两个文件 file1.txt 和 file2.txt，文件中是需要统计单词个数的内容。

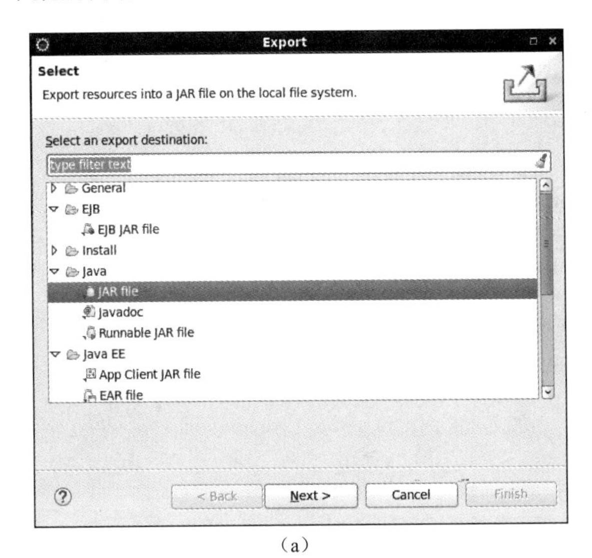

(a)

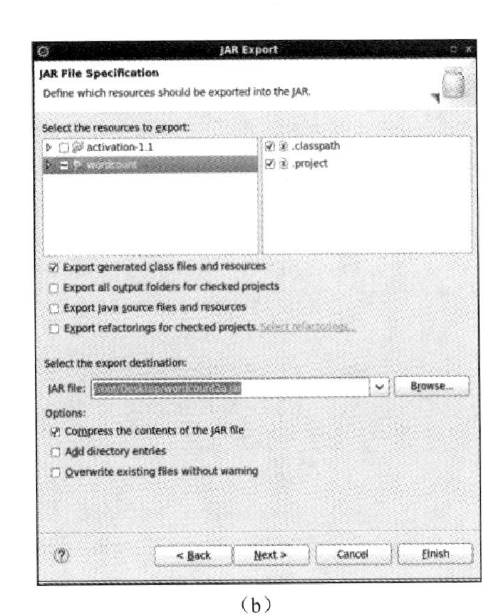

(b)

图 4-18　打包和导出 JAR 文件

3）把 file1.txt 和 file2.txt 传到 HDFS 系统中，命令如下：

```
[root@hadoop usr]# hdfs dfs -put /opt/file*  /user/hadoop/input/
```

4）检查文件是否上传成功，命令如下：

```
[root@hadoop usr]# hdfs dfs -ls /user/hadoop/input/
```

如上传成功，则输出结果如下：

```
Warning : $HADOOP_HOME is deprecated
Find 2 items
-rw-r--r 1  li group   66 2016-6-14 18:36 /user/hadoop/input/file1.txt
-rw-r--r 1  li group   66 2016-6-14 18:36 /user/hadoop/input/file2.txt
```

5）运行 wordcount 程序，命令如下：

```
[root@hadoop usr]# hadoop jar wordcount2a.jar wordcount.WordMain
/user/hadoop /input/file*/user/hadoop/output2
```

输出结果如下：

```
2016-06-27 16:07:21,368 INFO client.RMProxy: Connecting to ResourceManager
at gtroot1/192.168.1.111:8032
2016-06-27 16:07:22,315 INFO input.FileInputFormat: Total input paths
to process : 2
2016-06-27 16:07:22,562 INFO mapreduce.JobSubmitter: number of splits:2
2016-06-27 16:07:23,212 INFO mapreduce.JobSubmitter: Submitting tokens
for job: job_1467003098634_0007
2016-06-27 16:07:23,650 INFO impl.YarnClientImpl: Submitted application
application_1467003098634_0007
2016-06-27 16:07:23,716 INFO mapreduce.Job: The url to track the job:
http://gtroot1:8088/proxy/application_1467003098634_0007/
2016-06-27 16:07:23,717 INFO mapreduce.Job: Running job: job_1467003098634_
0007
2016-06-27 16:07:30,998 INFO mapreduce.Job:  map 0% reduce 0%
2016-06-27 16:07:37,104 INFO mapreduce.Job:  map 100% reduce 0%
2016-06-27 16:07:44,166 INFO mapreduce.Job:  map 100% reduce 100%
2016-06-27 16:07:45,193 INFO mapreduce.Job: Job job_1467003098634_0007
```

```
completed successfully
        2016-06-27 16:07:45,411 INFO mapreduce.Job: Counters: 49
            File System Counters
                FILE: Number of bytes read=168
                FILE: Number of bytes written=307550
                FILE: Number of read operations=0
                FILE: Number of large read operations=0
                FILE: Number of write operations=0
                HDFS: Number of bytes read=352
                HDFS: Number of bytes written=53
                HDFS: Number of read operations=9
                HDFS: Number of large read operations=0
                HDFS: Number of write operations=2
            Job Counters
                Launched map tasks=2
                Launched reduce tasks=1
                Data-local map tasks=2
                Total time spent by all maps in occupied slots (ms)=7871
                Total time spent by all reduces in occupied slots (ms)=4391
                Total time spent by all map tasks (ms)=7871
                Total time spent by all reduce tasks (ms)=4391
                Total vcore-seconds taken by all map tasks=7871
                Total vcore-seconds taken by all reduce tasks=4391
                Total megabyte-seconds taken by all map tasks=8059904
                Total megabyte-seconds taken by all reduce tasks=4496384
            Map-Reduce Framework
                Map input records=8
                Map output records=24
                Map output bytes=224
                Map output materialized bytes=174
                Input split bytes=224
                Combine input records=24
                Combine output records=14
                Reduce input groups=7
                Reduce shuffle bytes=174
                Reduce input records=14
                Reduce output records=7
                Spilled Records=28
                Shuffled Maps =2
                Failed Shuffles=0
                Merged Map outputs=2
                GC time elapsed (ms)=53
                CPU time spent (ms)=3990
                Physical memory (bytes) snapshot=906498048
                Virtual memory (bytes) snapshot=8897376256
                Total committed heap usage (bytes)=1327497216
            Shuffle Errors
                BAD_ID=0
                CONNECTION=0
                IO_ERROR=0
                WRONG_LENGTH=0
                WRONG_MAP=0
```

```
    WRONG_REDUCE=0
  File Input Format Counters
    Bytes Read=128
  File Output Format Counters
    Bytes Written=53
```

4. 查看运行结果

查看生成的结果文件，命令如下：

```
[root@hadoop usr]# hdfs dfs -ls /user/hadoop/output2/
```

输出如下：

```
Found 2 items
-rw-r--r-- 3 root hadoop 0 2016-06-27 16:07 /user/hadoop/output2/_SUCCESS
-rw-r--r-- 3 root hadoop 53 2016-06-27 16:07 /user/hadoop/output2/part-r-00000
[root@hadoop usr]#
```

结果文件一般由两部分组成。

1）_SUCCESS 文件：表示 MapReduce 运行成功。

2）part-r-00000 文件：存放结果，也是默认生成的结果文件。

查看 MapReduce 生成的结果文件，命令如下：

```
[root@hadoop usr]# hdfs dfs -cat /user/hadoop/output2/part-r-00000
```

输出如下：

```
? 2
are 4
coding 2
hadoop 2
hello 2
hello, 2
i 4
love 4
ok 2
ok? 2
you 4
```

4.6.2 编程实现文本去重

数据去重这个实例主要是为了让读者掌握并利用并行化思想对数据进行有意义的筛选。统计大数据集上的数据种类个数、从网站日志中计算访问地等这些看似庞杂的任务都会涉及数据去重。下面描述这个实例的 MapReduce 程序设计。

1. 实例描述

本实例主要实现数据文件中的数据去重功能。数据文件中的每行仅是一个数据，实例的输入数据由设计思路中给出，数据文件使用 4.6.1 小节的两个文件 filel.txt 和 file2.txt。

2. 设计思路

数据去重实例的设计目标是，将原始数据中出现次数超过一次的数据在输出文件中只出现一次。这里自然而然会想到将同一个数据的所有记录都交给一台 Reduce 机器，无论这个数据出现多少次，只要在最终结果中输出一次就可以了。具体就是 Reduce 的输入应该以数据作为 key，而对 value-list 则没有要求。当 Reduce 接收到一个<key,value-list>时就直接将 key 复制到输出的 key 中，并将 value 设置成空值。在 MapReduce 流程中，Map 的输出<key,value>经过 Shuffle 过程聚集成<key,value-list>后会交给 Reduce。所以，从设计好的 Reduce 输入可以反推出 Map 的输出 key 应为数据，value 任意。继续反推，Map 输出数据的 key 为数据，而在这个实例中每个数据代表输入文件中的一行内容，所以 Map 阶段要完成的任务就是采用 Hadoop 默认的作业输入方式之后，将 value 设置成 key，并直接输出（输出中的 value 任意）。Map 中的结果经过 Shuffle 过程之后交给 Reduce。Reduce 阶段不会管每个 key 有多少个 value，而是直接将输入的 key 复制为输出的 key，输出即可（输出中的 value 被设置为空了）。

3. 程序代码

实现文本去重的完整代码如下所示。

```
import java.io.IOException;
import org.apache.hadoop.conf.Configuration;
import org.apache.hadoop.fs.Path;
import org.apache.hadoop.io.IntWritable;
import org.apache.hadoop.io.Text;
import org.apache.hadoop.mapreduce.Job;
import org.apache.hadoop.mapreduce.Mapper;
import org.apache.hadoop.mapreduce.Reducer;
import org.apache.hadoop.mapreduce.lib.input.FileInputFormat;
import org.apache.hadoop.mapreduce.lib.output.FileOutputFormat;
import org.apache.hadoop.util.GenericOptionsParser;
public class Dedup {
//map 将输入中的 value 复制到输出数据的 key 上，并直接输出
public static class Map extends Mapper<Object, Text, Text, Text>{
   private static Text line = new Text();
   public void map(Object key, Text value, Context context) throws
IOException, InterruptedException {
      line = value;
      context .write (line, new Text (""));
   }
}
//reduce 将输入的 key 复制到输出数据的 key 上，并直接输出
public static class Reduce extends Reducer<Text,Text,Text,Text> {
   public void reduce(Text key, Iterable<Text> values, Context context )
throws IOException, InterruptedException {
      context.write(key, new Text(""));
   }
}
public static void main(String[] args) throws Exception {
   Configuration conf = new Configuration();
   String[] otherArgs = new GenericOptionsParser(conf, args).getRemainingArgs();
   if (otherArgs.length != 2) {
      System.err.println("Usage:  wordcount <in><out>");
      System.exit(2);
   }
   Job job = new Job(conf, "Data Deduplication");
```

```
        job.setJarByClass(Dedup.class);
        job.setMapperClass(Map.class);
        job.setCombinerClass(Reduce.class);
        job.setReducerClass(Reduce.class);
        job.setOutputKeyClass(Text.class);
        job.setOutputValueClass(Text.class);
        FileInputFormat.addInputPath(job, new Path(otherArgs[0]));
        FileOutputFormat.setOutputPath(job, new Path(otherArgs[1]));
        System.exit(job.waitForCompletion(true) ? 0 : 1);
    }
}
```

程序运行方法和步骤与 4.6.1 节相同，在此不做赘述。

4. 查看运行结果

查看生成的结果文件，命令如下：

```
[root@hadoop usr]# hdfs dfs -ls /user/hadoop/output6/
```

输出如下：

```
Found 2 items
-rw-r--r-- 3 root hadoop  0 2016-06-28 10:40 /user/hadoop/output6/_SUCCESS
-rw-r--r-- 3 root hadoop  1461 2016-06-28 10:40 /user/hadoop/output6/part-r-
00000
```

查看 MapReduce 生成的结果文件，命令如下：

```
[root@hadoop usr]# hdfs dfs -cat /user/hadoop/output6/part-r-00000
```

输出如下：

```
are you ok ?
are you ok?
hello I love coding
hello I love hadoop
hello, I love coding
hello, I love hadoop
```

习　　题

一、简答题

1. 简述 MapReduce 框架结构及其核心优势。

2. 描述 WordCount 程序中<key-value>的转换过程，并标出所属阶段的数据输入。

Hadoop welcome

Java welcome

3. 简述通常集群的最主要瓶颈，即程序优化的主要瓶颈，给出至少两种 MapReduce 优化的方法。

4. Combine 出现在哪个过程？举例说明什么情况下可以使用 Combiner，什么情况下不可以。

5. 简述 MapReduce 的性能调优技术。

二、选择题

1. MapReduce 适用于（　　）。
   A. 任何应用程序　　B. 任意可在 Windows Server 2008 上的应用程序
   C. 可以串行处理的应用程序　　D. 可以并行处理的应用程序
2. MapReduce 的执行阶段包括（　　）。
   A. [Input 阶段]获取输入数据进行分片作为 Map 的输入
   B. [Map 阶段]过程对某种输入格式的一条记录解析成一条或多条记录
   C. [Shuffle 阶段]对中间数据的控制，作为 Reduce 的输入
   D. [Reduce 阶段]对相同 key 的数据进行合并
   E. [Output 阶段]按照格式输出到指定目录

参考文献

董西成，2013. Hadoop 技术内幕：深入解析 MapReduce 架构设计与实现原理[M]. 北京：机械工业出版社.

AFRATI F, DOLEV S, KORACH E, et al., 2016. Assignment problems of different-sized inputs in MapReduce[J]. ACM transactions on knowledge discovery from data, 11(2): 18-27.

BALMIN A, HILDRUM K W, NAGARAJAN V, et al., 2016. Automated scheduling management of MapReduce flow-graph a publications: U.S. Patent 9,336,058[P]. 2016-05-10.

CHHABRA S, SINGH A K, 2016. Dynamic data leakage detection model based approach for MapReduce computational security in cloud[C]// International Conference on Eco-friendly Computing and Communication Systems. Bhopal: IEEE: 13-19.

NELLORE A, WILKS C, HANSEN K D, et al., 2016. Rail-dbGaP: analyzing dbGaP-protected data in the cloud with Amazon Elastic MapReduce[J]. Bioinformatics, 32(16): 2551-2553.

SHAH M, SHUKLA P K, PANDEY R, 2016. Phase level energy aware map reduce scheduling for big data applications[C]// International Conference on Signal Processing, Communication, Power and Embedded System. Paralakhemundi: IEEE: 532-535.

WHITE T, 2011. Hadoop: the definitive guide[M]. 南京：东南大学出版社.

第5章 内存型计算框架 Spark

在大数据领域，Apache Spark（简称 Spark）是一种基于内存计算的大数据并行分布式计算框架。目前，Spark 已受到人们的广泛关注。

Spark 适合各种迭代算法和交互式数据分析，能够提升大数据处理的实时性和准确性，能够更快速地进行数据分析。

本章主要介绍 Spark 的概念与发展、Spark 架构、Spark 计算模型、Spark 工作机制和 Spark 编程实践。

5.1 Spark 概述

5.1.1 Spark 简介

Spark 是一种基于内存计算的大数据并行分布式计算框架，如图 5-1 所示。在大数据环境下，Spark 基于内存计算，不仅能提高数据处理的实时性，同时能保证数据的高容错性和高可伸缩性，而且允许用户部署在大量廉价硬件之上形成集群。因此，Spark 在大数据领域是较受人们青睐的开源项目之一。

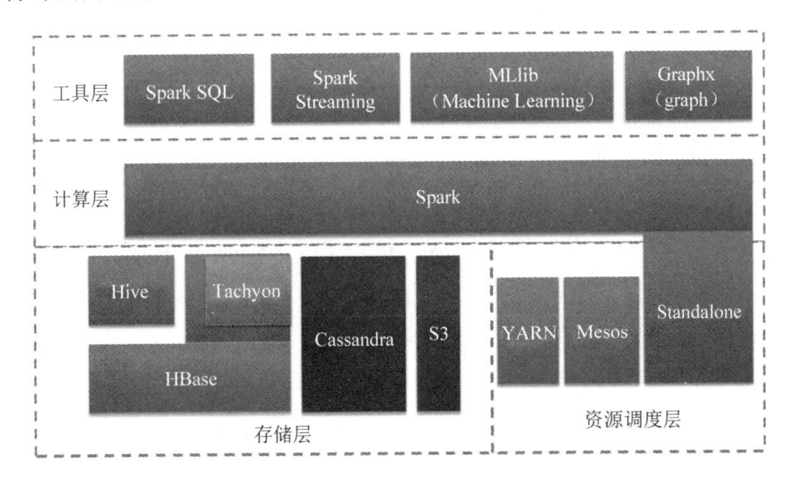

图 5-1 Spark 框架

1. Spark 与 Hadoop MapReduce 的关系

Spark 是 MapReduce 的替代方案，兼容 HDFS、Hive 等分布式存储系统，可融入 Hadoop 生态系统，从而可弥补 MapReduce 如下 4 个方面的不足。

1）中间结果输出。MapReduce 的计算引擎将中间结果输出到磁盘上进行存储和容错。Spark 将执行模型抽象为通用的有向无环图（directed acyclic graph，DAG）执行计划，可实现多个 Stage 任务的串联或者并行执行，而无须将 Stage 中间结果输出到 HDFS 中。

2）数据格式和内存布局。为克服 MapReduce Schema on Read 处理方式引起较大的处理开销问题，Spark 在抽象出的分布式内存存储结构中按照弹性分布式数据集（resilient distributed datasets，RDD）进行数据存储。RDD 具有支持粗粒度写操作的功能，但对于读取操作，RDD 可以精确到每条记录，可使用 RDD 作分布式索引；Spark 的特性是能够控制数据在不同节点上的分区，用户可以自定义分区策略，如 Hash 分区等；Shark 和 Spark SQL 在 Spark 的基础上实现了列存储和列存储压缩。

3）执行策略。针对 MapReduce 在数据 Shuffle 之前花费大量的时间完成排序问题，Spark 可以减少此问题带来的开销。其实现方法是，Spark 任务在 Shuffle 中仅完成需要排序的任务，即 Spark 采用基于 Hash 的分布式聚合，调度中采用更为通用的 DAG，每一轮的输出结果均在内存中缓存。

4）任务调度策略。传统的 MapReduce 系统，如 Hadoop 是为了运行长达数小时的批量作业而设计的，在某种极端情况下，当提交一个任务时，其存在高延迟缺陷。针对上述问题，Spark 采用事件驱动的类库 AKKA 来启动任务，通过线程池复用线程来避免进程或线程启动和切换的开销。

2. Spark 的优势

Spark 采用一站式解决方案，具有如下优势。

1）全栈多计算模式的高效数据流水线能力。Spark 不仅支持复杂查询，即在简单的 Map 和 Reduce 操作之外，Spark 还支持 SQL 查询、流式计算、机器学习等算法；而且用户可以在同一个工作流中无缝组合这些计算模式。

2）轻量级快速处理能力。如 Spark 1.0 核心代码只有 4 万行，这是由于 Scala 语言简洁、具有丰富的表达力，以及 Spark 充分利用和集成 Hadoop 等其他第三方组件，同时为着力解决大数据处理速度问题，Spark 将中间结果缓存在内存中，不仅减少了磁盘 I/O 操作，并且提升了数据快速处理能力。

3）Spark 支持多种语言程序设计能力。Spark 支持用通过 Scala、Java 及 Python 等语言编写程序，允许开发者在自己熟悉的语言环境下进行工作，其自带 80 多个算法，同时允许在 Shell 中进行交互式计算。用户可以利用 Spark 设计单机程序方法以完成分布式程序设计，这样做不仅充分挖掘了 Spark 构建大数据内存计算平台及内存计算的能力，而且实现了海量数据的实时处理，极大地方便了开发者的应用。

4）与 HDFS 等存储层具有很好的兼容性。Spark 具有独立运行的特性，这个特性让用户可以轻易迁移已有的持久化层数据。Spark 不仅运行在当前的 YARN 等集群管理系统之外，还可以读取已有的任何 Hadoop 数据，即它可以运行在任何 Hadoop 数据源上，如 Hive、HBase、HDFS 等。

近年来，随着 Spark 应用的深入，这些优势已被广泛应用于 Yahoo、Twitter、Intel、阿里巴巴、百度、网易等各大公司的生态应用环境中。

5.1.2 Spark 架构

Spark 架构如图 5-2 所示。采用分布式计算中的 Master-Slave 模型，Master 是指集群中存在 Master 进程的节点，Slave 是指集群中存在 Worker 进程的节点。Master 作为整个集群的控制器，负责整个集群的正常运行；Worker 相当于一个计算节点，负责接收主节点命令与进行状态汇集提交；Executor 负责任务的执行；Client 作为用户的客户端，负责提交应用，Driver 负责控制一个应用的执行。

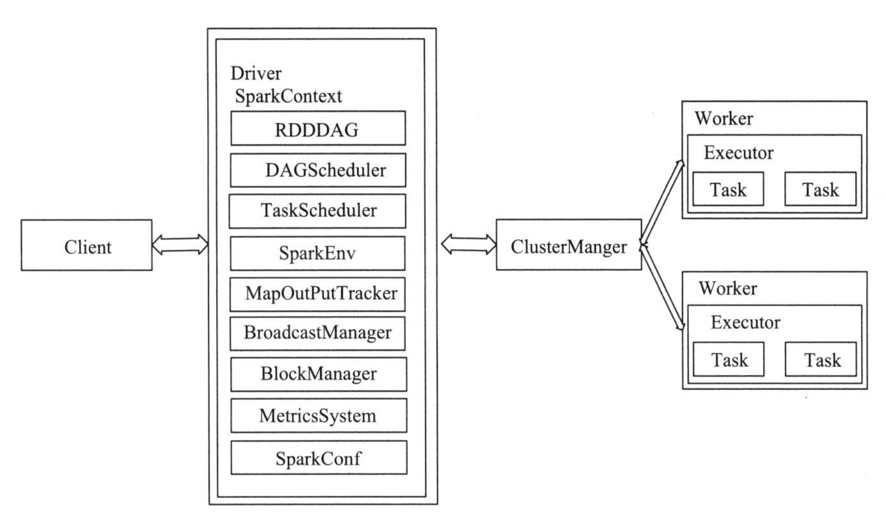

图 5-2　Spark 架构

当 Spark 集群部署完成后，需要完成主节点和从节点启动操作，通过启动 Master 进程和 Worker 进程实现对整个集群的控制。在一个 Spark 应用的执行过程中，Driver 和 Worker 是两个不同的重要角色，其中 Driver 程序是应用逻辑执行的起点，负责作业的调度，即 Task 任务的分发；多个 Worker 用来管理计算节点和创建 Executor 并行处理任务。在执行阶段，Driver 负责将 Task 和 Task 依赖的 file 和 jar 序列化，并传递给对应的 Worker 机器，同时 Executor 会处理相应数据分区的任务。

Spark 架构中的基本组件主要包括以下几种。

1）ClusterManager：在 Standalone 模式中为 Master（主节点），负责控制整个集群和监控 Worker 功能。其功能如 YARN 模式中的资源管理器。

2）Worker：具有从节点功能，负责控制计算节点，启动 Executor 或 Driver。如在 YARN 模式中的 NodeManager，负责计算节点的控制。

3）Driver：负责运行 Application 的 main()函数并创建 SparkContext。

4）Executor：它是一种执行器，具有在 WorkerNode 上执行任务的组件和启动线程池运行任务等功能。实际应用中每个 Application 拥有一组独立的 Executors。

5）SparkContext：描述整个应用的上下文，用于控制应用的生命周期。

6）RDDDAG：它是 Spark 的基本计算单元，即构成一组 RDDDAG 可执行的有向无环图 RDD Graph。

7）DAGScheduler：根据作业（Job）构建基于 Stage 的 DAG，并提交 Stage 给 TaskScheduler。

8）TaskScheduler：将任务（Task）分发给 Executor 执行。

9）SparkEnv：描述线程级别的上下文，以及引用存储运行时的重要组件环境。

10）MapOutPutTracker：负责 Shuffle 元信息的存储。

11）BroadcastManager：负责广播变量的控制与元信息的存储。

12）BlockManager：负责存储管理、创建和查找块。

13）MetricsSystem：负责监控运行时性能指标信息。

14）SparkConf：负责存储配置信息。

因此，上述 Spark 的任务执行过程大致分为三个阶段：首先通过 Client 提交应用，若 Master 找到一个 Worker 则立即启动 Driver，Driver 向 Master 或者资源管理器申请资源；然后将应用转化为 RDD Graph；最后 RDD Graph 通过 DAGScheduler 转化为 Stage 的有向无环图，并提交 TaskScheduler 后，通过 TaskScheduler 将任务提交给 Executor 执行。

在 Spark 任务执行过程中，其他组件会协同工作，以确保 Spark 全体应用任务顺利执行。

5.1.3 Spark 分布式系统与单机多核系统的区别

人们通常所说的分布式系统，主要是指分布式软件系统。它是在通信网络互连的多处理机架构上执行任务的软件系统。Spark 是分布式软件系统中的分布式计算框架，简单地说，基于 Spark 能够设计分布式计算程序和软件。为了整体把握和理解分布式系统，可以将一个集群视为一个计算机，这样做使分布式程序设计可以简化为单机程序设计，方便用户编程。但是，分布式程序设计与单机程序设计存在差异，原因是分布式架构和单机多核架构有区别，即内存和磁盘的共享差异，这就需要在程序设计和优化过程中加以关注。

分布式系统与单机多核系统如图 5-3 所示。

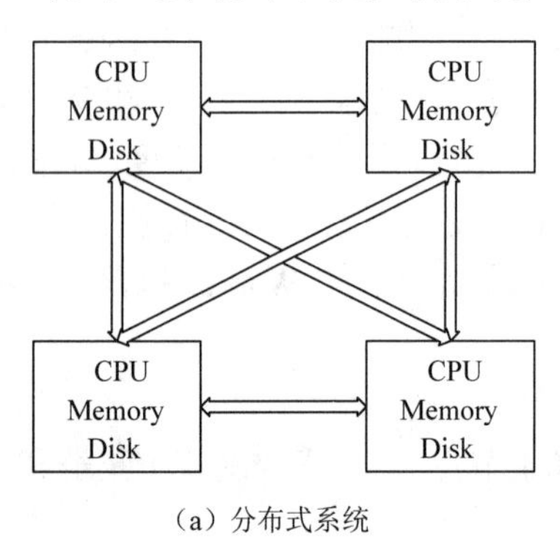

（a）分布式系统

CPU Core1　CPU Core2　CPU Core3

Memory

Disk

（b）单机多核系统

图 5-3　分布式系统与单机多核系统

在图 5-3 中，需要关注如下两方面的问题。

1）在单机多核环境下，多 CPU 共享内存和磁盘，当系统所需的计算和存储资源不够而需要扩展 CPU 和存储时，单机多核系统会显得力不从心。

2）大规模分布式并行处理系统是由多个松耦合处理单元组成的，其中每个单元内的 CPU 都有自己私有的资源，如总线、内存、硬盘等。这种结构最大的特点在于资源不共享。在资源不共享的分布式架构下，节点可以无限扩展，即计算能力和存储扩展性可以成倍的增长。

总之，在分布式运算中，数据要尽量在本地运算，减少网络 I/O 开销。由于大规模分布式系统要在不同处理单元之间传送信息，所以在网络传输量小的情况下，应使系统充分发挥资源的优势，达到提高效率的目的。也就是说在系统间的操作无关联、处理单元之间的通信较少时，采用分布式系统更好。由此可见，分布式系统在决策支持系统（decision support system，DSS）和数据挖掘（data mining）领域中的应用优势更为明显。

5.2 Spark 计算模型

Spark 的设计思想是将数据（包括部分中间数据）存储在内存中实现计算，这样做的目的是重复利用缓存到内存的已有数据，从而有效提高下次的计算效率。

Spark 计算模型采用基于内存的迭代和交互任务实现高性能计算的思想。为方便理解，通过如下经典示例程序的执行过程来描述 Spark 的计算模型。

1）SparkContext 中的 textFile 函数从 HDFS[1]读取日志文件，输出变量 file。

```
val file=sc.textFile("hdfs://xxx")
```

2）RDD 中的 filter 函数过滤到带“ERROR”的行，输出 errors（errors 视为一个 RDD）。

```
val errors=file.filter (lin e=>lin e.contains("ERROR")
```

3）RDD 的 count 函数返回带“ERROR”的行数：errors.count()。

上述程序的执行过程体现了分布式程序与单机程序设计具有相同的设计方法，换句话说，RDD 操作与 Scala 集合类型没有过多的差别，但是在数据和运行方面二者是有区别的。因此，RDD 转换和存储的执行过程对应的 Spark 计算模型如图 5-4 所示。

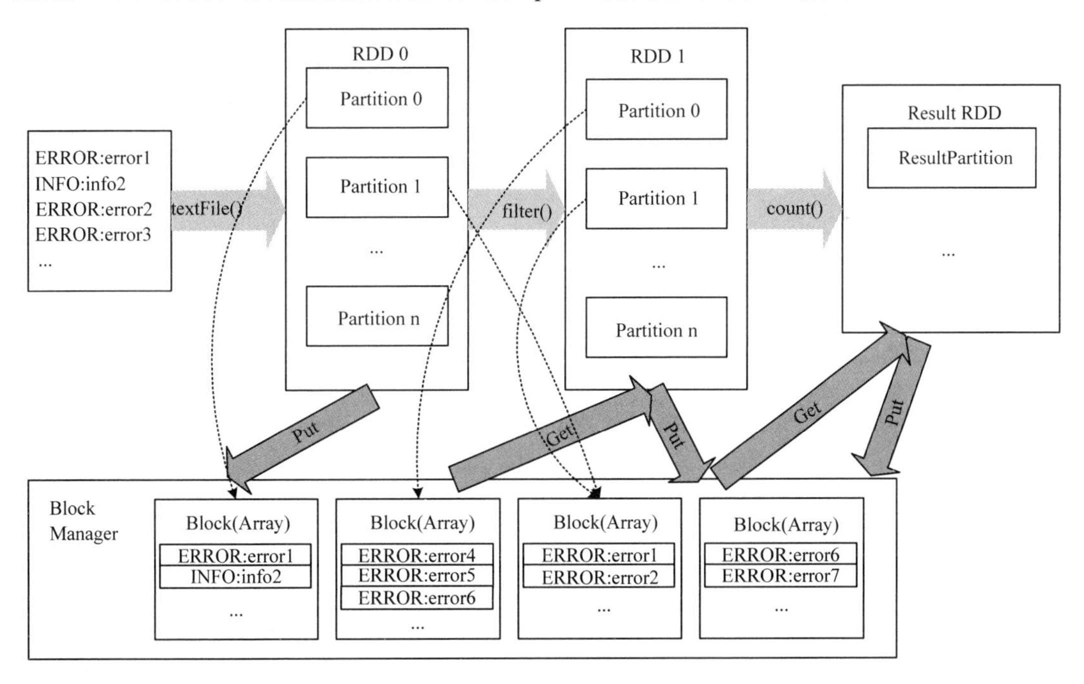

图 5-4 Spark 计算模型

由图 5-4 可以看出：①用户程序中的 RDD 通过多个函数的操作实现 RDD 转换；②RDD 的物理分区通过 BlockManager 实现管理，其中每个 Block 看作节点上对应的一个数据块，并存储在内存或磁盘中；③RDD 中的 Partition 为一个逻辑数据块，并对应相应的物理块 Block。由此可见，一个 RDD 在程序代码中相当于数据的一个元数据结构，并存储着数据分区与其逻辑结构映射关系，以及 RDD 之前的依赖转换关系。

5.2.1 弹性分布式数据集

1. RDD 概述

RDD 是处在集群后台的一种非常重要的分布式数据架构。实际上，RDD 就是逻辑集中的实体，它不仅能在集群中的多台机器上完成数据分区，而且通过控制多台机器上不同 RDD 的分区，可以有效减少机器之间的数据重排（data shuffling）问题。

Spark 提供的“partitionBy”运算符，不仅解决了在集群中多台机器之间对原始 RDD 的数据再分配，而且创建了一个新的 RDD。RDD 是 Spark 的核心数据结构，依据 RDD 的依赖关系可以建立 Spark 的调度顺序，通过 RDD 的操作可以建立整个 Spark 程序。

（1）RDD 的两种创建方式

1）从 Hadoop 文件系统（或与 Hadoop 兼容的其他持久化存储系统，如 Hive、Cassandra、HBase）输入创建。

2）从父 RDD 转换得到新的 RDD。

（2）RDD 的两种算子

从对数据操作角度来讲，RDD 算子大致分为两类：Transformation 算子（变换算子）和 Action 算子（行动算子）。

1）Transformation 算子。Transformation 算子是延迟计算的，也就是说，从一个 RDD 转换生成另一个 RDD 的转换操作不是马上执行，需要等到有 Actions 操作时才真正触发运算。

2）Action 算子。Action 算子会触发 Spark 提交作业（Job），并将数据输出到 Spark 系统。

（3）RDD 的重要内部属性

1）分区列表。

2）计算每个分片的函数。

3）构建父 RDD 的依赖列表。

4）通过<key,value>建立数据类型 RDD 的分区器，控制分区策略和分区数。

5）建立每个数据分区的地址列表（如 HDFS 上数据块的地址）。

2. RDD 与分布式共享内存的区别

RDD 是一种分布式的内存抽象，表 5-1 给出了 RDD 与分布式共享内存（distributed shared memory，DSM）的区别。在 DSM 系统中，应用可以向全局地址空间的任意位置进行读写操作。DSM 是一种通用的内存数据抽象，但这种通用性使其在商用集群上很难实现有效的容错性和一致性。

表 5-1 RDD 与 DSM 的对比

对比项目	RDD	DSM
读	批量或细粒度读操作	细粒度读操作
写	批量转换操作	细粒度转换操作
一致性	不重要（RDD 是不可更改的）	取决于应用程序
容错性	细粒度，低开销使用 Lineage（血统）	需要检查点操作和程序回滚
落后任务的处理	任务备份，重新调度执行	很难处理
任务安排	基于数据存放的位置自动实现	取决于应用程序

RDD与DSM的主要区别在于，不仅可以通过批量转换创建（即“写”）RDD，而且可以对任意内存位置进行读写。但在实际应用中，为保证系统的有效容错性，RDD限制应用执行批量写操作。特别是，RDD提供使用Lineage来恢复分区，基本没有检查点开销。因此，失效时只需要重新计算丢失的那些RDD分区，就可以在不同节点上并行执行，而不需要回滚（roll back）整个程序。

由表5-1看出，通过备份任务的复制实现了RDD落伍任务（即运行很慢的节点）的处理，此方法与MapReduce类似。由于任务及其副本均需读写同一个内存位置的数据，因此，DSM很好地实现了任务的备份。

与DSM相比，RDD模型具有两个优势：一是对于RDD中的批量操作，运行时将根据数据存放的位置来调度任务，从而提高性能；二是对于扫描类型操作，如果内存不足以缓存整个RDD，就进行部分缓存，将内存容纳不下的分区存储到磁盘上。

另外，RDD支持粗粒度和细粒度的读操作。RDD上的很多函数操作（如count和collect等）都是批量读操作，即扫描整个数据集，可以将任务分配到距离数据最近的节点上。同时，RDD也支持细粒度操作，即在哈希或范围分区的RDD上执行关键字的查找。其执行过程描述如下：

1）Transformations和Action算子维度。

2）在Transformations算子中，再将数据类型维度细分为value数据类型和<key,value>对数据类型。value数据类型的算子封装在RDD类中，可以直接使用，<key,value>对数据类型的算子封装在PairRDDFunctions类中，用户需要引入import org.apache.spark.SparkContext.才能够使用。进行这样细分的目的是为适应不同数据类型与不同算子的处理思想。

3. Spark数据存储

Spark数据存储的核心是RDD。RDD可以被抽象地理解为一个大的数组（array），但是这个数组是分布式的。逻辑上RDD的每个分区称为一个Partition。

在Spark的执行过程中，RDD经历一个个Transformation算子之后，最后通过Action算子进行触发操作。逻辑上每经历一次变换，就会将RDD转换为一个新的RDD，RDD之间通过Lineage产生依赖关系，这个关系在容错中有很重要的作用。变换的输入和输出都是RDD。RDD会被划分成很多分区分布到集群的多个节点中。分区是个逻辑概念，变换前后的新旧分区在物理上可能是同一块内存存储。这是很重要的优化，以防止函数式数据不变性（immutable）导致内存需求无限扩张。有些RDD是计算的中间结果，其分区并不一定有相应的内存或磁盘数据与之对应，如果要迭代使用数据，可以调用cache()函数缓存数据。图5-5为RDD的数据存储模型。

图5-5中的RDD_1含有5个分区（p1、p2、p3、p4和p5），分布在4个节点（Worker Node1、Worker Node2、Worker Node3和Worker Node4）中。RDD_2含有3个分区（p1、p2和p3），分布在3个节点（Worker Node1、Worker Node2和Worker Node3）中。在物理上，RDD的对象就是一个元数据结构，存储着Block、Node等的映射关系，以及其他的元数据信息。

由此可见，一个RDD就是一组分区，在物理数据存储上，RDD的每个分区对应一个Block，Block既可以存储在内存中，当内存不够时也可以存储在磁盘上。每个Block中存储着RDD所有数据项的一个子集，实际上用户看到的是一个Block的迭代器（例如，用户

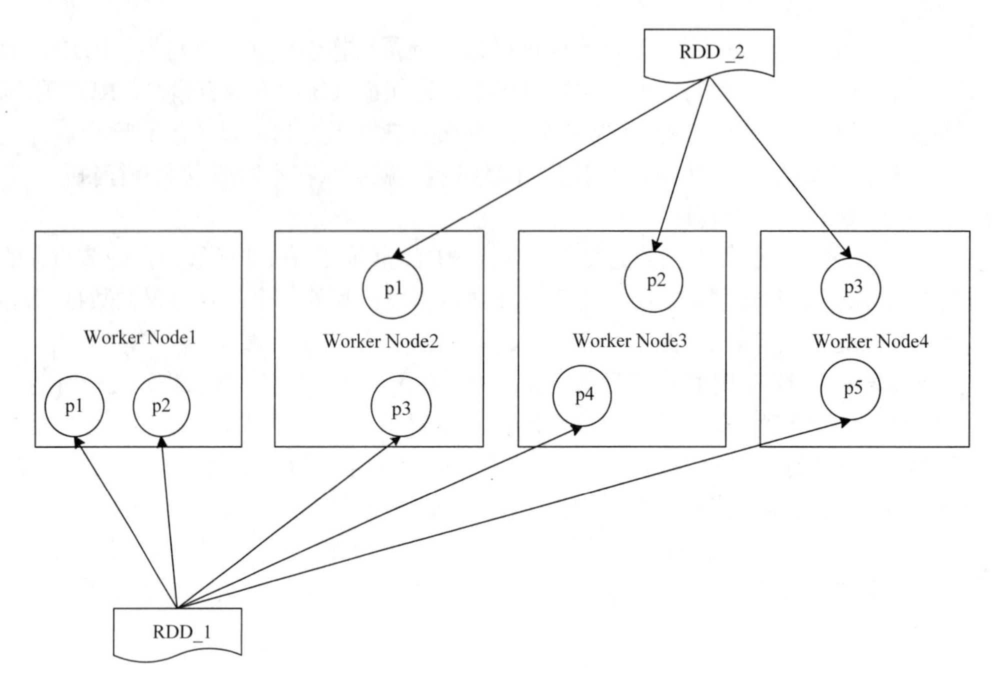

图 5-5 RDD 数据存储模型

可以通过 mapPartitions 获得分区迭代器进行操作），也可以是一个数据项（例如，通过 Map 函数对每个数据项并行计算）。

如果将 HDFS 等外部存储作为输入数据源，数据按照 HDFS 中的数据分布策略进行分区，HDFS 中的一个 Block 对应 Spark 的一个分区；同时，Spark 具有支持重分区的功能，其方便性在于数据通过 Spark 默认的或者用户自定义的分区器值可以判断数据块分布在哪些节点上。

5.2.2 Spark 算子分类

1. Spark 算子的作用

Spark 算子的作用域表现在输入、运行转换和输出三方面，如图 5-6 所示。在运行转换中通过算子实施 RDD 转换，其中算子是通过 RDD 定义的函数，主要完成 RDD 中的数据转换和操作。

1）输入：在 Spark 程序运行中，数据从外部数据空间（如分布式存储：textFile 读取 HDFS 等，parallelize 方法输入 Scala 集合或数据）输入 Spark。数据进入 Spark 运行时，数据空间转化为 Spark 中的数据块，通过 BlockManager 进行管理。

2）运行：在 Spark 数据输入建立 RDD 后，①通过 Transformation 算子（如 Fliter 等）实现数据操作，并将 RDD 转化为新的 RDD；②通过 Action 算子触发 Spark 提交作业。如果数据需要复用，则通过 Cache 算子将数据缓存到内存中。

3）输出：当程序运行结束，输出 Spark 运行状态时，将结果由空间存储转化为分布式存储（如 saveAsTextFile 输出到 HDFS）或将结果输出到 Scala 数据或集合中。

Spark 的核心数据模型是 RDD 类，但 RDD 是一种抽象类，通过各子类加以实现，如 MappedRDD、ShuffledRDD 等子类。RDD 的子类是通过 Spark 大数据操作转化而得到的。

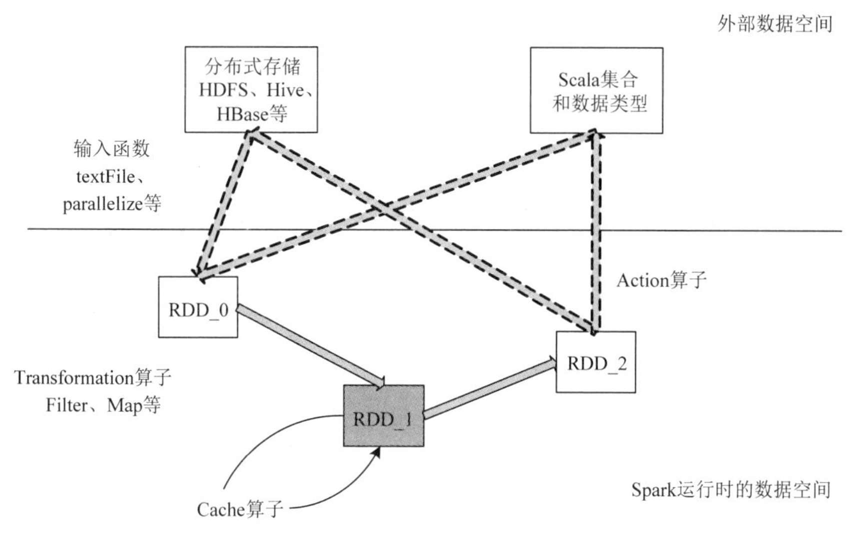

图 5-6　Spark 算子和数据空间

2. 算子的分类

算子大致可以分为如下三类。

1）value 数据类型的 Transformation 算子，这种变换不会触发作业提交，其处理的数据项是 value 型的数据。

2）<key,value>数据类型的 Transformation 算子，这种变换不会触发作业提交，其处理的数据项是<key,value>型的数据对。

3）Action 算子，这类算子会触发 SparkContext 提交 Job 作业。

5.3　Spark 工作机制

Spark 工作机制主要由 Spark 应用执行机制、Spark 调度与任务分配机制、Spark I/O 机制、Spark 通信机制、容错机制和 Shuffle 机制构成。

5.3.1　Spark 应用执行机制

1. Spark 执行机制

Spark 应用提交后，经过一系列转换，由 Task 在每个节点上执行。Spark 应用转换流程如图 5-7 所示。

在图 5-7 中，首先，RDD 的 Action 算子触发 Job 的提交事件；其次，通过 Spark 中的 Job 生成 RDDDAG；再次，通过 DAGScheduler 转化为 StageDAG，每个 Stage 中产生相应的 Task 集合；最后，TaskScheduler 将任务分发到 Executor 执行。其中，每个任务对应相应的一个数据块，使用用户定义的函数处理数据块。

Spark 执行的底层实现是执行机制的重要组成部分，其实现原理如图 5-8 所示。

在如图 5-8 所示的 Spark 执行的底层实现中，通过 RDD 进行数据管理，RDD 中有一组分布在不同节点的数据块，当 Spark 的应用对这个 RDD 进行操作时，调度器将包含操作的

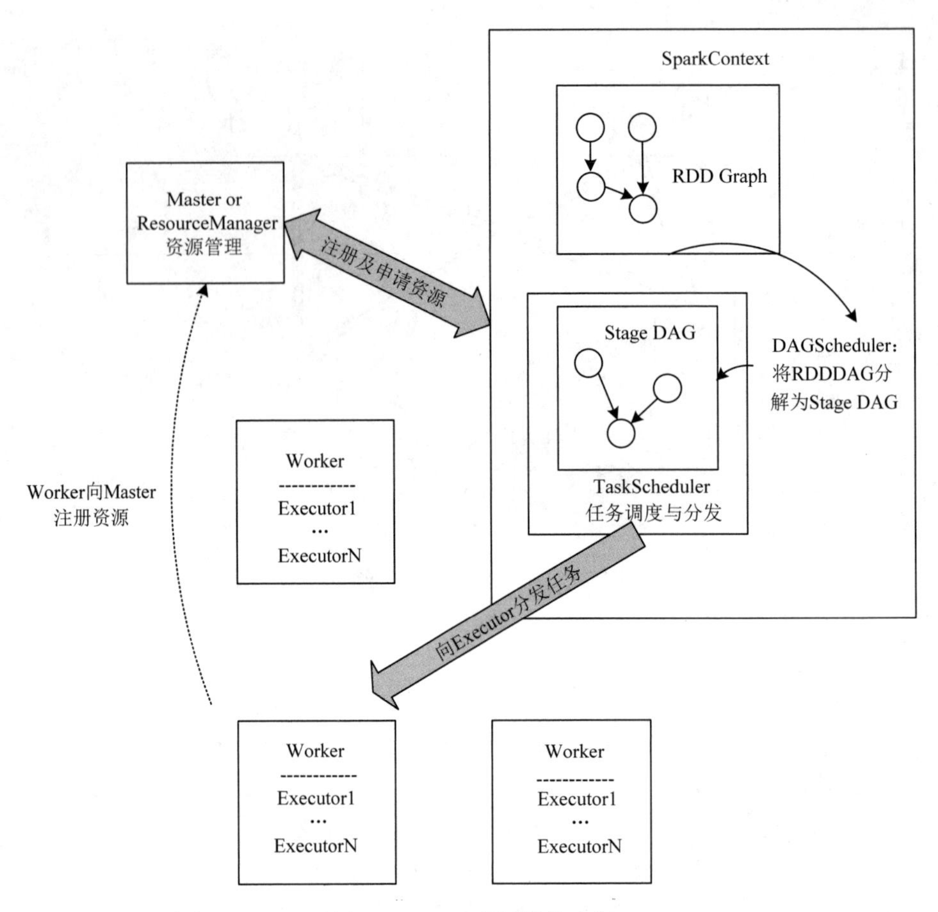

图 5-7 Spark 应用转换流程

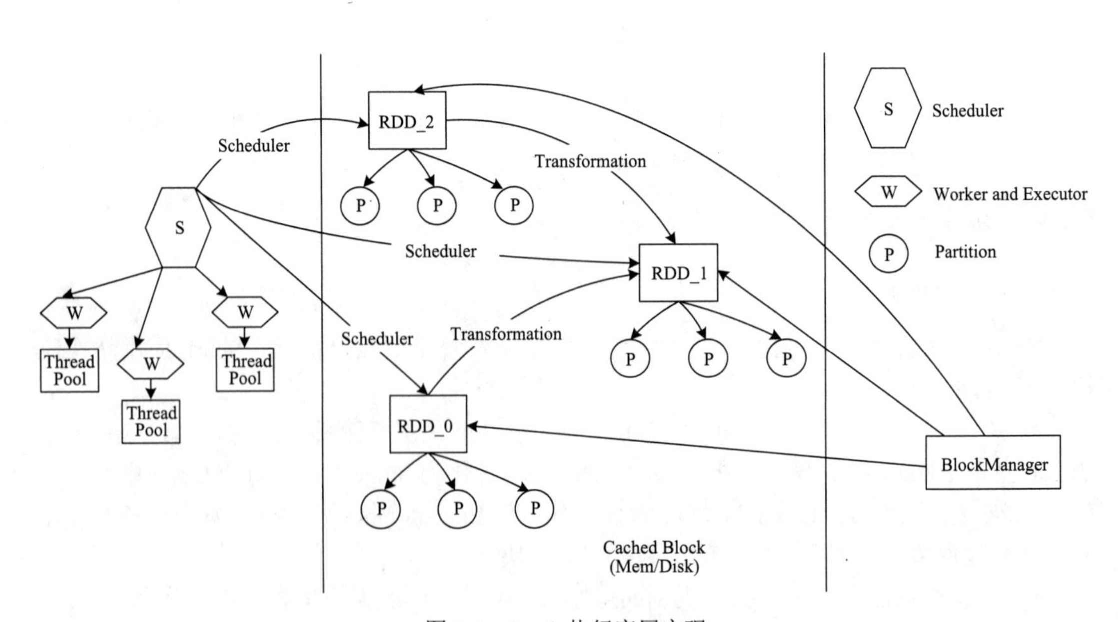

图 5-8 Spark 执行底层实现

任务分发到指定的机器上执行，并在计算节点上通过多线程的方式执行任务。实际上，当一个操作执行完毕后，RDD 再次转换为另一个 RDD，从而保证了用户操作的有序执行。

Spark 为解决系统内存不足的问题，采用延迟的方式执行，这样做的好处是，仅有操作累积到 Action 时，算子才会触发整个操作序列的执行，中间结果不会再单独重新分配内存，而是在同一个数据块上进行流水线操作。

集群的程序实现同样是执行机制不可缺失的环节。集群的实现过程为，Spark 实现分布式计算和任务处理，以及任务的分发、跟踪、执行等工作，最终聚合结果，完成 Spark 应用的计算；通过 BlockManager 完成 RDD 的块管理，BlockManager 将数据抽象为数据块，在内存或者磁盘上进行存储，如果节点数据不存在，则通过远端节点复制到本机进行计算。

2. Spark 应用机制

Spark 应用（Application）机制是指用户提交的应用程序。执行模式主要有 Local、Standalone、YARN 和 Mesos 四个模式。另外，依据 Spark Application 的 Driver Program 是否在集群中运行，Spark 应用的运行方式又可以分为 Cluster 模式和 Client 模式。

Application 包含的组件如图 5-9 所示。

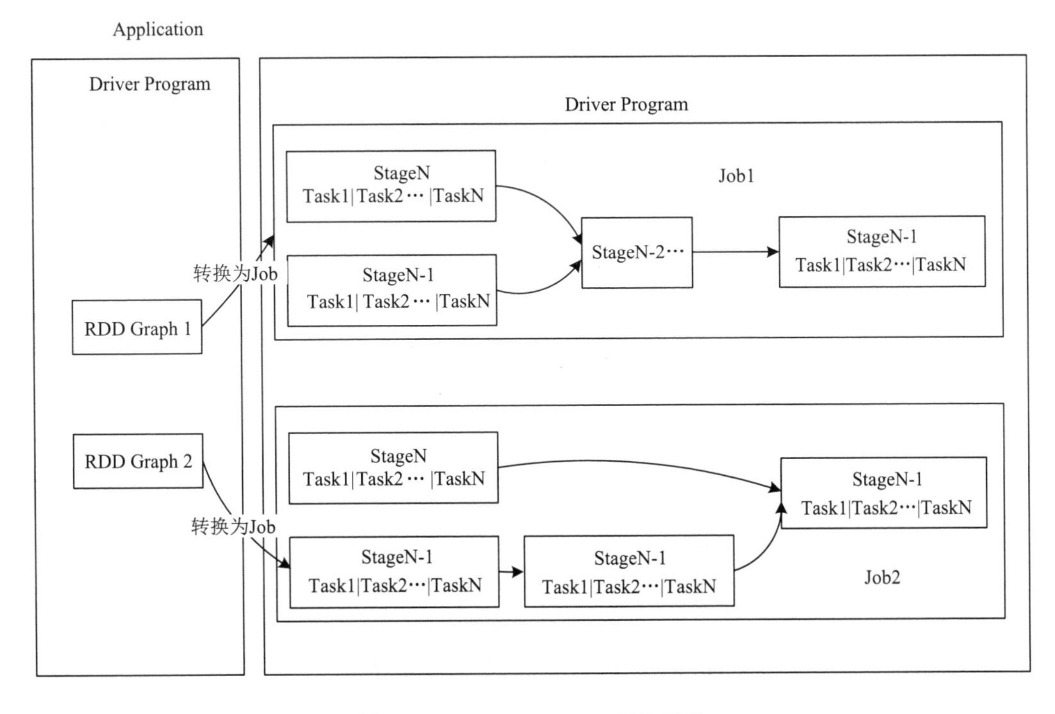

图 5-9 Spark Application 基本组件

Spark 应用组件的功能主要包括如下几个方面。

1）Application：用户自定义的 Spark 程序，待用户提交后，Spark 为 App 分配资源，将程序转换并执行。

2）Driver Program：运行 Application 的 main()函数并创建 SparkContext。

3）RDD Graph：RDD 是 Spark 的核心结构，可以通过一系列算子进行操作（主要有 Transformation 和 Action 操作）。当 RDD 遇到 Action 算子时，将之前的所有算子形成一个

DAG，也就是图中的 RDD Graph。再在 Spark 中转化为 Job，提交到集群执行。一个 App 中可以包含多个 Job。

4）Job：一个 RDD Graph 触发的作业，往往由 Spark Action 算子触发，在 SparkContext 中通过 runJob 方法向 Spark 提交 Job。

5）Stage：每个 Job 会根据 RDD 的宽依赖关系被切分为很多 Stage，每个 Stage 中包含一组相同的 Task，这一组 Task 也称为 TaskSet。

6）Task：一个分区对应一个 Task，Task 执行 RDD 中对应的 Stage 中包含的算子。Task 被封装好后放入 Executor 的线程池中执行。

3. 应用提交与运行方式

应用提交主要包括 Driver 在 Client 运行和 Driver 在 Worker 运行两种方式。

（1）Driver 在 Client 运行

Spark 自带的开源程序：./bin/run-example org.apache.spark.examples.SparkTC spark://User HostIP:port。Spark Driver 位于 Client 的运行如图 5-10 所示。

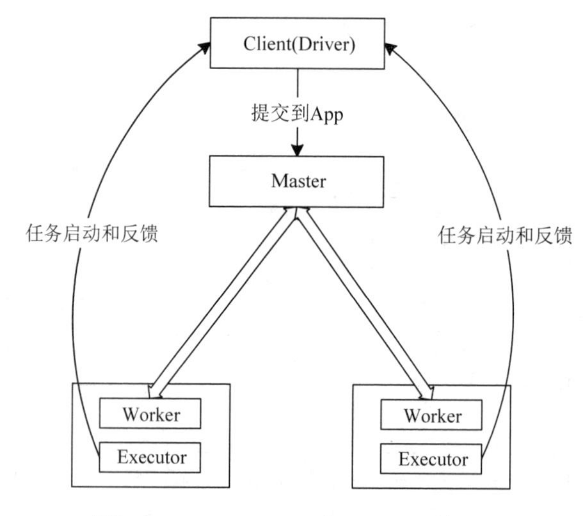

图 5-10　Spark Driver 位于 Client 的运行

在图 5-10 中，用户启动 Client，之后 Client 运行用户程序，启动 Driver 进程。在 Driver 中启动或实例化 DAGScheduler 等组件。Client 的 Driver 向 Master 注册。

Worker 向 Master 注册，Master 命令 Worker 启动 Executor。Worker 通过创建 ExecutorRunner 线程，在 ExecutorRunner 线程内部启动 ExecutorBackend 进程。

ExecutorBackend 启动后，向 ClientDriver 进程内的 SchedulerBackend 注册，这样 Driver 进程就能找到计算资源。Driver 的 DAGScheduler 解析应用中的 RDDDAG，并生成相应的 Stage，每个 Stage 包含的 TaskSet 通过 TaskScheduler 分配给 Executor。在 Executor 内部启动线程池、并行化执行 Task。

（2）Driver 在 Worker 运行

Spark Driver 位于 Worker 的应用提交与执行机制，如图 5-11 所示。

在图 5-11 中，执行机制一般通过如下步骤完成。

1）用户启动 Client，Client 提交应用程序给 Master。

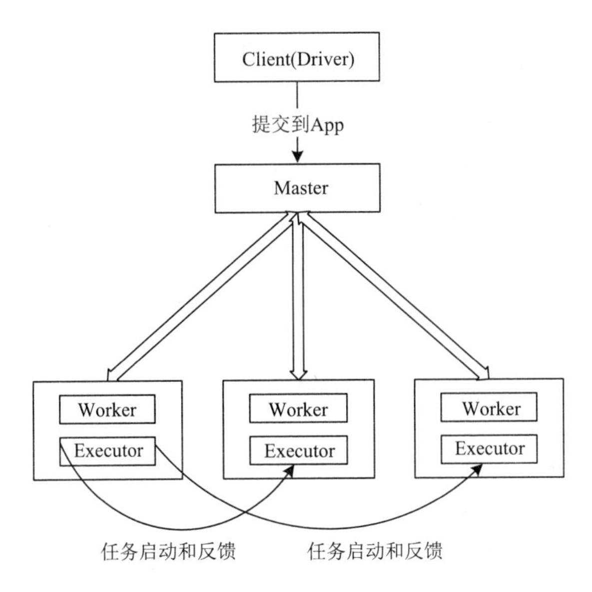

图 5-11　Spark Driver 位于 Worker 的应用提交与执行机制

2）Master 调度应用，针对每个应用分发指定的一个 Worker 启动 Driver，即 SchedulerBackend。Worker 接收到 Master 命令后创建 DriverRunner 线程，在 DriverRunner 线程内创建 SchedulerBackend 进程。Driver 充当整个作业的主控进程。Master 会指定其他 Worker 启动 Executor，即 ExecutorBackend 进程，提供计算资源。Worker 创建 ExecutorRunner 线程，ExecutorRunner 会启动 ExecutorBackend 进程。

3）ExecutorBackend 启动后，完成 Driver 的 SchedulerBackend 注册，目的是 Driver 获取计算资源后，可以调度和将任务分发到计算节点执行。SchedulerBackend 进程中包含 DAGScheduler，它会根据 RDD 的 DAG 切分 Stage，生成 TaskSet，并调度和分发 Task 到 Executor。对于每个 Stage 的 TaskSet，都会被存放到 TaskScheduler 中。TaskScheduler 将任务分发到 Executor，执行多线程并行任务。

5.3.2　Spark 调度与任务分配机制

分布式系统设计的关键是资源调度。首先设计者将资源进行不同粒度的抽象建模，然后将资源统一放入调度器，通过一定的算法进行调度，最终达到吞吐量高或访问延迟小的目的。

1. Spark 应用程序之间的调度

通过前面的介绍可知，每个应用拥有对应的 SparkContext.SparkContext 来维持整个应用的上下文信息，以及提供一些核心方法，如 runJob 可以提交 Job；然后，通过主节点的分配获得独立的一组 Executor JVM 进程执行任务。Executor 空间内的不同应用之间是不共享的，一个 Executor 在一个时间段内只能分配给一个应用使用。如果多个用户需要共享集群资源，依据集群管理者的配置，用户可以通过不同的配置选项来分配管理资源。

对集群管理者来说，可以按照静态配置资源分配规则进行配置。例如，在不同的运行模式下，用户可以通过配置文件配置集群调度。还可以配置每个应用可以使用的最大资源总量、调度的优先级等。

不同集群的运行模式配置调度主要包括如下 3 种情况。

（1）Standalone

默认情况下，用户向以 Standalone 模式运行的 Spark 集群提交的应用，使用 FIFO（先进先出）的顺序进行调度，每个应用会独占所有可用节点的资源。用户可以通过配置参数 spark.cores.max 决定一个应用可以在整个集群申请的 CPU 核数。注意，这个参数不是控制单节点可用多少核。如果用户没有配置这个参数，则在 Standalone 模式下，默认每个应用可以分配由参数 spark.deploy.defaultCores 决定的可用核数。

（2）Mesos

如果用户在 Mesos 上使用 Spark，并且想要静态地配置资源的分配策略，则可以通过配置参数 spark.mesos.coarse 为 true，将 Mesos 配置为粗粒度调度模式，然后配置参数 spark.cores.max 来限制应用可以使用的最大 CPU 核数。同时，用户应该对参数 spark.executor.memory 进行配置，进而限制每个 Executor 的内存使用量。Mesos 中还可以配置动态共享 CPU 核数的执行模式，用户只需要使用 mesos://URL 而不配置 spark.mesos.coarse 参数为 true，就能够以这种方式执行，使 Mesos 运行在细粒度调度模式下。在这种模式下，每个 Spark 应用程序还是会拥有独立和固定的内存分配，但是当应用占用的一些机器上不再运行任务，机器处于空闲状态时，其他机器可以使用这些机器上空闲的 CPU 核来执行任务，相当于复用空闲的 CPU，提升了资源利用率。这种模式在集群上运行大量不活跃的应用情景下十分有用，如大量不同用户发起请求的情况。

（3）YARN

当 Spark 运行在 YARN 平台上时，用户可以在 YARN 的 Client 通过配置--numexecutors 选项来控制为这个应用分配多少个 Executor，然后通过配置--executor-memory 和--executor-cores 来控制应用被分到的每个 Executor 的内存大小和 Executor 所占用的 CPU 核数。这样便可以限制用户提交的应用不会过多地占用资源，让不同用户能够共享整个集群资源，从而提升 YARN 的吞吐量。

2. Stage 和 TaskSetManager 调度方式

Stage 和 TaskSetManager 调度方式通过如下两个步骤完成。

（1）Stage 的生成

Stage 的调度是由 DAGScheduler 完成的，由 RDD 的有向无环图 DAG 切分出 Stage 的有向无环图 DAG。Stage 的 DAG 通过以最后执行的 Stage 为根进行广度优先遍历，遍历到最开始执行的 Stage 执行，如果提交的 Stage 仍有未完成的父 Stage，则 Stage 需要等待其父 Stage 执行完才能执行。同时，DAGScheduler 中还维持了几个重要的<key,value>集合结构，用来记录 Stage 的状态，这样能够避免过早地执行和重复提交 Stage。

在 TaskScheduler 中，将每个 Stage 中对应的任务进行提交和调度。其中，一个应用对应一个 TaskScheduler，也就是这个应用中所有 Action 触发的 Job 中的 TaskSetManager 都是由这个 TaskScheduler 调度的。

（2）TaskSetManager 的调度

结合上面介绍的 Job 和 Stage 的调度方式，可以知道，每个 Stage 对应一个 TaskSetManager，通过 Stage 回溯到最源头缺失的 Stage 并提交到调度池中。在调度池中，这些 TaskSetMananger 又会根据 Job ID 排序，先提交的 Job 的 TaskSetManager 优先调度，然后一个 Job 内的 TaskSetManager 中 ID 小的先调度，并且如果有未执行完的父 Stage 的 TaskSetManager，则此 TaskSetManager 是不会提交到调度池中的。

3. Task 调度

Task 调度分如下两步进行。

1）提交任务。在 DAGScheduler 中提交任务。

2）分配任务执行节点。①如果是调用过 cache()方法的 RDD，数据已经缓存在内存了，则读取内存缓存中分区的数据。②如果直接能获取执行地点，则返回执行地点作为任务的执行地点，通常 DAG 中最源头的 RDD 或者每个 Stage 中最开始的 RDD 会有执行地点的信息。例如，Hadoop RDD 从 HDFS 读出的分区就是最好的执行地点。③如果不是前面两种情况，将遍历 RDD 获取第一个窄依赖的父 RDD 对应分区的执行地点。

整体的 Task 分发通过 TaskSchedulerImpl 实现，但是 Task 的调度逻辑由 TaskSetManager 负责完成。这个类监控整个任务的生命周期，当任务失败（如执行时间超过一定的阈值）时，则重新调度，也会通过 delay scheduling 进行基于位置感知（locality-aware）的任务调度。TaskSchedulerImpl 类有两个主要接口：接口 resourceOffer，其主要作用为判断任务集合是否需要在一个节点上运行；接口 statusUpdate，其主要作用为更新任务状态。

5.3.3 Spark I/O 机制

Spark 的 I/O 由传统的 I/O 演化而来，但二者有如下两方面不同。

1）单机计算机系统中，数据集中化，结构化数据、半结构化数据、非结构化数据都只存储在一个主机中，而 Spark 中的数据分区是分散在多个计算机系统中的。

2）传统计算机数据量小，而 Spark 需要处理太字节、拍字节级别的数据。Spark 进行 I/O 数据处理不仅要考虑本地主机的 I/O 开销，还要考虑数据在不同主机之间的传输开销。同时，Spark 对数据的寻址方式也要改变，以应对大数据的挑战。

Spark I/O 机制可以通过序列化、压缩和 Spark 块管理实现。

1. 序列化

序列化是将对象转换为字节流，本质上可以理解为将链表存储的非连续空间的数据存储转化为连续空间存储的数组。这样就可以将数据进行流式传输或者块存储。相反，反序列化就是将字节流转化为对象。常见的序列化方式如表 5-2 所示。

表 5-2　序列化方式

序列化方式	参　数	说　明
spark.serializer.objectSr=treamReset	100	使用 JavaSerializer 序列化器，序列化器会缓冲对象，以防止写入冗余数据，通过 Reset 参数设定垃圾回收这些缓存对象的阈值。如果不使用缓存对象，则将值设定为<0。默认值设定为 10 000，表示允许缓存对象达到 10 000 时，再进行回收
spark.kryo.referenceTracking	True	使用 Kryo 序列化器，序列化器会跟踪对相同对象的引用，这样对于引用多次的对象只存储一份，可以减少空间占用
spark.kryoserializer.buffer.mb	2	Kryo 序列化器中的缓存区大小应该大于允许创建对象的最大空间占用

通常序列化主要包括进程间通信、数据持久化存储到磁盘两个目的。

1）进程间通信：不同节点之间进行数据传输。

2）数据持久化存储到磁盘：本地节点将对象写入磁盘。

Spark 通过集中方式实现进程通信，包括 Actor 的消息模式、Java NIO 和 Netty 的 OIO。

在 Spark 中，序列化拥有重要地位。无论是内存或者磁盘中的 RDD 含有的对象存储，还是节点间的传输数据，都需要执行序列化的过程。序列化与反序列化的速度、序列化后的数据大小等都会影响数据传输的速度，以致影响集群的计算效率。Spark 可以使用 Java 的序列化库，也可以使用 Kryo 序列化库。Kryo 序列化库具有紧凑、快速、轻量的优点，允许自定义序列化方法，有扩展性。

2. 压缩

在大片连续区域需要进行数据存储并且存储区域中数据重复性高的状况下，数据适合进行压缩。数组或者对象序列化后的数据块可以考虑进行压缩，所以序列化后的数据可以压缩，使数据紧缩，减少空间开销。压缩采用 Snappy 和 LZF（Lempel-Ziv factorization）两种算法，底层分别采用两个第三方库实现，同时可以自定义其他压缩库来对 Spark 进行扩展。Snappy 算法可以提供更高的压缩速度，LZF 算法可以提供更高的压缩比，用户可以根据具体需求选择不同的压缩方式。

3. Spark 块管理

RDD 在逻辑上是按照 Partition 分块的，可以将 RDD 看成是一个分区，作为数据项的分布式数组。这也是 Spark 的优势所在，真正使得编写分布式程序如同编写单机程序一样简单。而物理上存储 RDD 是以 Block 为单位的，一个 Partition 对应一个 Block，用 Partition 的 ID 通过元数据映射到物理上的 Block，而这个物理上的 Block 可以存储在内存，也可以存储在某个节点的 Spark 硬盘的临时目录。

因此，分布式系统的 I/O 管理分为通信和存储两个层次。

1）通信层：I/O 模块采用 Master-Slave 结构实现通信层的架构，Master 和 Slave 之间传输控制信息和状态信息。

2）存储层：Spark 的块数据需要存储到内存或者磁盘，有可能还需要传输到远端机器，这些是由存储层完成的。

Spark 块通过如下 3 种技术实现分布式系统的 I/O 管理。

1. 实体和类技术

（1）管理和接口层

BlockManager：当其他模块要和 Storage 模块进行交互时，Storage 模块提供统一的操作类 BlockManager，外部类与 Storage 模块交互需要调用 BlockManager 对应接口来实现。Spark 存储模块技术如图 5-12 所示。

（2）通信层

BlockManagerMasterActor：在主节点创建，从节点通过这个 Actor 的引用向主节点传递消息和状态。

BlockManagerSlaveActor：在从节点创建，主节点通过这个 Actor 的引用向从节点传递

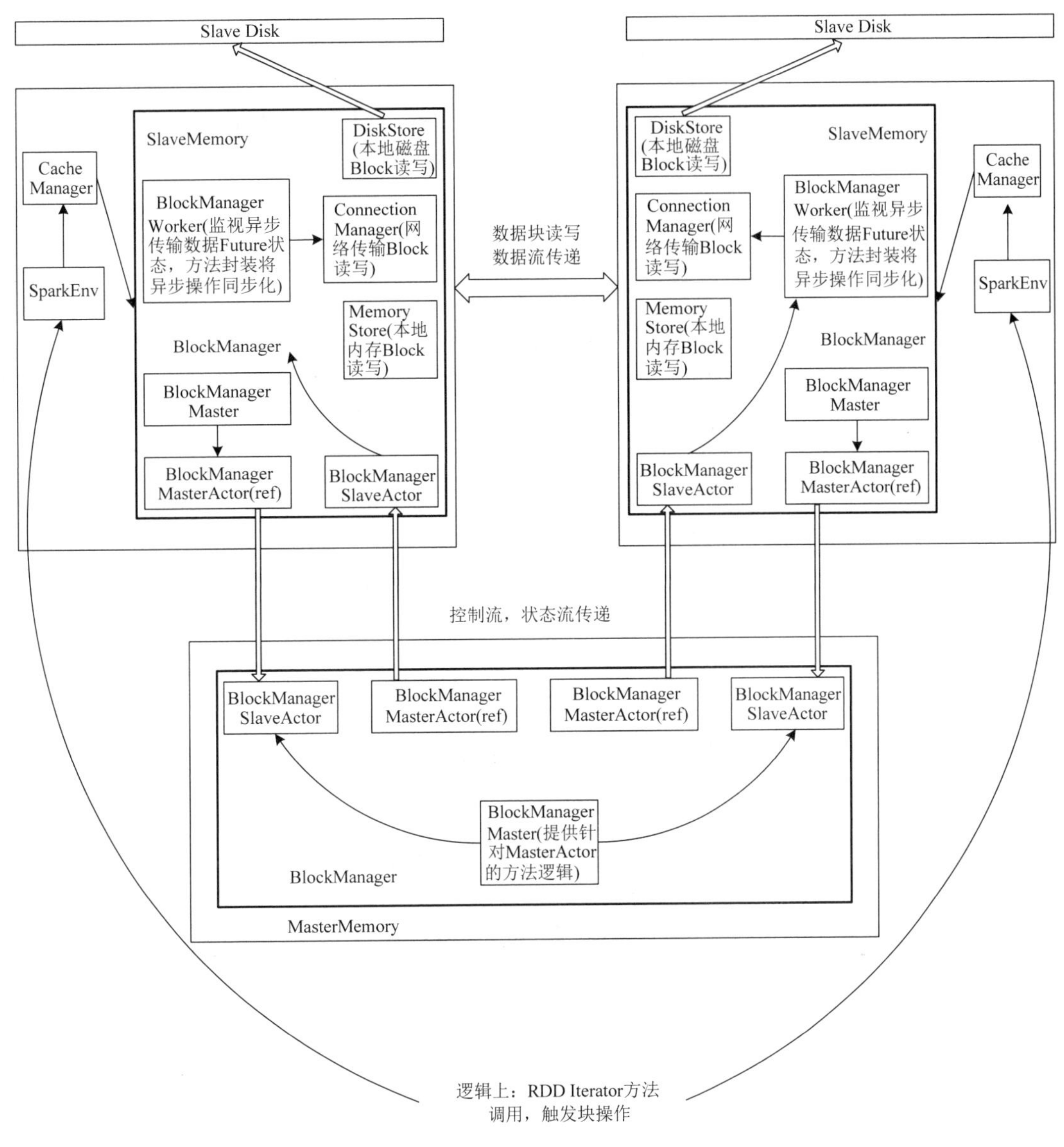

图 5-12　Spark 存储模块技术

命令，控制从节点的块读写。

BlockManagerMaster：对 Actor 通信进行管理。

（3）数据读写层

DiskStore：提供 Block 在磁盘上以文件形式读写的功能。

MemoryStore：提供 Block 在内存中的 Block 读写功能。

ConnectionManager：提供本地机器和远端节点进行网络传输 Block 的功能。

BlockManagerWorker：对远端数据的异步传输进行管理。

2. BlockManager 中的通信技术

主节点和从节点之间通过 Actor 传送消息来传递命令和状态。Spark 存储模块通信技术如图 5-13 所示。由图 5-13 可知，整体的数据存储通信仍相当于 Master-Slave 模型，节点之间传递消息和状态，Master 节点负责总体控制，Slave 节点负责接收命令和汇报状态。

（1）Master 端

BlockManagerMaster 对象拥有 BlockManagerMasterActor 的 Actor 引用以及所有 BlockManagerSlaveActor 的 ref 引用。

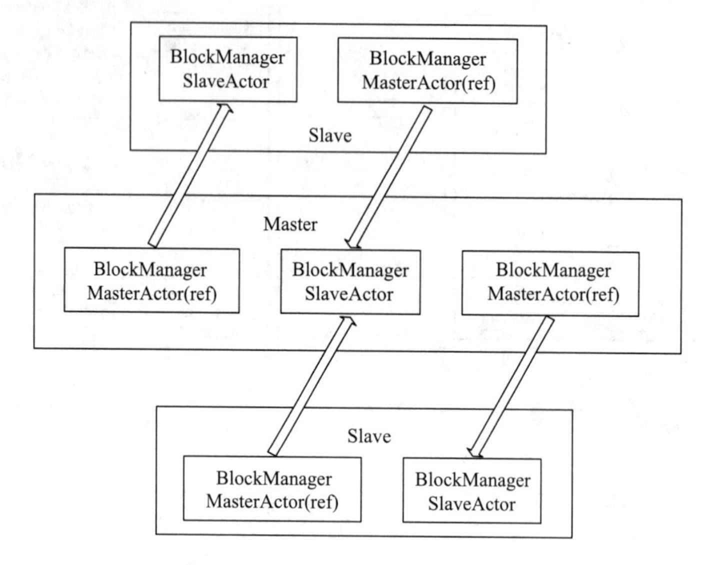

图 5-13　Spark 存储模块通信技术

（2）Slave 端

对于 Slave，BlockManagerMaster 对象拥有 BlockManagerMasterActor 对象的 ref 的引用和自身 BlockManagerSlaveActor 的 Actor 的引用。BlockManagerMasterActor 在 ref 和 Actor 之间通信，BlockManagerSlaveActor 在 ref 和 Actor 之间通信。BlockManager 在内部封装 BlockManagerMaster，并通过 BlockManagerMaster 进行通信。Spark 在各节点创建各自的 BlockManager，通过 BlockManager 对 Storage 模块进行操作。BlockManager 对象在 SparkEnv 中创建，SparkEnv 相当于线程的上下文变量，在 SparkEnv 中也会创建很多的管理组件。

3. RDD 数据读写技术

RDD 数据读取和写入技术基本类似。RDD 数据写入技术如图 5-14 所示。

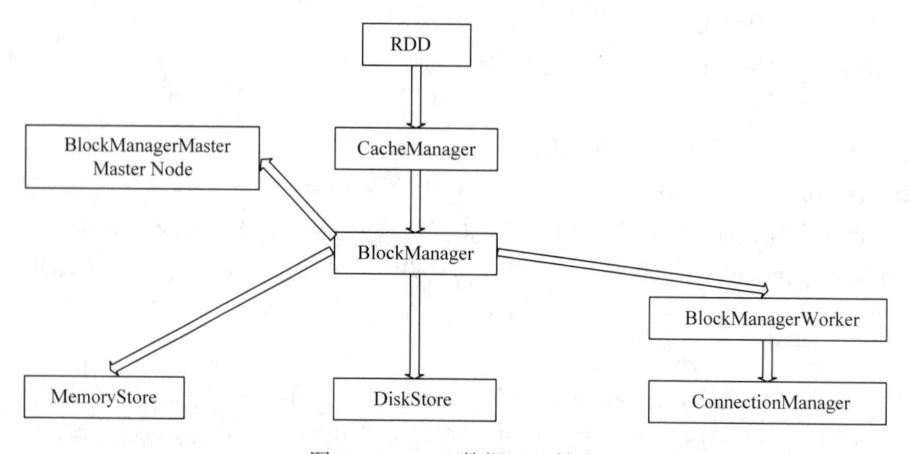

图 5-14　RDD 数据写入技术

RDD 数据写入技术的具体步骤如下。

1）RDD 调用 compute()方法进行指定分区的写入。

2）CacheManager 中调用 BlockManager 判断数据是否已经写入，如果未写入则写入。

3）BlockManager 中数据与其他节点同步。

4）BlockManager 根据存储级别写入指定的存储层。

5）BlockManager 向主节点汇报存储状态。

5.3.4 Spark 通信机制

Spark 通信机制是指 Spark 模块间的通信机制，该通信机制采用 AKKA 框架。AKKA 使用 Scala 语言开发，基于 Actor 模型实现。

Actor 模型在并发编程中是比较常见的一种模型。目前，众多开发语言提供原生的 Actor 模型（Erlang 和 Scala）。Actors 是一些包含状态和行为的对象，它们通过显式的方式传递消息进行通信，并将这些消息发送到自身的收件箱中（消息队列）。从某种意义上来说，Actor 是面向对象编程中最严格的实现形式。一个 Actor 收到其他 Actor 的消息后，可以根据需要做出各种响应，通过 Scala 强大的模式匹配功能，用户可以自定义多样化的消息。当 Actor 建立一个消息队列后，然后收到消息，存入队列，然后通过队列获取需要处理的消息体。通常情况下，这个过程是循环的。

Actors 以树形结构组织起来，类似一个生态系统。一个 Actor 可能会把自己的任务划分成更多、更小、更利于管理的子任务。为了达到这个目的，它会开启自己的子 Actor，并负责监督这些子 Actor。Actor 都会有一个监督者，即创建这些 Actor 的 Actor。AKKA 的优势和特性如下。

1）并行和分布式：AKKA 在设计时采用异步通信和分布式架构。

2）可靠性：在本地/远程都有监控和恢复机制。

3）高性能：在单机环境中每秒可发送 50 000 000 个消息。1GB 内存中可创建和保持 2 500 000 个 Actors 对象。

4）去中心：区别于 Master-Slave 模式，采取无中心节点的架构。

5）可扩展性：可以在分布式环境下进行 Scaleout，线性扩充计算能力。

5.3.5 Spark 容错机制

Spark 容错机制主要包括 Lineage（血统）和 CheckPoint（检查点）两类机制。

1. Lineage 机制

为了说明 Lineage 模型的容错性，给出 3 个算子的 Lineage 关系图，如图 5-15 所示。在 lines RDD 上执行 filter 操作，得到 errors，然后 filter、map 后得到新的 RDD（filter、map 和 collect 都是 Spark 中对 RDD 的函数操作）。Spark 调度器以流水线的方式执行后三个转换，向拥有 errors 分区缓存的节点发送一组任务。此外，如果某个

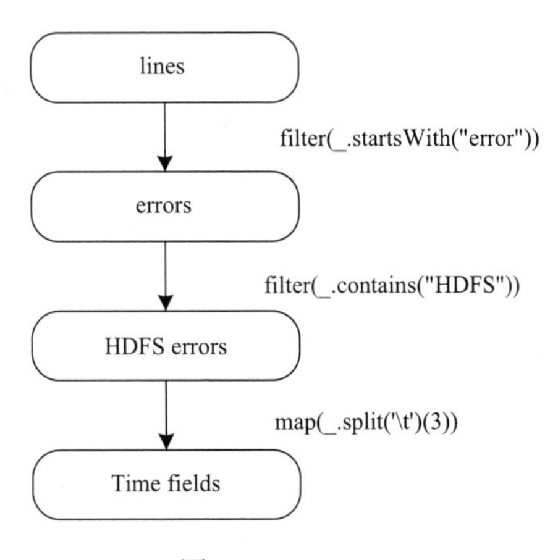

图 5-15　RDD Lineage

errors 分区丢失，则 Spark 只在相应的 lines 分区上执行 filter 操作来重建 errors 分区。

（1）Lineage

相比其他系统细颗粒度的内存数据更新级别的备份或者 LOG 机制，RDD 的 Lineage 记录的是粗颗粒度的特定数据 Transformation 的操作（如 filter、map、join 等）行为。当这个 RDD 的部分分区数据丢失时，它可以通过 Lineage 获取足够的信息来重新运算和恢复丢失的数据分区。因为这种粗颗粒度的数据模型，限制了 Spark 的运用场合，所以 Spark 并不适用于所有高性能要求的场景，但同时相比细颗粒度的数据模型，具有性能的提升优势。

（2）两种依赖

RDD 在 Lineage 依赖方面分为 Narrow Dependencies（窄依赖）与 Shuffle Dependencies（宽依赖）两种，主要用来解决数据容错的高效性。Narrow Dependencies 是指父 RDD 的每一个分区最多被一个子 RDD 的分区所用，表现为一个父 RDD 的分区对应于一个子 RDD 的分区或多个父 RDD 的分区对应于一个子 RDD 的分区，也就是说一个父 RDD 的一个分区不可能对应一个子 RDD 的多个分区。Shuffle Dependencies 是指子 RDD 的分区依赖于父 RDD 的多个分区或所有分区，即存在一个父 RDD 的一个分区对应一个子 RDD 的多个分区。

通过 Shuffle Dependencies 解决系统容错性也可以理解为：Stage 计算的输入和输出在不同的节点上，若输入节点无错，但输出节点出现死机的情况时，则通过重新计算恢复数据的容错是有效的，否则无效。

Narrow Dependencies 和 Shuffle Dependencies 主要用途是，一个是在容错中相当于 Redo 日志的功能；另一个是在调度中构建 DAG 作为不同 Stage 的划分点。

（3）容错原理

在容错机制中，如果一个节点死机了，而且运算 Narrow Dependencies，则只要把丢失的父 RDD 分区重算即可，不依赖于其他节点。而 Shuffle Dependencies 需要父 RDD 的所有分区都存在，重算就很昂贵了。可以这样理解开销的经济：Narrow Dependencies 中，在子 RDD 的分区丢失、重算父 RDD 分区时，父 RDD 相应分区的所有数据都是子 RDD 分区的数据，并不存在冗余计算。在 Shuffle Dependencies 情况下，丢失一个子 RDD 分区，重算的每个父 RDD 的每个分区的所有数据并不是都给丢失的子 RDD 分区用的，会有一部分数据相当于对应的是未丢失的子 RDD 分区中需要的数据，这样就会产生冗余计算开销，这也是 Shuffle Dependencies 开销更大的原因。因此，如果使用 CheckPoint 算子来做检查点，不仅要考虑 Lineage 是否足够长，也要考虑是否有 Shuffle Dependencies，对 Shuffle Dependencies 加 CheckPoint 是最物有所值的。

在图 5-16 中，如果 RDD_1 中的 Partition3 出错丢失，则 Spark 会回溯到其父分区 RDD_0 的 Partition3，对 RDD_0 的 Partition3 重算算子，得到 RDD_1 的 Partition3。其他分区丢失也是同理重算进行容错恢复。

在图 5-17 中，RDD_1 中的 Partition3 出错丢失，是因为其父分区是 RDD_0 的所有分区，所以需要回溯到 RDD_0，重算 RDD_0 的所有分区，然后将 RDD_1 的 Partition3 需要的数据聚集合并为 RDD_1 的 Partition3。在这个过程中，RDD_0 中不是 RDD_1 中 Partition3 需要的数据也全部进行了重算，所以产生了大量冗余数据重算的开销。

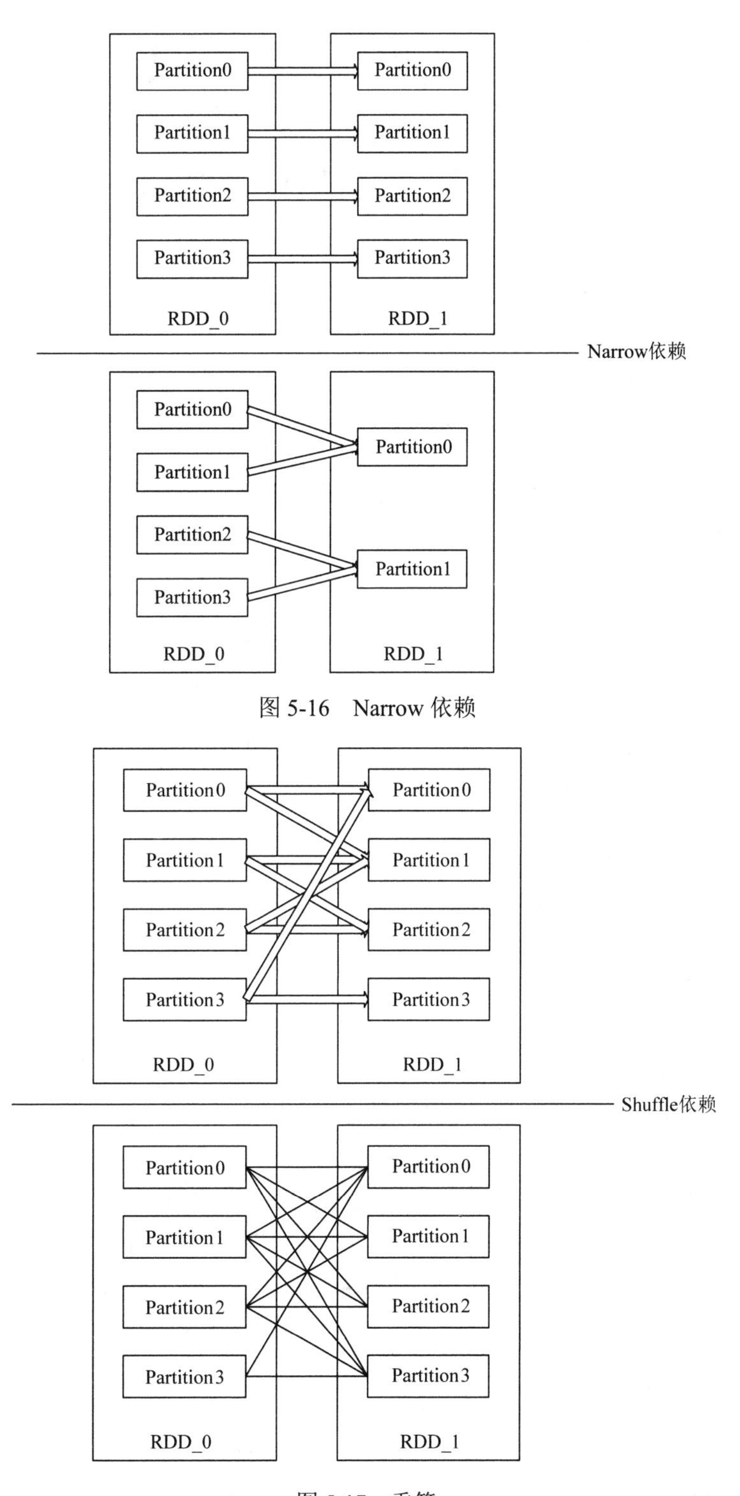

图 5-16　Narrow 依赖

图 5-17　重算

2. CheckPoint 机制

通过上述分析可以看出，在以下两种情况中，RDD 需要加 CheckPoint。

1）DAG 中的 Lineage 太长，如果重算，则开销代价大。

2）在 Shuffle Dependencies 中需要设置 CheckPoint，使得 Spark RDD 计算的内存管理简单，框架的复杂性降低，从而提升了系统性能和可扩展性。

CheckPoint 机制实现方法主要包括如下两个方面。

（1）通过 RDD 中的 CheckPoint()方法设置 CheckPoint

设置 CheckPoint 的方法为

```
def CheckPoint(): Unit
```

可以通过 SparkContext.setCheckPointDir()设置 CheckPoint 数据的存储路径，进而将数据存储备份，然后 Spark 删除所有已经做 CheckPoint 的 RDD 的祖先 RDD 依赖。

（2）在 RDDCheckPointData 中，通过 doCheckPoint()方法设置 CheckPoint

设置 CheckPoint 的方法为

```
def doCheckPoint() { ...
```

RDD 通过同步方式设置 CheckPoint。可使用 Synchronized 将方法设置为同步，从而保证线程的同步和安全。

5.3.6 Shuffle 机制

Shuffle 的本义是洗牌、混洗，即把一组有一定规则的数据打散，重新组合转换成一组无规则随机数据分区。Spark 中的 Shuffle 更像是洗牌的逆过程，把一组无规则的数据尽量转换成一组具有一定规则的数据，Spark 中的 Shuffle 和 MapReduce 中的 Shuffle 实现原理相同，只是在实现细节和优化方式上不同。因此，掌握 Hadoop 的 Shuffle 原理的用户很容易将原有知识迁移过来。

由于 Spark 计算模型是基于分布式环境的计算模式，不可能在单进程空间中容纳所有的计算数据来进行计算，因此数据就按照 key 进行分区，分配成不同块的小分区，并分块分布在集群各个进程的内存空间中，并不是所有计算算子都满足于按照一种方式分区进行计算。例如，当需要对数据进行排序存储时，就需要重新按照一定的规则对数据重新分区，Shuffle 是包裹在各种需要重分区的算子之下的一个对数据进行重新组合的过程。在逻辑上，由于重新分区需要知道分区规则，而分区规则按照数据的 key 通过映射函数（Hash 函数或者 Range 函数等）进行划分，由数据确定出 key 的过程就是 Map 过程，同时 Map 过程也可以做数据处理。例如，在 join 算法中有一个很经典的算法叫 Map Side Join，就是确定数据该放到哪个分区的逻辑定义阶段。Shuffle 将数据进行收集分配到指定的 Reduce 分区，Reduce 阶段根据函数对相应的分区做 Reduce 所需的函数处理。将 Shuffle 分为两个阶段：Shuffle Write 阶段和 Shuffle Fetch 阶段（Shuffle Fetch 中包含聚集 Aggregate）。在 Spark 中，整个 Job 转化为一个 DAG 来执行，整个 DAG 中是在每个 Stage 的阶段完成 Shuffle 过程，Shuffle 过程如图 5-18 所示。

在图 5-18 中，整个 Job 分为 Stage0～Stage3 共 4 类 Stage。首先从最上端的 Stage2、Stage3 执行，每个 Stage 对每个分区执行变换的流水线式的函数操作，执行到每个 Stage 最后阶段进行 Shuffle Write，将数据重新根据下一个 Stage 分区数分成相应的 Bucket，并将 Bucket 最后写入磁盘。这个过程就是 Shuffle Write 阶段。执行完 Stage2 和 Stage3 之后，Stage1 去存储有 Shuffle 数据节点的磁盘 Fetch 需要的数据，将数据 Fetch 到本地后进行用户定义的聚集函数操作。这个阶段叫 Shuffle Fetch，Shuffle Fetch 包含聚集阶段。这样循环迭代地执行，实现了 Stage 之间的 Shuffle 操作。

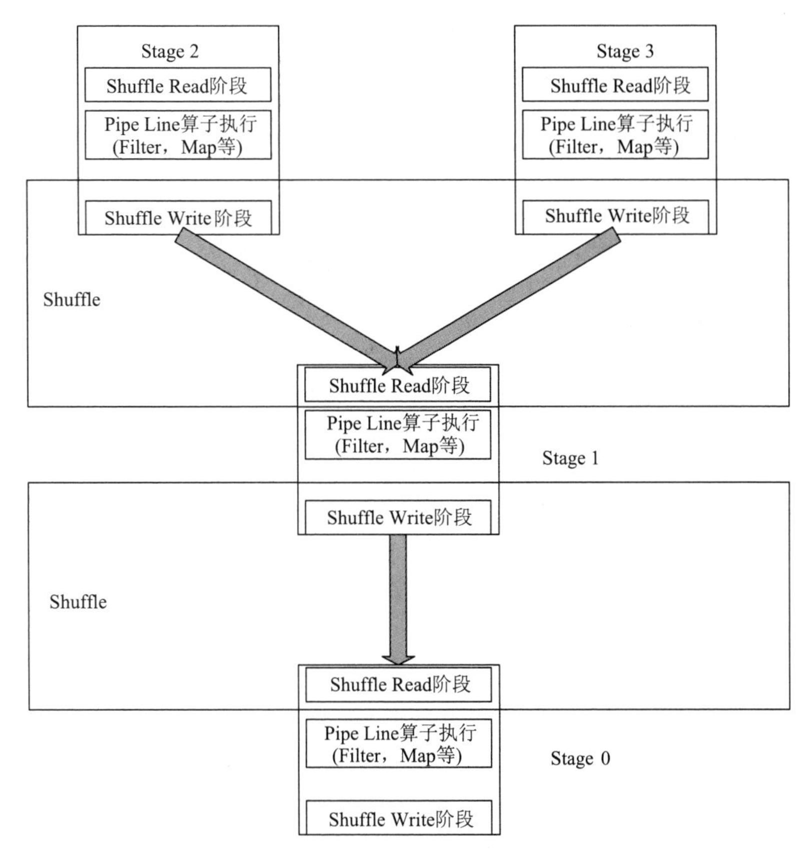

图 5-18　Shuffle 过程

5.4　Spark 编程实践

为进一步说明 Spark 编程应用，本节给出 JavaWordCount 算法示例代码清单，如下所示。

```
import scala.Tuple2;
import spark.api.java.JavaPairRDD;
import spark.api.java.JavaRDD;
import spark.api.java.JavaSparkContext;
import spark.api.java.function.FlatMapFunction;
import spark.api.java.function.Function2;
import spark.api.java.function.PairFunction;
import java.util.Arrays;
import java.util.List;

public class JavaWordCount {
  public static void main(String[] args) throws Exception {
    if (args.length < 2) {
      System.err.println("Usage: JavaWordCount <master><file>");
      System.exit(1);
    }

    JavaSparkContext ctx = new JavaSparkContext(args[0], "JavaWordCount",
    System.getenv("SPARK_HOME"), System.getenv("SPARK_EXAMPLES_JAR"));
    JavaRDD<String> lines = ctx.textFile(args[1], 1);
```

```
            JavaRDD<String> words = lines.flatMap(new FlatMapFunction<String, String>() {
              public Iterable<String> call(String s) {
                return Arrays.asList(s.split(" "));
              }
            });

            JavaPairRDD<String, Integer> ones = words.map(new PairFunction<String, String, Integer>() {
              public Tuple2<String, Integer> call(String s) {
                return new Tuple2<String, Integer>(s, 1);
              }
            });

            JavaPairRDD<String, Integer> counts = ones.reduceByKey(new Function2<Integer, Integer, Integer>() {
              public Integer call(Integer i1, Integer i2) {
                return i1 + i2;
              }
            });

            List<Tuple2<String, Integer>> output = counts.collect();
            for (Tuple2 tuple : output) {
              System.out.println(tuple._1 + ": " + tuple._2);
            }
            System.exit(0);
          }
        }
```

输入 input.txt 文件内容：

```
Hello World Bye World Google
```

执行：

```
./run spark/examples/JavaWordCount local input.txt
```

运行结果：

```
Bye:1
Google:1
Hello:1
World:2
```

习　　题

一、简答题

1. 简述 Spark 和 Hadoop 的区别联系。
2. 简述 Spark 框架的功能作用及其体系框架。
3. 在大型系统中，如何使用 Spark 提供交互式服务、在线服务和离线服务？
4. 在大型系统中，如何使用 Spark 处理增量数据？
5. Spark 的计算模型以及 RDD 是什么？

二、选择题

1. RDD 的创建方式包括（　　）。

A. 从 Hadoop 文件系统创建

B. 从父 RDD 转换得到新的 RDD

C. 调用 SparkContext 方法的 parallelize，将 Driver 上的数据集并行化，转化为分布式的 RDD

D. 更改 RDD 的持久性（persistence）

2. 下面不是 RDD 特点的是（　　）。

A. 可分区　　B. 可序列化　　C. 可修改　　D.可持久化

3. Spark 支持的分布式部署方式中错误的是（　　）。

A. Standalone　　B. Spark on Mesos

C. Spark on YARN　　D. Spark on Local

4. Spark 的 Master 和 Worker 是通过（　　）方式进行通信的。

A. http　　B. nio　　C. netty　　D. AKKA

5. Stage 的 Task 的数量由（　　）决定。

A. Partition　　B. Job　　C. Stage　　D. TaskScheduler

参 考 文 献

卡劳，2015. Spark 快速大数据分析[M]. 王道远，译. 北京：人民邮电出版社.

林大贵，2017. Hadoop+Spark 大数据巨量分析与机器学习[M]. 北京：清华大学出版社.

夏俊鸾，刘旭辉，2015. Spark 大数据处理技术[M]. 北京：电子工业出版社.

MENG X, BRADLEY J, YAVUZ B, et al., 2016. Mllib: machine learning in Apache Spark[J]. The journal of machine learning research, 17(1): 1235-1241.

第6章 分布式数据库 HBase

HBase 是一款具有高可靠性、高性能和可伸缩的分布式数据库，它主要用来存储非结构化和半结构化的松散数据。HBase 不仅能支持超大规模数据的存储，还能通过水平扩展的方式，利用廉价计算机集群处理超过 10 亿行数据和数百万列元素组成的数据表，因此在大数据应用领域受到众多用户的青睐。

本章首先介绍 HBase 的发展及与其他关系数据库的区别；然后介绍 HBase 访问接口、数据模型、实现原理与运行机制；最后介绍 HBase 编程实践。

6.1 HBase 概述

HBase（Hadoop database）是一种分布式的、面向列的开源数据库。该技术源于 Fay Chang 所撰写的 Google 论文“BigTable：一种结构化数据的分布式存储系统”。HBase 类似于 BigTable，它们全采用 Google 文件系统（file system）提供的分布式数据存储技术。因此，HBase 在 Hadoop 之上提供了类似于 BigTable 分布式数据存储的能力。

HBase 是一个高可靠性的、高性能的、面向列的、可伸缩的分布式存储生态系统，如图 6-1 所示。利用 HBase 可在廉价 PC Server 上搭建大规模结构化存储集群。HBase 位于结构化存储层，HDFS 为 HBase 提供高可靠性的底层存储支持，Hadoop MapReduce 为 HBase 提供高性能的计算能力，ZooKeeper 为 HBase 提供稳定服务和 Failover 机制。此外，Pig 和 Hive 还为 HBase 提供高层语言支持，使在 HBase 上进行数据统计处理变得非常简单。Sqoop 则为 HBase 提供方便的 RDBMS 数据导入功能，使传统数据库数据向 HBase 中迁移变得非常方便。

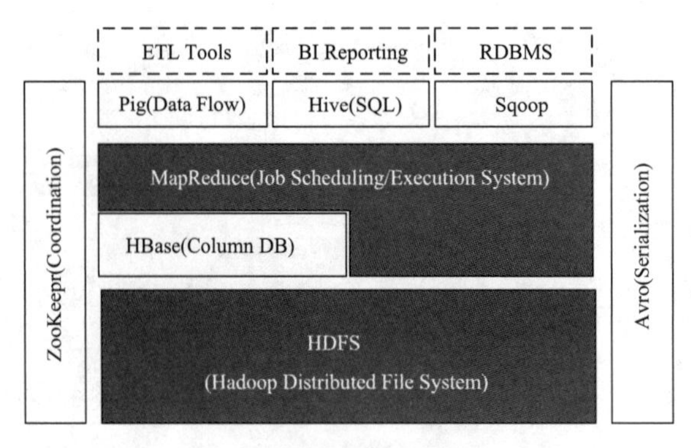

图 6-1 Hadoop 生态系统

HBase 与传统关系型数据库的区别主要体现在以下 5 个方面。

1）数据类型：HBase 只有简单的字符类型，所有的类型都交由用户自己处理，它只保存字符串；而传统关系型数据库可提供丰富的类型和存储方式。

2）数据操作：HBase 只有很简单的插入、查询、删除、清空等操作，表和表之间是分离的，没有复杂的表和表之间的关系；而传统关系型数据库通常有各类不同的函数和连接操作。

3）存储模式：HBase 是基于列存储的，每个列族都由几个文件保存，不同列族的文件是分离的；而传统关系型数据库是基于表格结构和行模式保存的。

4）数据维护：HBase 的更新操作是插入新的数据；而传统关系型数据库是替换修改已有数据。

5）可伸缩性：HBase 就是为了实现这个功能而开发出来的产品，所以它有即插即用的硬件数量和高容错性；而传统关系型数据库通常需要增加中间层才能实现类似的功能。

6.2　HBase 数据模型

6.2.1　数据模型概述

HBase 是一个稀疏的、长期存储的（存储在硬盘上）、多维度的和排序的映射表，这张表的索引是行关键字、列关键字和时间戳，HBase 中的数据都是字符串。用户在表格中存储数据，每一行都有一个可排序的主键和任意多的列。由于是稀疏存储，同一张表里的每一行数据都可以有截然不同的列。列名的格式是"<family>:<qualifier>"，都是由字符串组成的，每一张表有一个列族集合，这个集合是固定不变的，只能通过改变表结构来改变，但是 qualifier 值相对于每一行来说是可以改变的。HBase 把同一个列族中的数据存储在同一个目录下，并且 HBase 的写操作是锁行的，每一行都是一个原子元素，都可以加锁。HBase 所有数据库的更新都有一个时间戳标记，每个更新都是一个新的版本，HBase 会保留一定数量的版本，这个值是可以设定的，客户端可以选择获取距离某个时间点最近版本单元的值，或者一次获取所有版本单元的值。

6.2.2　数据模型及相关概念

HBase 实际上是一个稀疏、多维和持久化存储的映射表。它采用行键（row key）、列名（column name）、列族（column family）和时间戳（timestamp）进行索引，每个值都是未经解释的字节数组 Byte[]。HBase 数据模型的相关概念介绍如下。

（1）表

表是 HBase 的基本管理单元，表是按 Row 排序的。表的 Schema 只定义它的列族。每个列族可以有任意多个列；每个列可以包含任意多个版本；没有插入过数据的列为空；列族中的列是排序后一起存储的。

（2）行键

每个行有一个行键来表示该行，其为检索记录的主键。

（3）列名

一个列名是由它的列族前缀和修饰符（qualifier）连接而成的。例如，列 Contents:html

是列族 Contents，加冒号（:），再加修饰符 html 组成的。

（4）列族

列族是表中某些列构成的集合，这些列并不是实际上的列，只不过是由修饰符表示的虚拟列。一个列族的所有列成员有着相同的前缀。比如，列 Courses:history 和 Courses:math 都是列族 Courses 的成员。冒号（:）是列族的分隔符，用来区分前缀和列名。列的前缀必须是可打印的字符，修饰符可以由任意字节数组组成。列族必须在表建立的时候声明，列就不需要了，随时可以新建。在物理上，一个列族成员在文件系统中是存储在一起的。因为存储优化都是针对列族级别的，这就意味着，一个列族的所有成员是用相同的方式访问的。

（5）时间戳

时间戳用来表示行键与列族对应列值的版本，是 64 位整型，一般用系统时间（精确到毫秒）表示。

HBase 的数据用字节数组（Byte[]）表示（除了表名），因为行键、列名、时间戳都是转换为字节数组存储的。HBase 的表是按行键排序的，所有的表都必须要有行键。HBase 的表不要求所有行的列族都有数据，也没有必要。如果用户查询的行没有指定的列族，返回为空。

6.2.3 概念视图

表 6-1 是 HBase 的概念视图例子。有一个名为 webtable 的表（见表 6-1），包含两个列族：Contents 和 Anchor。在这个例子中，Anchor 有两个列（Anchor:cnnsi.com, Anchor:my.look.ca），Contents 仅有一个列（Content:html）。

表 6-1 webtable 表

行　键	时 间 戳	列族 Contents	列族 Anchor
"com.cnn.www"	T5	—	Anchor:cnnsi.com="CNN"
	T4	—	Anchor:my.look.ca="CNN.com"
	T3	Content:html="<html>..."	—
	T2	Content:html="<html>..."	—
	T1	Content:html="<html>..."	—

6.2.4 物理视图

在概念视图里，表被看成是一个稀疏的行的集合，很多行没有完整的列族。因此在物理上，它是按列族存储的，如表 6-2 和表 6-3 所示。这样带来的好处是如增加新列，可以不需要对物理存储做任何调整，新列可以不经过声明直接加入一个列族。

表 6-2 列族 Contents

行　键	时 间 戳	列族 Contents
"com.cnn.www"	T3	Content:html="<html>..."
	T2	Content:html="<html>..."
	T1	Content:html="<html>..."

表 6-3 列族 Anchor

行 键	时 间 戳	列族 Anchor
"com.cnn.www"	T5	Anchor:cnnsi.com="CNN"
	T4	Anchor:my.look.ca="CNN"

6.2.5 面向列的存储

如前所述，HBase 是一种面向列的存储，也就是说，HBase 是一个“列式数据库”。而传统关系型数据库采用的是面向行的存储，被称为“行式数据库”。

1. 行式数据库

行式数据库使用 NSM（n-ary storage model）存储模型，一个元组（或行）会被连续地存储在磁盘页中，也就是说，数据是一行一行被存储的，第一行写入磁盘页后，再继续写入第二行，以此类推。从磁盘中读取数据时，需要从磁盘中顺序扫描每个元组的完整内容，然后从每个元组中筛选出查询所需要的属性。如果每个元组只有少量属性的值对于查询是有用的，那么 NSM 就会浪费许多磁盘空间和内存带宽。

行式数据库主要适用于小批量的数据处理，如联机事务型数据处理。Oracle 和 Mysql 等关系型数据库都属于行式数据库。

2. 列式数据库

列式数据库采用 DSM（decomposition storage model）存储模型，它是 1985 年提出来的，目的是为了最小化无用的 I/O。DSM 采用不同于 NSM 的思路，对于采用 DSM 存储模型的关系型数据库而言，DSM 会对关系进行垂直分解，并为每个属性分配一个子关系。因此，一个具有 n 个属性的关系，会被分解成 n 个子关系，每个子关系单独存储，只有当每个子关系相应的属性被请求时才会被访问。换句话讲，DSM 是以关系型数据库中的属性或列为单位进行存储的，关系中多个元组的同一属性值（或同一列值）会被存储在一起，而一个元组中不同的属性值通常会被分别存放于不同的磁盘页中。

DSM 存储模型的缺陷是执行操作时需要付出昂贵的元组重构代价，因为一个元组的不同属性分割到不同磁盘页中存储，当需要一个完整的元组时，就要从多个磁盘页中读取相应字段的值来重新组合得到原来的元组。对于联机事务型数据处理而言，需要频繁对一些元组进行修改（如百货商场售出一件衣服后要立即修改库存数据库），如果采用 DSM 存储模型，就会带来高昂的开销。在过去的很多年里，数据库主要用于处理联机事务型数据，因此主流商业数据库大都采用 NSM 存储模型而不是 DSM 存储模型。但是随着市场需求的变化，分析型应用开始发挥越来越重要的作用，企业需要分析各种经营数据以帮助其制定决策。对于分析型应用而言，一般数据存储后不会修改（如数据仓库），因此，不会涉及昂贵的元组重构代价。

近年来，DSM 模型已受到人们的青睐，并且出现一些采用 DSM 模型的商业产品和学术研究原型系统，如 Sybase IQ、ParAccel、Sand/DNA Analytics、Vertica、InfiniDB、Infobright、MonetDB 和 LucidDB。类似 Sybase IQ 和 Vertica 这些商业化的列式数据库，已经能够很好地满足数据仓库等分析型应用的需求，并且可以获得较高的性能。鉴于 DSM 存储模型的许多优良特性，HBase 等非关系型数据库（或称为 NoSQL 数据库）也吸收借鉴了这种面向列的存储格式。

列式数据库主要适用于批量数据处理和即时查询（ad-hoc query），它的优点是可以降低 I/O 开销，支持大量并发用户查询，其数据处理速度比传统方法快 100 倍，因为仅需要处理可以回答这些查询的列，而不是分类整理与特定查询无关的数据行；具有较高的数据压缩比。列式数据库主要用于数据挖掘、决策支持和地理信息系统等查询密集型的系统中，一次查询就可以得出结果，而不必每次都要遍历所有的数据库。所以，列式数据库大多数应用在需要进行大量数据统计分析的行业中，假如采用行式数据库，势必会消耗大量的时间。

综上所述，如果严格从关系型数据库的角度来看，HBase 并不是一个列式存储的数据库。虽然 HBase 是以列族为单位进行分解，而不是每个列都单独存储，但是 HBase 借鉴和利用了磁盘上的这种列式存储格式。因此，从这个角度来说，HBase 可以被视为列式数据库。

6.3 HBase 的实现原理

6.3.1 HBase 的功能组件

HBase 包括 3 个主要功能组件：库函数，链接到每个客户端；一个主服务器 Master；许多个 Region（分区）服务器。其中，Region 服务器负责存储和维护分配给自己的 Region，处理来自客户端的读写请求；Master 负责管理和维护 HBase 表的分区信息，比如，一个表被分成哪些 Region，每个 Region 被存放到哪台 Region 服务器上，同时也负责维护 Region 服务器列表。因此，如果 Master 死机，那么整个系统都会无效。Master 会实时监测集群中的 Region 服务器，把特定的 Region 分配到可用的 Region 服务器上，并确保整个集群内部不同 Region 服务器之间的负载均衡。当某个 Region 服务器因出现故障而失效时，Master 会把该故障服务器上存储的 Region 重新分配给其他可用的 Region 服务器。除此之外，Master 还处理模式变化，如表和列族的创建。

客户端并不是直接从 Master 主服务器上读取数据，而是在获得 Region 的存储位置信息后，直接从 Region 服务器上读取数据。尤其需要指出的是，HBase 客户端并不依赖于 Master，而是借助 ZooKeeper 获得 Region 的存储位置信息。所以，大多数客户端从来不和 Master 通信，这种设计方式使 Master 的负载很小。

6.3.2 表和 Region

在一个 HBase 中，存储了许多表。对于每个 HBase 表而言，表中的行是根据行键值的字典序进行维护的，表中包含的行数量可能非常庞大，无法存储在一台服务器上，需要分布存储到多台服务器上。因此，需要根据行键的值对表中的行进行分区，每个行区间构成一个 Region，包含位于某个值域间内的所有数据，它是负载均衡和数据分发的基本单位，这些 Region 会被分发到不同的 Region 服务器上。

初始时，每个表只包含一个 Region，随着数据的不断插入，Region 会持续增大，当一个 Region 中包含的行数量达到一个阈值时，就会被自动分成两个新的 Region，随着表中行数量的继续增加，会分裂出越来越多的 Region。

每个 Region 的默认大小是 100～200MB，它是 HBase 中负载和数据分发的基本单位，Master 主服务器会把不同的 Region 分配到不同的 Region 服务器上，但是，同一个 Region 是不会被拆分到多个 Region 服务器上的。每个 Region 服务器负责管理一个 Region 集合，通常在每个 Region 服务器上会放置 10～1000 个 Region。图 6-2 所示为 HBase 工作流程。

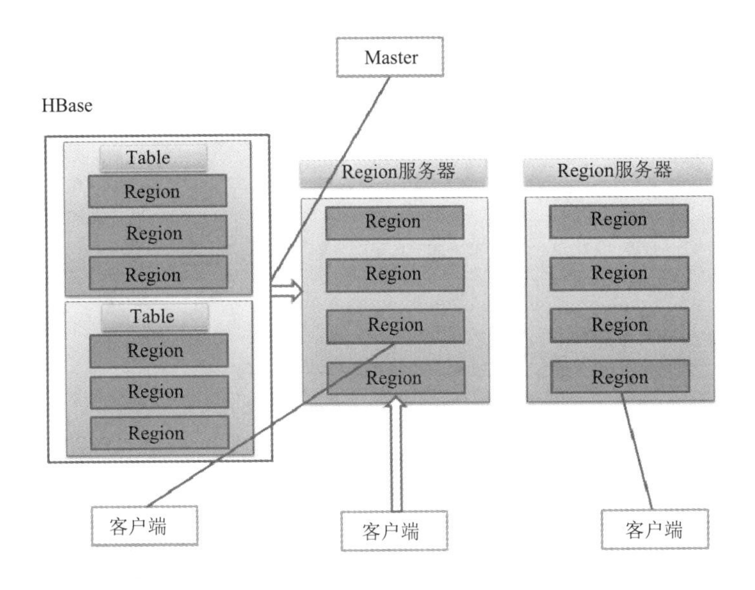

图 6-2　HBase 工作流程

6.3.3 Region 的定位

一个 HBase 的表可能非常庞大，会被分裂成很多个 Region，这些 Region 被分配到不同的 Region 服务器上。因此，必须设计相应的 Region 定位机制，保证客户端知道到哪里可以找到自己所需的数据。

每个 Region 都有一个 RegionId 来识别它的唯一性，这样，一个 Region 标识符就可以表示成“表名+开始主键+RegionId”。

有了 Region 标识符，就可以唯一标识每个 Region。为了定位每个 Region 所在的位置，可以构建一张映射表，映射表的每个条目（或每行）包含两项内容：一个是 Region 标识符，另一个是 Region 服务器标识符，这个条目就表示 Region 和 Region 服务器之间的对应关系，从而可以知道某个 Region 被保存在哪个 Region 服务器中。这个映射表包含关于 Region 的元数据（即 Region 和 Region 服务器之间的对应关系），因此，也被称为“元数据表”，又名“.META.表”。

当一个 HBase 表中的 Region 数量非常庞大时，“.META.表”的条目就会非常多，一个服务器保存不下，就需要分区存储到不同的服务器上，因此，“.META.表”也会被分裂成多个 Region。这时，为了定位这些 Region，需要再构建一个新的映射表，记录所有元数据的具体位置，这个新的映射表就是“根数据表”，又名“-ROOT-表”。“-ROOT-表”是不能被分割的，永远只存在于一个 Region 中。因此，这个用来存放“-ROOT-表”的唯一一个 Region，其名字是在程序中被写死的，Master 永远知道它的位置。

综上所述，HBase 使用类似 B+树的三层结构保存 Region 位置信息，HBase 三层结构中每一层的名称及其具体作用如图 6-3 和表 6-4 所示。

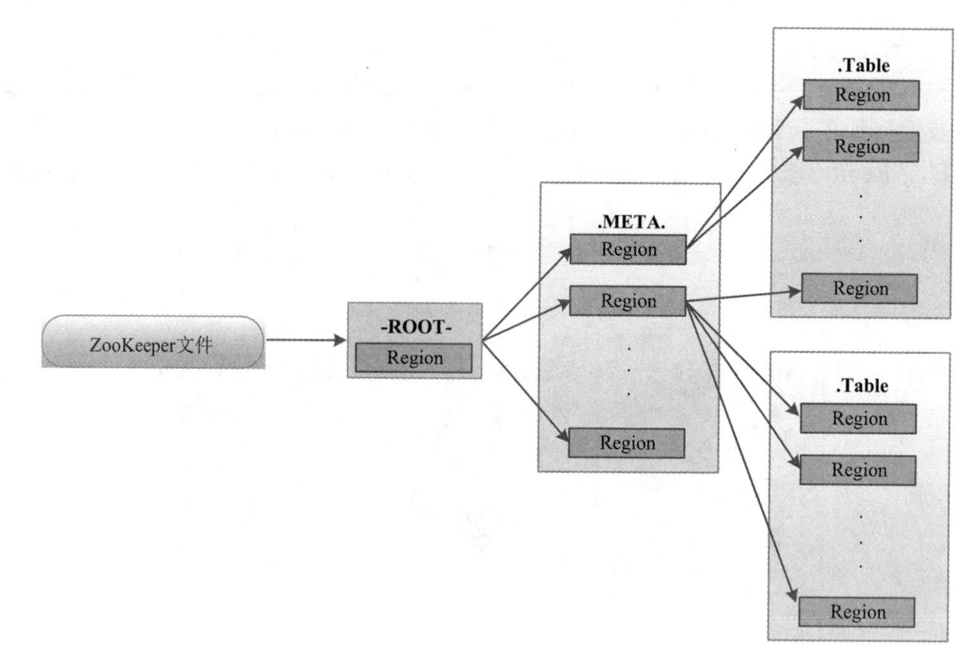

图 6-3 HBase 的三层结构

表 6-4 HBase 的三层结构中各层次的名称和作用

层　次	名　称	作　用
第一层	ZooKeeper 文件	记录“-ROOT-表”的位置信息
第二层	-ROOT-表	记录“.META.表”的 Region 位置信息，“-ROOT-表”只能有一个 Region。通过“-ROOT-表”可以访问“.META.表”中的数据
第三层	.META.表	记录用户数据表的 Region 位置信息，“.META.表”可以有多个 Region，保存 HBase 中所有用户数据表的 Region 位置信息

为了加快访问速度，“.META.表”的全部 Region 都会被保存在内存中。假设“.META.表”的每行（一个映射条目）在内存中大约占用 1KB，并且每个 Region 限制为 128MB，那么上面的三层结构保存用户数据表的 Region 数目的计算方法是：（“-ROOT-表”能够寻址的“.META.表”的 Region 个数）×（每个“.META.表”的 Region 可以寻址的用户数据表的 Region 个数）。一个“-ROOT-表”最多只能有一个 Region，最多 128MB，按照每行（一个映射条目）占用 1KB 内存计算，128MB 空间可以容纳 128MB/1KB=2^{17} 行，也就是说，一个“-ROOT-表”可以寻址 2^{17} 个.META._ Region。同理，每个“.META.表”的 Region 可以寻址的用户数据表的 Region 个数是 128MB/1KB=2^{17}。最终，三层结构可以保存的 Region 数目是（128MB/1KB）×（128MB/1KB）=2^{34}。可以看出，这种数量已经足够满足实际应用中的用户数据存储需求。

客户端访问用户数据之前，需要首先访问 ZooKeeper，获取“-ROOT-表”的位置信息；其次访问“-ROOT-表”，获得“.META.表”的信息；再次访问“.META.表”，找到所需的 Region 具体位于哪个 Region 服务器；最后才会到该 Region 服务器读取数据。该过程需要多次网络操作，为了加速寻址过程，一般会在客户端做缓存，把查询过的位置信息缓存起来，这样以后访问相同的数据时，可以直接从客户端缓存中获取 Region 的位置信息，而不需要每次都经历一个三级寻址过程。需要注意的是，随着 HBase 中表的不断更新，Region

的位置信息可能会发生变化。但是，客户端缓存并不会自己检测Region位置信息是否失效，而是在需要访问数据时，从缓存中获取Region位置信息，发现其不存在的时候，才会判断缓存失效。这时，需要再次经历三级寻址过程，获取最新的Region位置信息去访问数据，并用最新Region位置信息替换缓存中失效的信息。

当一个客户端从ZooKeeper服务器上获取“-ROOT-表”的地址以后，可以通过三级寻址找到用户数据表所在的Region服务器，并直接访问该Region服务器来获得数据，不需要再连接Master。因此，Master的负载相对小了很多。

6.4 HBase运行机制

6.4.1 HBase系统架构

HBase的系统包括客户端、ZooKeeper服务器、Master和Region服务器。需要说明的是，HBase一般采用HDFS作为底层数据存储。

1. ZooKeeper服务器

ZooKeeper服务器并非一台单一的机器，是由多台机器构成的集群，可以提供稳定可靠的协同服务。ZooKeeper服务器能够很容易地实现集群管理的功能，如果有多台服务器组成一个服务器集群，那么必须要选出一个“总管”，以便知道当前集群中每台机器的服务状态，一旦某台机器不能提供服务，集群中其他机器必须知道，从而做出调整，重新分配服务策略。同样，当增加集群的服务能力时，就会增加一台或多台服务器，也必须让“总管”知道。ZooKeeper服务器能够帮助选出一个“总管”，即Master，让其来管理集群。HBase中可以启动多个Master，但是ZooKeeper服务器可以保证在任何时刻总有唯一一个Master在运行，避免Master的“单点失效”问题。

2. Master

Master主要负责表和Region的管理工作，如管理用户对表的增加、删除、修改、查询等操作，实现不同Region服务器之间的负载均衡，在Region分裂或合并后，负责重新调整Region的分布，对发生故障失效的Region服务器上的Region进行迁移。

客户端访问Hbase中数据的过程并不需要Master的参与，客户端可以通过访问ZooKeeper获取“-ROOT-表”的地址，并最终到达相应的Region服务器进行数据读写，Master只维护表和Region的元数据信息，因此负载很低。

任何时刻，仅有一个Region分配给一个Region服务器。Master维护当前可用的Region服务器列表，以及当前哪些Region分配给了哪些Region服务器，哪些Region还未被分配。当存在未被分配的Region，并且有一个Region服务器上有可用空间时，Master就给这个Region服务器发送一个请求，把该Region分配给它。Region服务器接受请求并完成数据加载后，就开始负责管理该Region对象，并对外提供服务。

3. Region服务器

Region服务器是HBase中最核心的模块，负责维护分配给自己的Region，并响应用户的读写请求。HBase 一般采用 HDFS 作为底层存储文件系统，HDFS 可以为 HBase 提供可靠稳定的数据存储。因此，Region 服务器需要向 HDFS 文件系统中读写数据。当然，HBase 可以不采用 HDFS，而是使用其他任何支持 Hadoop 接口的文件系统作为底层存储，比如本地文件系统或云计算环境中的 Amazon S3（simple storage service，简单存储服务）。

每个Region服务器都需要到ZooKeeper中进行注册，ZooKeeper会实时监控每个Region服务器的状态并通知 Master。这样，Master 就可以通过 ZooKeeper 随时感知到各个 Region 服务器的工作状态。

ZooKeeper中保存“-ROOT-表”的地址和Master的地址，客户端可以通过访问ZooKeeper获得“-ROOT-表”的地址，并最终通过三级寻址找到所需的数据。ZooKeeper 中还存储 HBase 的模式，包括有哪些表、每个表有哪些列族等。

6.4.2 Region 服务器的工作原理

Region 服务器内部管理了一系列 Region 对象和一个 HLog 文件。其中，HLog 是磁盘上面的记录文件，记录着所有的更新操作；每个 Region 对象由多个 Store 组成，每个 Store 对应表中一个列族的存储；每个 Store 又包含一个 MemStore 和若干个 StoreFile。其中，MemStore 是在内存中的缓存，保存最近更新的数据；StoreFile 是磁盘中的文件，可快速读取。StoreFile 在底层的实现方式是 HDFS 文件系统的 HFile，HFile 的数据块通常按压缩方式存储，压缩之后可以大大减少网络 I/O 和磁盘 I/O。

1. 用户写入数据的过程

用户的写入数据操作，会被分配到相应的 Region 服务器去执行。用户数据首先被写入到 MenStore 和 HLog 中，当操作写入 HLog 之后，commit()调用才会将其返回给客户端。

用户的读取数据操作，会通过 Region 服务器首先访问 MemStore 缓存，如果数据不在缓存中，才会到磁盘的 StoreFile 中去寻找。

2. 缓存的刷新

MemStore 缓存的容量有限，系统会周期性地调用 Region.flushcache()把 MemStore 缓存中的内容写到磁盘的 StoreFile 文件中，以清空缓存，并在 HLog 文件中写入一个标记，用来表示缓存中的内容已被写入 StoreFile 文件。每次缓存刷新操作都会在磁盘上生成一个新的 StoreFile 文件，因此，每个 Store 会包含多个 StoreFile 文件。

每个 Region 服务器都有一个自己的 HLog 文件，在启动的时候，每个 Region 服务器都会检查自己的 HLog 文件，确认最近一次执行缓存刷新操作之后是否发生新的写入操作。如果没有更新，说明所有数据已经被永久保存到磁盘的 StoreFile 文件中；如果发现有更新，就先把这些更新写入 MemStore 缓存，然后再刷新 MemStore 缓存，调用 Region.flushcache() 把 MemStore 缓存中的内容写入 StoreFile 文件；最后，删除旧的 HLog 文件，并开始为用户提供数据访问服务。

3. StoreFile 的合并

每次 MemStore 缓存的刷新操作，都会在磁盘上生成一个新的 StoreFile 文件。这样，当系统中的每个 StoreFile 文件需要访问某个 Store 中的某个值时，非常耗费时间。因此，为了减少查找时间，系统一般会调用 Store.compact()把多个 StoreFile 文件合并为一个大文件。因为合并操作比较耗费资源，所以只会在 StoreFile 文件的数量达到一个阈值时才会触发合并操作。

6.4.3　Store 工作原理

Region 服务器是 HBase 的核心模块，而 Store 则是 Region 服务器的核心。每个 Store 对应表中一个列族的存储。每个 Store 包含一个 MemStore 缓存和若干个 StoreFile 文件。

MemStore 是排序的内存缓冲区，当用户写入数据时，系统首先把数据放入 MemStore 缓存，当 MemStore 缓存满时，就会刷新到磁盘的一个 StoreFile 文件中。随着 StoreFile 文件数量不断增加，当达到事先设定的数量时，就会触发文件合并操作，将多个 StoreFile 文件合并成一个大的 StoreFile 文件。当多个 StoreFile 文件合并后，会逐步形成越来越大的 StoreFile 文件；当单个 StoreFile 文件大小超过一定阈值时，就会触发文件分裂操作，同时当前的 1 个父 Region 会被分裂成 2 个子 Region，父 Region 会下线，新分裂出的 2 个子 Region 会被 Master 分配到相应的 Region 服务器上。图 6-4 描述了 StoreFile 文件合并和分裂的过程。

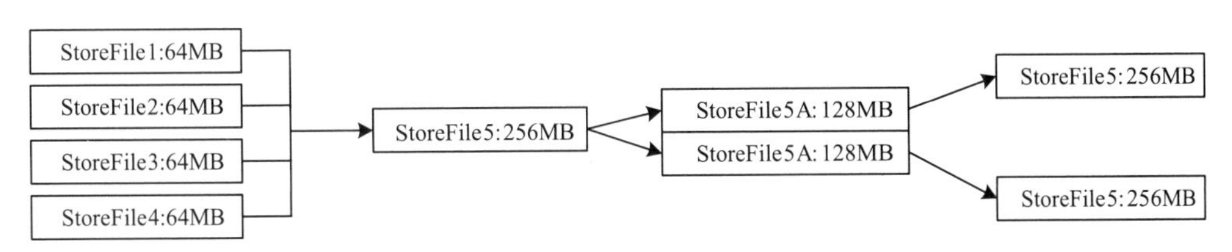

图 6-4　StoreFile 文件合并和分裂的过程

6.4.4　HLog 工作原理

在分布式环境下，必须要考虑到系统出错的情形，比如当 Region 服务器发生故障时，MemStore 缓存中的数据（还没有被写入文件）会全部丢失。因此，HBase 采用 HLog 来保证系统发生故障时能够恢复到正确的状态。

HBase 为每个 Region 服务器配置一个 HLog 文件，它是一种预写式日志（write-ahead log）。换句话说，用户的更新数据必须首先被记入日志后才能写入 MemStore 缓存，并直到 MemStore 缓存内容对应的日志已经被写入磁盘之后，该缓存内容才会被刷新写入磁盘。

ZooKeeper 会实时监测每个 Region 服务器的状态，当某个 Region 服务器发生故障时，ZooKeeper 会通知 Master。Master 首先会处理该故障 Region 服务器遗留的 HLog 文件，这个遗留的 HLog 文件中包含了来自多个 Region 对象的目录；然后将失效的 Region 重新分配到可用的 Region 服务器中，并把与该 Region 对象以及与之相关的 HLog 日志记录以后，重新做一遍日志记录中的各种操作，把日志记录中的数据写入 MemStore 缓存；最后刷新到磁盘的 StoreFile 文件中，完成数据恢复。

需要特别指出的是，在 HBase 中，每个 Region 服务器只需要维护一个 HLog 文件，所有 Region 对象共用一个 HLog，而不是每个 Region 使用一个 HLog。在这种 Region 对象共用一个 HLog 的方式中，多个 Region 对象的更新操作所发生的日志修改，只需要不断地把日志记录追溯到单个日志文件中，而不需要同时打开、写入到多个日志文件中。这样做的优点是可以减少磁盘寻址次数，提高对表的写操作性能；缺点是，如果一个 Region 服务器发生故障，为了恢复其中的 Region 对象，需要将 Region 服务器上的 HLog 按照其所属的 Region 对象进行拆分，再分发到其他 Region 服务器上执行恢复操作。

6.5 HBase 编程基础

本节主要介绍 Linux 中关于 HBase 数据库的常用 Shell 命令、数据处理常用的 Java API 与应用实例，以及 HBase 编程实践。

6.5.1 HBase 常用的 Shell 命令

HBase 为用户提供了非常方便的 Shell 命令，通过这些命令可以很方便地对表、列族、列等进行操作。这里仅介绍部分常用的 Shell 命令及具体的操作实例。

首先，需要启动 HDFS 和 HBase 进程；然后，在终端输入“hbase shell”命令进入该 Shell 环境，输入“help”，可以查看 HBase 支持的所有 Shell 命令，如表 6-5 所示。

表 6-5 HBase 相关的 Shell 命令

操作类型	命　　令
general	status、version、whoami
ddl	alter、alter_async、alter_status、create、describe、disable、disable_all、drop、drop_all、enable、enable_all、exists、is_disabled、is_enable、list、show_filters
dml	count、delete、deleteall、get、get_counter、incr、put、scan、truncate、truncate_preserve
tools	assign、balance_switch、balancer、close_region、compact、flush、hlog_roll、major_compact、move、split、unassign、zk_dump
replication	add_peer、disable_peer、enable_peer、list_peers、list_replicated_tables、remove_peer、move、split、unassign、zk_dump
snapshot	clone_snapshot、delete_snapshot、list_snapshots、restore_snapshot、snapshot
security	grant、revoke、user_permission

接下来将详细介绍部分常用的 ddl 和 dml 命令。对于其他命令，读者可以在终端输入“help command”命令来获知该命令的作用及其具体语法。

1）create：建表。

① 创建 T1，列族为 F1，列族版本号为 5，命令如下：

```
HBase> create 'T1',{NAME=>'F1',VERSIONS=>5}
```

② 创建 T1，3 个列族分别为 F1、F2 和 F3，命令如下：

```
HBase> create 'T1',{NAME=>'F1'},{NAME=>'F2'},{NAME=>'F3'}
```

或者使用如下等价的命令：

```
HBase>create  'T1','F1','F2','F3'
```

③ 创建表 T1，将表依据分割算法 HexStringSplit 分布在 15 个 Region 中，命令如下：

```
HBase>create 'T1','F1', {NUMERGIONS=>15, SPLITALGO =>'HexStringSplit'}
```

④ 创建 T1，指定切分点，命令如下：

```
HBase>create 'F1','F1',{SPLITS  =>  ['10','20','30','40']}
```

2）List：列出 HBase 中所有表的信息。该命令比较简单，这里不做具体说明。

3）Put：向表、行、列指定的单元格添加数据。向表 T1 中行 Row1，列 F1:1，添加数据 Value1，时间戳为 1421822284898，命令如下：

```
HBase>put 'T1','Row1','F1:1','Value1', 1421822284898
```

4）Get：通过指定表名、行、列、时间戳、时间范围和版本号来获得相应单元格的值。

① 获得表 T1，行 R1，列 C1，时间范围为[Ts1,Ts2]，版本号为 4 的数据，命令如下：

```
HBase>get 'T1', 'R1', {COLUMN =>'C1', TIMERANGE => [Ts1,Ts2],VERSIONS => 4}
```

② 获得表 T1，行 R1，列 C1 和 C2 上的数据，命令如下：

```
HBase>get 'T1','R1','C1','C2'
```

5）Scan：浏览表的相关信息。可以通过 TIMERANGE、FILER、LIMIT、STARTROW、STOPROW、TIMESTAMP、MAXLENGTH、COLUMNS、CACHE 来限定所需要浏览的数据。

浏览表“.META.”，列 info:regioninfo 中的数据，命令如下：

```
HBase>scan 'T1', {COLUMNS =>'C1', TIMERANGE => [1303668804, 1303668904]}
```

6）Alter：修改列族模式。

① 向表 T1 添加列族 F1，命令如下：

```
HBase>alter 'T1',NAME =>'F1'
```

② 删除表 T1 中的列族 F1，命令如下：

```
HBase>alter 'T1', NAME =>'F1', METHOD =>'delete'
```

③ 设定表 T1 中列族 F1 最大为 128MB，命令如下：

```
HBase>alter 'T1',METHOD =>'table_att',MAX_FILESIZE =>'134217728'
```

上面命令中，“134217728”表示字节数，128MB 等于 134217728B。

7）Count：统计表中的行数。

8）Describe：显示表的相关信息。

9）Enable/Disable：使表有效或无效。

10）Delete：删除指定单元格的数据。删除表 T1，行 R1，列 C1，时间戳为 Ts1 上的数据，命令如下：

```
HBase>delete 'T1','R1','C1','ts1'
```

11）Drop：删除表。需要指出的是，删除某个表之前，必须先使该表无效。

12）Exists：判断表是否存在。

13）Truncate：使表无效，删除该表，然后重新建立表。

14）Exit：退出 HBase Shell。

15）Shutdown：关闭 HBase 集群。

16）Version：输出 HBase 版本信息。

17）Status：输出 HBase 集群状态信息。

可以通过 summary、simple 或者 detailed 这 3 个参数指定输出信息的详细程度。输出集群详细状态信息，命令如下：

```
HBase:Status 'Detailed'
```

6.5.2 HBase 常用的 Java API 及应用实例

本节介绍 HBase 数据存储管理常用的 Java API（HBase 版本为 0.94.25）类，主要包括 HBaseAdmin、HBaseCofiguration、HTable 等类。

1. HBase 常用的 Java API 类

（1）org.apache.hadoop.hbase.client.HBaseAdmin 类

该类用于管理 HBase 的表信息，包括创建或删除表、列出表项、使表有效或无效、添加或者删除表的列族成员、检查 HBase 的运行状态等，其主要方法如表 6-6 所示。

表 6-6　HBase 数据库的表信息

返回值	方法
void	addColumn(String tableName,HColumnDescriptor column)：向一个已存在的表添加列
static void	checkHBaseAvailable(HBaseConfiguration conf)：检查 HBase 是否处于运行状态
void	closeRegion(String regionName,String serverName)：关闭 Region
void	createTable(HTableDescriptor desc)：创建表
void	deleteTable(String tableName)：删除表
void	disableTable(String tableName)：使表无效
void	enableTable(String tableName)：使表有效
boolean	tableExists(String tableName)：检查表是否存在
HTableDescriptor	listTables()：列出所有的表项
void	abort(String why,Throwable e)：终止服务器或客户端
boolean	balancer()：调用 balancer 进行负载均衡

（2）org.apache.hadoop.hbase.HBaseConfiguration 类

该类用于管理 HBase 的配置信息，其主要方法如表 6-7 所示。

表 6-7　管理 HBase 配置信息的类

返回值	方法
void	addResource(Path file)：通过给定的路径所指的文件来添加资源
void	clear()：清空所有已设置的属性
void	set(Sting name,Sting value)：通过属性名来设置值
void	setBoolean(Sting name,boolean value)：设置 boolean 类型的属性值
sting	getBoolean(Sting name,boolean defaultValue)：获取为 boolean 类型的属性值，如果其属性值类型不为 boolean，则返回默认属性值
sting	get(Sting name)：获取属性名对应的值

（3）org.apache.hadoop.hbase.client.HTable 类

该类用于和 HBase 的表进行通信。HTable 类的主要方法如表 6-8 所示。

表 6-8　HTable 类的主要方法

返回值	方法
void	close()：释放所有资源，根据缓冲区中数据的变化更新 HTable
void	delete(Delete delete)：删除指定的单元格或行
boolean	get(Get get)：从指定行的某些单元格中取出相应的值
void	put(Put put)：向表中添加值
resultScanner	getScanner(byte[] family) || getScanner(byte[] family,byte[] qualifier) ||getScanner (Scanner scan)：获得 resultScanner 实例

续表

返回值	方　法
HTableDescriptor	getTableDescriptor()：获得当前表格的 HTableDescriptor 实例
byte[]	getTableName()：获得当前表格的名字

2. HBase 编程实例

HBase 编程前，需要安装 Commons-Configuration-1.6.jar、Commons-Lang-2.5.jar、Commons-Logging-1.1.1.jar、Hadoop-Core-1.2.1.jar、Hadoop-Test-1.2.1.jar、HBase-0.94.25-Tests.jar、HBase-0.94.25.jar、Log4j-1.2.16.jar 和 ZooKeeper-3.4.5.jar 软件包，这些软件包可以在 HBase 安装目录中的 Lib 文件或者 Hadoop 安装目录下找到。

【例 6-1】执行 HBase 表的基本操作。

首先利用上述 Java API 对 HBase 中的表执行基本操作。需要说明的是，本实例中的代码只给出类中成员方法的代码，并没有给出类和需要导入（import）的包。读者可以自己编写一个类导入相应的包，然后把本实例代码中的成员方法放到类中，运行程序可以得到相应结果。

（1）创建表

创建一个学生表，用来存储学生姓名（姓名作为行键，并且假设姓名不会重复）以及考试成绩。其中，考试成绩为一个列族，分别存储各个科目的考试成绩。逻辑视图如表 6-9 所示。

表 6-9　学生信息表的结构

name	score		
	English	Math	Computer

创建表的具体代码如下：

```
/**创建表/
/**
 * tableName 表名
* columnFamily 列族数组
 */
Public static void creat(String tableName,String[] columnFamily)
throws Exception
{
   //利用 HbaseConfiguration 的静态方法 create()，生成 Configuration 对象
   Configuration cfg = HbaseConfiguration.create();
   HBaseAdmin admin = new HBaseAdmin(cfg);
   if(admin.tableExists(tableName))
  {
      System.out.println("table Exists,rebuild the table");
      admin.disableTable(tableName);
      admin.deleteTable(tableName);
   }
   HtableDescriptor tableDesc = new HtableDescriptor(tableName);
   for(String str : columnFamily)
      tableDesc.addFamily(new HcolumDescriptor(str));
   admin.createTable(tableDesc);
   System.out.println("create table success!");
 }
```

在上述代码中，为了创建学生信息表，需要指定参数 tableName 为"testable"，columnFamily 为"{'score'}"。上述代码与如下 HBase Shell 命令等效：

```
create'testTable','score'
```

运行上述代码后，利用 HBase Shell 命令“list”和“describle'testTable'”，可以查看创建表如图 6-5 所示，表的详细信息如图 6-6 所示。

```
hbase(main):002:0>list
TABLE
testTable
1 row(s) in 0.0320 seconds
```

图 6-5 HBase 创建表结果

```
hbase(main):003:0>describe 'testTable'
DESCRIPTION
'testTable', {NAME => 'score',ENCODE_ON_DISK => 'true',
BLOOMFILTER => 'NONE',VERSIONS => '3',IN_MEMORY => 'f
alse',KEEP_DELETED_CELLS => 'false',DATA_BLOCK_ENCODI
NG => 'NONE',TTL => '2147483647',COMPRESSION => 'NONE'
,MIN_VERSIONS => '0',BLOCKCACHE => 'true',BLOCKSIZE =>
'65536',REPLICATION_SCOPE => '0'
}
1 row(s) in 0.1180 seconds
```

图 6-6 HBase 创建表的详细信息

（2）添加数据

现在向表 testTable 中添加如表 6-10 所示的数据。

表 6-10 向表 testTable 中添加的数据

name	score		
	English	Math	Computer
zhangsan	69	86	77
lisi	55	100	88

添加数据的具体实现代码如下：

```
/*添加数据*/
 /**
  * tableName 表名
  * row 行
  * columnFamily 列族
  * column 列限定符
  * data 数据
  */
Public static void insertData(String tableName,String row,
     String columnFamily,String column,String data) throws Exception{
  Configuration cfg = HBaseConfiguration.create();
  HTable table = new HTable(cfg,tableName);
  //通过 Put 对象为已存在的表添加数据
  Put put = new Put(row.getBytes());
  if(null==column)
    put.add(columnFamily.getBytes(),null,data.getBytes());
  else
    put.add(columnFamily.getBytes(),column.getBytes(),data.getBytes());
    table.put(put);
}
```

添加数据时，需要分别设置参数 tableName、row、columnFamily、column、data 的值，然后运行上述代码。例如，添加表 xx 第一行数据时，为 InsertData()方法指定相应的参数，并运行如下 3 行代码。

```
InsertData ('testTable','zhangsan','score:English','69');
InsertData ('testTable','zhangsan','score:Math','86');
InsertData('testTable','zhangsan','score:Computer','77');
```

上述代码与如下 HBase Shell 命令等效：

```
Put 'testTable','zhangsan','score:English','69';
Put 'testTable','zhangsan','score:Math',''86';
Put 'testTable','zhangsan','score:Computer','77';
```

同理，可以添加表的第二行数据，并使用 HBase Shell 命令 scan 'testTable'，可以查看所有插入操作完成 testTable 表中的数据。

（3）浏览数据

现在可以浏览刚才插入的数据，使用如下代码获取某个单元格的数据：

```
/**
* @param tableName 表名
* @param row 行
* @param columnFamily 列族
* @param column 列
 */
public static void get (String tableName,String row,String columnFamily,
String column){
Configuration cfg = HBaseConfiguration.create();
HTable table = new HTable(cfg,tableName);
Get get = new Get(row.getBytes());
Result result = table.get(get);
System.out.println(newString(result.getValue(columnFamily.getBytes(),
column==null?null:column.getBytes())));
}
```

比如，现在要获取名为“zhangsan”在“English”上的数据，就可以在运行上述代码时，指定参数 tableName 为“testable”、row 为“zhangsan”、columnFamily 为“score”、column 为“English”。上述代码与如下 HBase Shell 命令等效：

```
get 'testTable' ,'zhangsan',{COLUMN=>'score:English'}
```

6.6 HBase 编程实践

6.6.1 编程实现对学生数据表的操作

现有以下关系型数据库中的表和数据（表 6-11～表 6-13），要求将其转换为适合 HBase 存储的表，并插入输入。

表 6-11　学生表（Student）

学号（S_No）	姓名（S_name）	性别（S_Sex）	年龄（S_Age）
2015001	Zhangsan	male	23
2015003	Mary	female	22
2015003	Lisi	male	24

表 6-12 课程表（Course）

课程号（C_No）	课程名（C_Name）	学 分
123001	Math	2.0
123002	Computer Science	3.0
123003	English	3.0

表 6-13 选课表（SC）

学号（SC_Sno）	课 程 号	成 绩
2015001	123001	86
2015001	123003	69
2015002	123002	77
2015002	123003	99
2015003	123001	98
2015003	123002	95

同时，编程完成以下指定功能：

（1）CreateTable(String tableName,String [] files)

创建表，参数 tableName 为表的名称，字符串数组 fields 为存储记录各个域名的数组，要求当 HBase 已经存在名为 tableName 表的时候，先删除原有的表，再创建新的表。

（2）AddRecord(String tableName,String row,String [] fields,String [] valus)

向表 tableName、行 row（S_Name 表示）和字符串数组 files 指定的单元格中添加对应的数据 values。其中，fields 中每个元素如果对应的列族下还有相应的列限定符的话，用 columnFamily:column 表示。例如，同时向 Math、Computer Science、English 这 3 列添加成绩时，字符串数组 fields 为{"Score:Math","Score:Computer Science","Score：English"}，数组 values 存储这 3 门课的成绩。

（3）ScanColumn(String tableName, String column)

浏览表 TableName 某一列的数据，如果某一行记录中该列数据不存在，则返回 NULL。要求当参数 Column 为某一列族名称时，如果底下有若干个列限定符，则要列出每个列限定符代表的列数据；当参数 Column 为某一列具体名称（如“Score:Math”）时，只需要列出该列的数据。

（4）ModifyData(String tableName,String row,String column)

修改表 TableName，行 Row（可以用学生姓名 S_Name 表示），列 Column 指定的单元格的数据。

（5）DeleteRow(String tableName,String row)

删除表 TableName 中 Row 指定的行的记录。

6.6.2 HBase 与 MapReduce 集成、数据导入导出

利用 HBase 和 MapReduce 完成如下任务。假设 HBase 有两张表，表的逻辑视图及部分数据如表 6-14 所示。

表 6-14　逻辑视图及部分数据

书名（BookName）	价格（Price）
Database System Concepts	30$
Thinking in Java	60$
Data Mining	25$

要求从 HBase 读出上述表的数据，利用 MapReduce 完成对“Price”列的排序，并将结果存储到 HBase。HBase 中每个行的行键用 BookName 表示。

习　题

一、简答题

1. 简述 HBase 的功能作用及其体系架构。
2. 简述 HBase 如何实现检索功能。

二、选择题

1. HBase 数据库的 BlockCache 缓存的数据块中，不一定能提高效率的是（　　）。

   A. -ROOT-表　　B. .META.表　　C. HFile index　　D. 普通的数据块

2. HBase 是分布式列式存储系统，记录按（　　）集中存放。

   A. 列族　　B. 列　　C. 行　　D. 不确定

3. HBase 的 Region 组成中，必须要有（　　）。

   A. StoreFile　　B. MemStore　　C. HFile　　D. MetaStore

4. 客户端首次查询 HBase 数据库时，首先需要从（　　）开始查找。

   A. .META.　　B. -ROOT-　　C. 用户表　　D. 信息表

参考文献

迪米达克，2013.HBase 实战[M]. 北京：人民邮电出版社.

马延辉，孟鑫，李立松，等，2014. HBase 企业应用开发实战[M]. 北京：机械工业出版社.

BHOJWANI N, SHAH A P V, 2016. A survey on Hadoop HBase system[J]. Development, 3(1): 82-87.

FENG C, LI B, 2017. Research of temporal information index strategy based on HBase[J]. Procedia computer science, 107: 367-372.

TANG X, HAN B, CHEN H, 2016. A hybrid index for multi-dimensional query in HBase[C]//International Conference on Cloud Computing and Intelligence Systems. Beijing: IEEE: 332-336.

数据仓库 Hive

Hive 是一种基于 Hadoop 的数据仓库工具。该工具能将结构化的数据文件映射为一张数据库的表，能够提供简单的 SQL 查询功能，能将 SQL 查询转换为 MapReduce 任务进行运行。其优点是能通过类 SQL 语句快速实现简单的 MapReduce 统计，不需要开发专门的 MapReduce 应用。目前，Hive 不仅适合数据仓库的统计分析，而且在网络社区发现、网络日志文件分析等网络安全领域也有独特的优势。

本章主要介绍 Hive 的工作机制、HiveQL 数据定义、HiveQL 数据操作、HiveQL 数据查询和 Hive 编程实践等内容。

7.1 Hive 概述

Hive 是 Facebook 信息平台的重要组成部分，2018 年 Facebook 将其整合为 Apache 项目成员，现已成为 Apache 旗下的独立子项。

Hive 的设计目标是通过 Hadoop 数据操作与传统 SQL 融合，让使用 SQL 编程的开发人员能够很容易地实现 Hadoop 系统应用。

Hive 的特点是通过结构化的数据构建 HDFS 的数据仓库；提供了类似于 SQL 的查询语言 HiveQL，能够完成 HDFS 数据的查询、变换数据等操作；通过解析，HiveQL 语句通过底层转换为相应的 MapReduce 操作；Hive 提供了一系列的工具，能够实现数据的提取、转化和加载操作；提供了存储、查询和分析 Hadoop 大规模数据集等操作；提供了支持用户自定义函数（user-defined function，UDF）、用户自定义聚合函数（user-defined aggregate function，UDAF）和用户自定义生成函数（user-defined table-generating，UDTF）功能；为使用户的数据操作具有良好的伸缩性和可扩展性，提供了 Map 和 Reduce 函数的定制功能。

7.1.1 Hive 的工作机制

Hive 的主要模块及 Hive 如何与 Hadoop 交互的工作机制如图 7-1 所示。命令行 CLI、Hive 的简单网页界面 HWI，以及通过 JDBC、ODBC 与 Thrift Server 服务器进行编程访问的模块是 Hive 发行版中的附带产品。

Hive 的工作机制主要通过两步完成：首先通过 Driver（驱动模块）将输入的命令和查询进行解析编译，并通过对用户需求的计算完成优化；然后按照预定的步骤执行任务（通常是启动多个 MapReduce 任务来执行）。特别需要注意的是，Hive 本身不会生成 Java 的 MapReduce 程序，而是通过 XML 文件驱动执行内置的、原生的 Mapper 和 Reducer 模块。

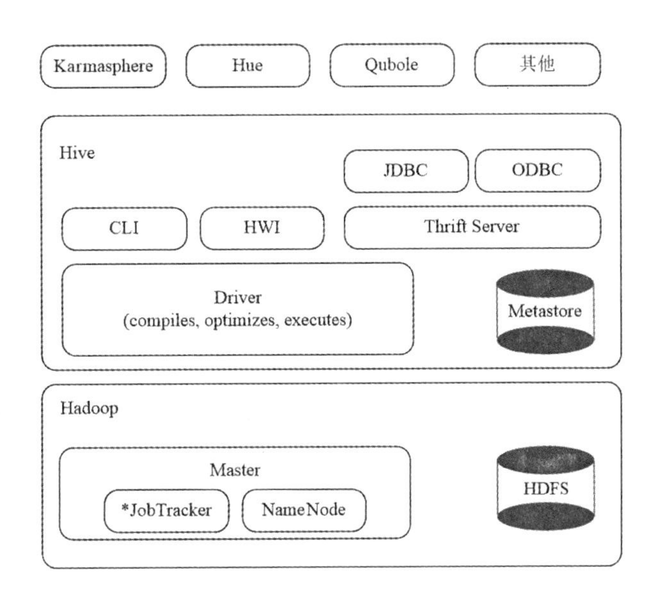

图 7-1 Hive 工作机制

在图 7-1 中，Hive 通过 JobTracker 通信初始化 MapReduce 任务，该任务并不需要在 JobTracker 管理节点上完成。在大型集群中，通常采用部署网关完成 Hive 初始化 MapReduce 的任务，并在对应的网关上实现远程管理节点的 JobTracker 通信任务。通常，将要处理的数据文件存储在 HDFS 后，通过 NameNode 实现 HDFS 管理。

另外，Metastore（元数据存储）是一种独立的关系型数据库（通常是 MySQL 实例），但 Hive 仅保存部分表的模式和其他系统元数据。由此可见，为满足数据仓库程序不需要实时响应查询、记录级别的插入、更新和删除要求，Hive 提供了一种很好的解决方案。

7.1.2 Hive 的数据类型

Hive 不仅支持关系型数据库中的大多数基本数据类型，而且支持关系型数据库中很少使用的 3 种集合数据类型。

1. Hive 支持的基本数据类型

Hive 所支持的 TINTINT 等 10 种基本数据类型如表 7-1 所示。在使用表 7-1 所示数据类型时，需要注意如下几点。

1）数据类型通过 Java 接口实现，这样使 Hive 基本数据类型功能和 Java 中对应的类型功能保持一致，如 STRING 类型就是 Java 中的 String。

2）新增的 TIMESTAMP 表示 UTC 时间。Hive 本身提供了不同时区间相互转换的内置函数，即 to_utc_timestamp 函数和 from_utc_timestamp 函数。

3）BINARY 数据类型和很多关系型数据库中的 VARBINARY 数据类型是类似的，但两者的 BLOB 数据类型并不相同。

4）如果用户的目标是省略每行记录的尾部时，则不使用 BINARY 数据类型。例如，如果一个表的表结构指定的是 3 列，并且实际数据文件每行记录包含 5 个字段时，在 Hive 中最后两列数据会被省略。

5）如果用户在查询中将一个 FLOAT 类型的列和一个 DOUBLE 类型的列作比较，或者将一种整型类型的值和另一个整型类型的值作比较，则 Hive 自动把类型转换为两个整型类型中值较大的类型，即将 FLOAT 类型转换为 DOUBLE 类型。

6）如果用户希望将一个字符串类型的列转换为数值时，可以通过交互方式将一种数据类型转换为另一种数据类型。

表 7-1 Hive 基本数据类型

数据类型	长度	示例
TINTINT	1Byte 有符号整数	20
SMALINT	2Byte 有符号整数	20
INT	4Byte 有符号整数	20
BIGINT	8Byte 有符号整数	20
BOOLEAN	布尔类型，TRUE 或者 FALSE	TRUE
FLOAT	单精度浮点数	3.14159
DOUBLE	双精度浮点数	3.14159
STRING	字符序列。其中可以指定字符集，也可以使用单引号或者双引号	"now is the time"
TIMESTAMP(V0.8.0+)	整数、浮点数或者字符串	1327882394(UNIX 新纪元秒) 1327882394.123456789（UNIX 新纪元秒并跟随有纳秒数） '2012-02-03 12:34:56.123456789'（JDBC 所兼容的 java.sql.timestamp 时间格式）
BINARY(V0.8.0+)	字节数组	请看后面的讨论

2. Hive 支持的集合数据类型

Hive 中的列支持使用 STRUCT、MAP 和 ARRAY 共 3 种集合数据类型，如表 7-2 所示。需要注意的是，表 7-2 给出的仅是语法示例，但实际应用中调用的是内置函数。

表 7-2 Hive 集合数据类型

数据类型	描述	示例
STRUCT	和 C 语言中的 STRUCT 或者 Java 中的“对象”类似，都可以通过“点符号”访问元素内容。例如，如果 Java 中某个列字段名的数据类型是 STRUCT{first STRING, last STRING}时，则第 1 个元素通过字段名.first 来引用	STRUCT('John' , 'Doe')
MAP	MAP 是一组键-值对元组集合，使用数组表示法（例如['key']）访问元素。例如，如果 Java 中某个列字段名的数据类型是 MAP，其中键-值对是'first'->'John'和'last' -> 'Doe'时，则通过字段名['last']获得最后一个元素	MAP('first' , 'John', 'last' , 'Doe')
ARRAY	数组是一组具有相同类型和名称的变量集合。这些变量称为数组的元素，每个数组元素都有一个编号，编号从零开始。例如，若数组值为['John', 'Doe']，则第 2 个元素通过数组名[1]进行引用	ARRAY('John' , 'Doe')

7.1.3 Hive 的架构

Hive 的架构如图 7-2 所示。Hive 架构包括的主要组件如下。

1）用户接口：包括 Hive shell、JDBC 客户端、ODBC 客户端和 Web 接口。

2）Thrift 服务器：当 Hive 以服务器模式运行时，Hive 作为 Thrift 服务器，并供客户端连接。

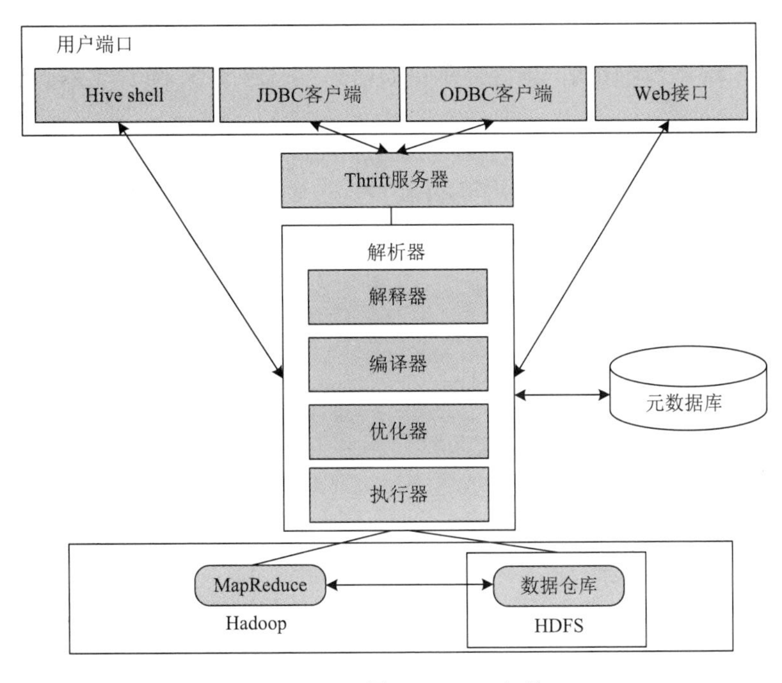

图 7-2　Hive 架构

3）元数据库：通常存储在关系数据库（如 MySQL、Derby）中。

4）解析器：主要包括解释器、编译器、优化器和执行器共 4 部分，用于处理 HiveQL 查询语句，进行词法分析、语法分析、编译、优化和查询计划的生成。其中，查询计划通过 MapReduce 调用执行。

5）Hadoop：能将数据仓库和查询计划存储在 HDFS 上，其计算过程通过 MapReduce 执行。

7.2　HiveQL 数据定义

HiveQL 是 Hive 的查询语言。HiveQL 语言的使用与一般的 SQL 语言基本相同，但也存在一定的差异。例如，Hive 不支持行级插入操作、更新操作和删除操作；不支持事务；增加了在 Hadoop 生态系统下的高性能扩展功能、个性化扩展功能和外部程序等。

7.2.1　Hive 数据库

Hive 数据库描述的是表目录或者命名空间。Hive 数据库对于大集群（多个用户组）而言，不仅避免了表命名的冲突，而且通过数据库能将各种表组织成逻辑组的结构。

一般来说，Hive 数据库用户使用数据库有两种方式：用户指定的数据库和系统默认的 default 数据库。

1. 创建数据库

【例 7-1】创建 financials 数据库。

```
hive> CREATE DATABASE financials;
```

如果数据库 financials 已经存在，则会显示错误信息，但通过 IF NOT EXISTS 语句可以避免这种错误信息的显示。

```
hive> CREATE DATABASE IF NOT EXISTS financials;
```

通常情况下，用户希望知道同名数据库的存在情况，通过 IF NOT EXISTS 子句可以了解实时创建数据库的情况。

2. 数据库查询

【例 7-2】查询 financials 数据库。

```
hive> SHOW DATABASES;
default
financials hive> CREATE DATABASE human resources;
hive> SHOW DATABASES;
default
financials
human resources
```

查询海量数据库时，用户可以通过正则表达式筛选出需要的数据库名。如下面例子给出的是找出所有以字母 h 开头、以其他字符结尾（用.*表示）的数据库名：

```
hive> SHOW DATABASES LIKE 'h.*';
human_resources
hive> ...
```

3. 创建数据库目录

一般情况下，Hive 数据库中的表将会以这个数据库目录的子目录形式存储。例外情况是存放在 default 数据库中的表，因为这个数据库本身没有自己的目录。

数据库所在的目录位于属性 hive.metastore.warehouse.dir 所指定的顶层目录之后。假设用户使用的是这个配置项默认的配置，也就是/user/hive/warehouse，那么当创建数据库 financials 时，Hive 将会对应地创建一个目录/user/hive/warehouse/financials.db。请注意，数据库的文件目录名的后缀是.db。

【例 7-3】修改 financials 默认的位置。

```
hive>CREATE DATABASE financials;
    >LOCATION 1/my/preferred/directory1;
```

用户通过 DESCRIBE DATABASE <database>命令可以查看到该信息。

```
hive>CREATE DATABASE financials;
    >COMMENT 'Holds all financial tables';
hive> DESCRIBE DATABASE financials; financials Holds all financial tables;
   hdfs://master-server/user/hive/warehouse/financials.db;
```

上例中 DESCRIBE DATABASE 语句的作用是显示这个数据库所在文件目录的位置路径。

此外，用户还可以为数据库增加一些和其相关的键-值属性信息，Hive 可以通过 DESCRIBE DATABASE EXTENDED<database>语句显示出这些信息，其命令如下：

```
hive>CREATE DATABASE financials;
    >WITH DBPROPERTIES ('creator'= 'Mark Moneybags', 'date'= '2012-01-02');
```

```
hive>DESCRIBE DATABASE financials;
    >financials hdfs://master-server/user/hive/warehouse/financials.db;
hive> DESCRIBE DATABASE EXTENDED financials;
    >financials hdfs://master-server/user/hive/warehouse/financials.db;
    >{date=2012-01-02,creator=Mark Moneybags);
```

4. 设置当前工作数据库

【例 7-4】将 financials 设置为当前工作数据库。

```
hive> USE financials;
```

此命令的作用类似于使用 SHOW TABLES 命令显示当前这个数据库下所有的表。

另外，也可以通过设置一个属性值，实现显示当前所在的数据库功能（注意：Hive v0.8.0 及其之后的版本才支持此功能）：

```
hive>set hive.cli.print.current.db=true;
hive (financials)> USE default;
hive (default)> set hive.cli.print.current.db^false;
hive> ...
```

5. 删除数据库

【例 7-5】删除 financials 数据库。

```
hive> DROP DATABASE IF EXISTS financials;
```

其中，IF EXISTS 子句是可选的，如果使用此子句，可避免因数据库 financials 不存在而导致系统出错。

默认情况下，Hive 不允许用户删除一个包含有表的数据库。用户要么先删除数据库中的表，然后再删除数据库；要么使用关键字 CASCADE，通知 Hive 先自行删除数据库中的表，例如：

```
hive> DROP DATABASE IF EXISTS financials CASCADE;
```

如果使用关键字 RESTRICT 代替 CASCADE，其效果是默认值，即如果要删除数据库，必须先删除该数据库中的所有表；如果某个数据库被删除了，则其对应的目录也同时会被删除。

7.2.2 修改数据库

用户使用 ALTER DATABASE 命令为某个数据库的 DBPROPERTIES 设置键-值，对属性值描述这个数据库的属性信息。数据库其他元数据信息都是不可更改的，包括数据库名和数据库所在的目录位置。

【例 7-6】修改 financials 数据库。

```
hive> ALTER DATABASE financials SET DBPROPERTIES ('edited-by'=' VoeDba');
```

当此命令执行后，数据库属性不能删除或者重置。

7.2.3 创建表

Hive 创建表可通过 CREATE TABLE 语句实现。CREATE TABLE 语句的语法规则类似于 SQL 语句的语法规则。但 Hive 为强化 CREATE TABLE 语句功能的扩展性和灵活性，新增了部分功能。CREATE TABLE 语句所创建的表都是管理表，有时也称为内部表。

1. 创建内部表

【例 7-7】创建 employees 表。

```
Hive>CREATE TABLE IF NOT EXISTS mydb.employees (
    >name STRING COMMENT 'Employee name',
    >salary FLOAT COMMENT 'Employee salary*,
    >subordinates ARRAY<STRING> COMMENT 'Names of subordinates*,
    >deductions MAP<STRING,FLOAT>COMMENT 'Keys are deductions names,
    > values are percentages',
    >address STRUCT<street:STRING, city:STRING, state:STRING,zip:INT>
    >COMMENT 'Home address'),
    >COMMENT 'Description of the table',
    >TBLPROPERTIES ('Creator'='me','created_at'='2012-01-02 10:00:00',...),
    >LOCATION'/user/hive/warehouse/mydb.db/employees';
```

在此例中需要注意以下几点。

1）如果用户当前所处的数据库并非是目标数据库，可以在表名前增加一个数据库名来进行指定，也就是例子中的 mydb。

2）如果用户增加可选项 IF NOT EXITS，那么若表已经存在，Hive 则会忽略掉后面的执行语句，并且不会有任何提示。

3）如果用户所指定表的模式和已经存在的这个表的模式不同，Hive 不会为此做出提示。如果用户要使这个表具有重新指定的新模式时，就需要先删除这张表，也就是丢弃之前的数据，再重建这张表。用户可以考虑使用一个或多个 ALTER TABLE 语句来修改已经存在的表的结构。

4）用户可以在字段类型后为每个字段增加一个注释。和数据库一样，用户也可以为这个表本身添加一个注释，还可以自定义一个或多个表属性。大多数情况下，TBLPROPERTIES 的主要作用是按键-值对的格式为表增加额外的文档说明。Hive 会自动增加两个表属性：一个是 last_modified_by，其保存着最后修改这个表的用户的用户名；另一个是 last_modified_time，其保存着最后一次修改的新纪元时间（秒）。

5）可以根据应用需求为表中的数据指定一个存储路径。在这个例子中，Hive 使用的默认的路径是/user/hive/warehouse/mydb.db/employees。其中，/user/hive/warehouse 是默认的“数据仓库”的路径地址，mydb.db 是数据库目录，employees 是表目录。

6）默认情况下，Hive 总是将创建的表的目录放置在这个表所属的数据库目录之后。

【例 7-8】复制一张已经存在的表的模式。

```
Hive>CREATE TABLE IF NOT EXISTS mydb.employees2 LIKE mydb.employees;
```

【例 7-9】列出工作数据库中所有的表。假设已经创建了 tablel 和 table2，其工作数据库是 mydb。

```
Hive> USE mydb;
Hive> SHOW TABLES;
employees
table1
table2
```

【例 7-10】列出指定数据库下的表。

```
Hive > USE default;
Hive > SHOW TABLES IN mydb;
employees
```

```
table1
table2
```

【例7-11】使用正则表达式过滤所需要的表名。

```
Hive > USE mydb;
Hive > SHOW TABLES 'erapl.* ';
employees
```

Hive不支持所有的正则表达式功能。但可以使用DESCRIBE EXTENDED mydb.employees命令来查看用户关注的信息，其命令如下：

```
Hive> DESCRIBE EXTENDED mydb.employees;
    >name STRING Employee name;
    >salary FLOAT Employee salary;
    >subordinates ARRAY<STRING> Names of subordinates;
    >deductions MAP<STRING,FLOAT>Keys are deductions names,
    >values are percentages, address STRUCT<street: STRING, city: STRING,
    >state: STRING,zip:INT> Home address,
    >Detailed Table Information Table(tableName:employees, dbName:mydbf,
owner:me,
    ...
    >location:hdfs://master-server/user/hive/warehouse/mydb.db/employees,
    >parameters:{creator=me, created_at=f 2012-01-02 10:00:00、
    >Last_modified_user=me,last_modified_time=1337544510,
    >comment:Description of the table, ...},   ...);
```

2. 创建外部表

【例7-12】若用户欲分析来自股票市场的数据，假设这些数据文件位于分布式文件系统的/data/stocks目录下，其采用的步骤如下：首先需定期地将Infochimps（Http://Infochimps.com/Datasets）数据源接入NASDAQ和NYSE的数据；然后用户使用可视化工具来分析股票市场的数据。

```
CREATE external TABLE IF NOT EXISTS
    stocks(
        echange STRING,
        symbol STRING,
        ymd STRING,
        price_open FLOAT,
        price_high FLOAT,
        price_low FLOAT,
        price_close FLOAT,
        volume INT,
        price_adj _close FLOAT
      );
row format delimited fields terminated by',''location'/data/stocks';
```

7.2.4 分区表

Hive的分区表是管理表的一种。在应用中，分区表又分为内部分区表和外部分区表。

1. 内部分区表的创建

【例7-13】创建某跨国公司工作人员情况的employees分区表。该分区表能满足HR

人员经常会执行的一些带 WHERE 语句的查询，并将结果限制在某个特定的国家或者某个特定的地区（例如中国的省市）等要求。

```
CREATE TABLE
   employees (
         name              STRING,
         salary            FLOAT,
         subordinates      ARRAY<STRING>,
         deductions        MAP<STRING FLOAT>,
         address           STRUCT<street:STRING,
         city:STRING, state: STRING, zip:INT>
        );
    PARTITIONED BY (country STRING, state STRING);
```

由此可见，分区表改变了 Hive 对数据存储的组织方式。如果在 mydb 数据库中创建这个表，对应的目录是 employees 目录，其命令如下：

```
hdfs://master__server/user/hive/warehouse/mydb.db/employees
```

Hive 已创建好可以反映分区结构的子目录。

```
.../employees/country=CHN/state=SX
.../employees/country=CHN/state=SX
...
.../employees/country=CHN/state=HN
.../employees/country=CHN/state=CQ
...
```

这些是实际的目录名称。省目录下将会包含有零个文件或者多个文件，这些文件中存放着省的职工信息。分区字段（本例中就是 country 和 state）一旦创建好，表现得就和普通的字段一样。但是，如果表中的数据以及分区个数量大，执行所有分区的查询可能会触发一个巨大的 MapReduce 任务。一般将 Hive 设置为“STRICT（严格）”模式。如果查询分区表中，WHERE 子句没有分区过滤的限制，这时 Hive 将会禁止提交 MapReduce 任务。用户也可以按照下面的语句将属性值设置为“nostrict”（非严格），其命令如下：

```
Hive> set hive.mapred.mode=strict;
Hive> SELECT e.name, e.salary FROM employees e LIMIT 100;
FAILED: Error in semantic analysis:
     >No partition predicate found for Alias "e" Table "employees";
Hive> set hive.mapred.mode=nonstrict;

Hive> SELECT e.name,e-salary FROM employees e LIMIT 100;
Jie Jie 100000.0;
...
```

可以通过 SHOW PARTITIONS 命令查看表中存在的所有分区，其命令如下：

```
hive> SHOW PARTITIONS employees;
...
Country=CHN/state=SX
Country=CHN/state=SX
...
country=CHN/state=HN
country=CHN/state=QC
...
```

如果表中存在很多分区，而用户仅想查看是否存在某个特定分区键的分区，这时用户可在这个命令上增加一个指定了一个或者多个特定分区字段值的 PARTITION 子句，进行过滤查询，其命令如下：

```
Hive>SHOW PARTITIONS employees PARTITION(country = 'CHN');
country=CHN/state=SX
country=CHN/state=SX
Hive> SHOW PARTITIONS employees PARTITION(country ='CHN', state='SX');
Country = CHN/state=SX
```

DESCRIBE EXTENDED employees 命令也会显示出分区键：

```
Hive> DESCRIBE EXTENDED employees;
   >name STRING,
   >salary  FLOAT,
   >address STRUCT<...>,
   >country STRING,
   >state   STRING;
   >Detailed Table Information...
   >PartitionKeys:[FieldSchema(name:country,type:string,comment:null);
        FieldSchema(name:state, type:string, comment:null)];
...
```

输出信息中的模式信息部分会将 country 和 state 及其他字段绑定在一起，方便快速查询。如 Detailed Table Information（详细表信息）将 country 和 state 作为区键处理，这两个键当前的注释是 NULL，也可以像给普通的字段增加注释分区一样给分区字段增加注释。

在管理表中，用户可以通过载入数据的方式创建分区。载入数据到表中的时候，将会创建一个 CHN（表示中国）和 SX（表示陕西省）分区。用户需要为每个分区字段指定一个值，请注意 HOME 环境变量的引用方法。其命令如下：

```
LOAD DATA LOCAL INPATH '${env:HOME}/california-employees';
     INTO TABLE employees;
     PARTITION (country='CHN',state='SX');
```

Hive 将会创建这个分区对应的目录.../employees/country=CHN/state=SX，这时$HOME/califomia- employees 这个目录下的文件将会被复制到此分区目录下。

2. 外部分区表的创建

外部表同样可以使用分区。事实上，用户可能会发现，这是管理大型生产数据集最常见的情况。这种结合给用户提供了一个可以和其他工具共享数据的方式，同时也可以优化查询性能。因为用户可以自己定义目录结构，所以用户对于目录结构的使用具有更多的灵活性。

【例 7-14】日志文件分析。假设日志信息使用一个标准的格式，其中记录有时间戳、严重程度（例如 ERROR、WARTING、INFO）、服务器名称、进程 ID 和一个可以为任何内容的文本信息。

若在用户设定的环境中进行数据抽取、数据转换和数据装载及日志文件聚合，将每条日志信息转换为按照制表键分割的记录，并将时间戳解析成年、月和日 3 个字段，剩余的 hms 部分（时间戳剩余的小时、分钟和秒部分）作为一个字段。为了方便起见，有两种实现方式：一种是用户可以使用 Hive 内置的字符串解析函数来完成这个日志信息解析过程；另一种是可以使用较小的数值类型来保存时间戳相关的字段以节省空间。定义对应的 Hive 表为

```
CREATE EXTERNAL TABLE IF NOT EXISTS log_messages
      (
```

```
                    hms        INT,
                    severity     STRING,
                    server       STRING,
                    process_id   INT,
                    message      STRING
                );
        PARTITIONED BY (year INT, month INT, day INT);
        ROW FORMAT DELIMITED FIELDS TERMINATED BY '\t';
```

若将日志数据按照天进行划分，不仅划分数据的大小合适，而且按天的粒度进行查询速度也足够快。

【例 7-15】基于 log_messages 表，将 year、month 和 day 这 3 个分区键设置为定值，并新增一个 2018 年 6 月 9 日的分区。

```
ALTER TABLE log_messages ADD PARTITION (year = 2018, month = 6, day = 9)
LOCATION  'hdfs://master-server/data/log-messages/2018/06/09';
```

此例中，使用的目录组织习惯完全由用户定义。这里按照分层目录结构组织，因为这是一个合乎逻辑的数据组织方式。但是并非一定要这样做，也可以遵从 Hive 的目录命名习惯（例如，.../exchange=NASDAQ/symbol=IT）。

这种灵活性的优点类似于人们使用 Amazon S3 这样廉价的存储设备存储旧的数据，同时把较新的数据保存到 HDFS 中。如每天人们可以使用如下的处理过程将一个月前的旧数据转移到 S3 中。

1）将分区下的数据复制到 S3 中。用户可以使用 Hadoop distcp 命令：

```
Hadoop distcp /data/log_message/2018/12/02 s3n: //ourbucket/logs/2018/12/02
```

2）修改表，将分区路径指向 S3 路径，其命令如下：

```
ALTER TABLE log_messages PARTITION (year = 2018, month = 12, day = 2);
SET LOCATION 's3n://ourbucket/logs/2018/01/02';
```

3）使用 Hadoop fs -rmr 命令删除 HDFS 中的这个分区数据：

```
Hadoop fs -rmr /data/log_ messages/2018/01/02;
```

特别注意：

1）Hive 不关心一个分区对应的分区目录是否存在或者分区目录下是否有文件。如果分区目录不存在或分区目录下没有文件，则对于这个过滤分区的查询就没有返回结果。

这个功能所具有的另一个好处是，可以将新数据写入到一个专用的目录中，并与位于其他目录中的数据存在明显的区别。同时，不管用户是将旧数据转移到一个“存档”位置还是直接删除，新数据被篡改的风险都被降低了，原因是新数据的数据子集位于不同的目录下。

2）若视为非分区外部表，Hive 并不控制这些数据。即使表被删除，数据也不会被删除；若视为分区管理表，通过 SHOW PARTITIONS 命令可以查看一个外部表的分区，其例如下：

```
Hive> SHOW PARTITIONS log_messages;
...
year=2 Oil/month=12/day=31
year=2018/month=1/day=1
year=2018/month=1/day=2
...
```

同样地，DESCRIBE EXTENDED log_messages 语句会将分区键作为表的模式的一部分，和 PartitionKeys 列表的内容同时进行显示：

```
Hive> DESCRIBE EXTENDED log_messages;
...
  >message           STRING,
  >year              INT,
  >month             INT,
  >day               INT;

Detailed Table Information...
PartitionKeys:[FieldSchema(name:year, type:int, comment:null),
FieldSchema(name:month, type:int, comment:null),
FieldSchema(name:day, type:int, comment:null)],
...
```

此程序输出缺少了一个非常重要的信息，即分区数据实际存在的路径。这里有一个路径字段，但是该字段仅仅表示如果表是管理表，其会使用到的 Hive 默认的目录。不过，用户可以通过如下方式查看到分区数据所在的路径，其命令如下：

```
Hive> DESCRIBE EXTENDED log_messages PARTITION (year=2019, month=1, day=2;
...
   >Location:s3n: //ourbucket/logs/2019/01/02,
...
```

通过上述分析可知，人们通常会使用分区外部表，因为它具有非常多的优点，例如逻辑数据管理、高性能的查询等。

但是，ALTER TABLE...ADD PARTITION 语句并非只有对外部表才能够使用。对于管理表，当有分区数据不是通过 LOAD 和 INSERT 语句产生时，用户同样可以使用这个命令指定分区路径。用户需要记住并非所有的表数据都是放在通常的 Hive“warehouse”目录下的，同时当删除管理表时，这些数据不会连带被删除。

7.2.5　删除表

Hive 支持的删除表命令的操作类似于 SQL 中的 DROP TABLE 命令操作。

【例 7-16】删除 employees 表。

```
Drop Table IF EXISTS employees;
```

其中，IF EXISTS 关键字是可选项。如果不使用这个关键字，当表并不存在的时候，将会显示一个错误信息。

特别要注意的是，管理表被删除后，表的元数据信息和表内的数据都会被删除；外部表被删除后，表的元数据信息会被删除，但是表中的数据不会被删除。

7.2.6　修改表

大多数表的属性都是通过 ALTER TABLE 语句来进行修改的。ALTER TABLE 语句仅会修改元数据，表数据本身不会有任何修改，但需要用户确认所有的修改和真实的数据是否一致。

1. 表重命名

【例 7-17】将表 log_messages 重命名为 logmsgs。

```
ALTER TABLE log_messages RENAME TO logmsgs;
```

2. 增加、修改和删除表分区

【例 7-18】为已存在的表增加一个新的分区。

```
ALTER TABLE log_messages ADD IF NOT EXISTS;
PARTITION (year=2019,month=1,day=1) LOCATION '/logs/2019/01/01';
PARTITION (year=2018,month=1,day=2) LOCATION '/logs/2018/01/02';
PARTITION (year=2011,month=1,day=3) LOCATION '/logs/2011/01/03';
...
```

当使用 Hive v0.8.0 及其之后版本时，在同一个查询中可以同时增加多个分区。一如既往，IF NOT EXISTS 也是可选的，而且含义不变。

同时，用户还可以通过高效地移动位置来修改某个分区的路径，其命令如下：

```
ALTER TABLE log_messages PARTITION(year = 2019, month = 1, day = 2)
SET LOCATION 's3n://ourbucket/logs/2019/01/02';
```

这个命令不会将数据从旧的路径转移走，也不会删除旧的数据。

最后，用户可以通过如下命令删除某个分区：

```
    ALTER TABLE log_messages DROP IF EXISTS PARTITION (year = 2018,month =
8, day = 2);
```

按照常规，上面语句中的 IF EXISTS 子句是可选的。对于管理表，即使是使用 ALTER TABLE...ADD PARTITION 语句增加的分区，分区内的数据也是会同时和元数据信息一起被删除的；对于外部表，分区内数据不会被删除。

3. 修改列信息

用户可以对某个字段进行重命名，并修改其位置、类型或者注释。

【例 7-19】修改 log_messages 表列。

```
ALTER TABLE log_messages;
CHANGE COLUMN hms hours_minutes_seconds INT of the timestamp;
COMMENT 'The hours, minutes, and seconds part of the timestamp';
AFTER severity;
```

此语句表明，即使字段名或者字段类型没有改变，用户也需要完全指定旧的字段名，并给出新的字段名及新的字段类型。关键字 COLUMN 和 COMMENT 子句都是可选的。本例中，将字段转移到 severity 字段之后，如果用户想将字段移动到第一个位置，只需要使用 FIRST 关键字替代 AFTER 其他列子句即可。通常这个命令只会修改元数据信息。如果用户移动的是字段，那么数据也应当和新的模式匹配，或者通过其他方法修改数据使其与新模式匹配。

4. 增加列

用户可以在分区字段之前增加新的字段到已有的字段之后。

【例 7-20】增加 log_messages 表列字段。

```
ALTER TABLE log_messages ADD COLUMNS (
            app_name STRING COMMENT 'Application name',
            session_id LONG COMMENT 'The current session id');
```

COMMENT 子句和通常一样，是可选的。如果新增的字段中有一个或多个字段位置是错误的，那么需要使用 ALTER TABLE 表名 CHANGE COLUMN 语句逐一将字段调整到正确的位置。

5. 删除或替换列

【例 7-21】 删除 log_messages 表的字段。

```
ALTER TABLE log_messages REPLACE COLUMNS (
    hours_mins_secs INT COMMENT 'hour, minute, seconds from timestamp',
    severity STRING COMMENT 'The message severity',
    message STRING COMMENT 'The rest of the message');
```

本例中，不仅删除了 log_messages 表的字段，并且重新指定了新的字段。

REPLACE 语句只能用于使用如下两种内置 SerDe 模块的表：DynamicSerDe 或者 MetadataTypeColumnsetSerDe。SerDe 模块具有将记录分解成字段（反向序列化过程）和将字段写入存储中的（正向序列化过程）功能。

6. 修改表属性

【例 7-22】 增加 log_messages 表的属性。

```
ALTER TABLE log_messages SET TBLPROPERTIES (
    'notes' = 'The process id is no longer captured; this column is always NULL'
    );
```

本例中，用户可以增加附加的表属性或者修改已经存在的属性，但是无法删除属性。

7. 修改存储属性

【例 7-23】 修改 log_messages 存储属性。

```
ALTER TABLE log_messages PARTITION (year = 2012, month = 1, day = 1)
            SET FILEFORMAT SEQUENCEFILE;
```

本例是把一个分区的存储格式修改为 SEQUENCE FILE。

需要注意的是，如果表是分区表，那么需要使用 PARTITION 子句。用户可以指定一个新的 SerDe，并为其指定 SerDe 属性，或者修改已经存在的 SerDe 属性。

下面程序给出在 table_using_JSON_storage 表中，如何使用一个名为 com.exampleJSONSerDe 的 Java 类来处理记录使用 JSON 编码的文件，其命令如下：

```
ALTER TABLE table_using_JSON_storage
            SET SERDE 1 com.example.JSONSerDe1
            WITH SERDEPROPERTIES (
                'prop1' = 'value1',
                'prop2'= 'value2');
```

其中，①SERDEPROPERTIES 中的属性会被传递给 SerDe 模块（本例中，也就是 com.example.JSONSerDe 这个 Java 类）。需要注意的是，属性名（例如 prcpl）和属性值（例如 valuel）都应当是带引号的字符串。②SERDEPROPERTIES 功能是一种机制，它使 SerDe 的各种实现都允许用户进行自定义。

【例 7-24】 通过一个已存在的 SerDe 新增 SERDEPROPERTIES 属性。

```
ALTER TABLE table_using_JSON_storage
            SET SERDEPROPERTIES (
             'prop3' = 'value3',
             'prop4' = 'value4');
```

此例中允许修改“创建表”实例中的存储属性：

```
ALTER TABLE stocks
            CLUSTERED BY (exchange, symbol)
```

```
SORTED BY (symbol)
INTO 48 BUCKETS;
```

其中，SORTED BY 子句是可选的，但是 CLUSTER BY 和 INTO ... BUCKETS 子句是必选的。

7.3 HiveQL 数据操作

HiveQL 就是 Hive 查询语言。本节主要关注如何向表中装载数据以及如何从表中抽取数据到文件系统的数据操作。

7.3.1 向表中装载数据

依据 Hive 不具有行级别的数据插入、数据更新和数据删除的操作特点，向表中装载数据的唯一方法是使用一种“大量”的数据装载操作，或者通过其他方式仅将文件写入到正确的目录下。

【例 7-25】将数据装载到管理表中，并新增一个关键字 OVERWRITE，实现新增关键字内容的重显。

```
LOAD data LOCAL INPATH '${env:HOME}/california-employees'
     OVERWRITE INTO TABLE employees;
     PARTITION (country = 'CHN', state = 'SX');
```

本例中，用户需关注如下几个方面的问题：

1）如果分区目录不存在，此命令首先创建分区目录，然后再将数据复制到该目录下；如果目标表是非分区表，则语句中通过省略 PARTITION 子句即可实现。通常情况下指定的路径应该是一个目录，而不是单个独立的文件。Hive 会将所有文件都复制到这个目录中，使用户将更方便地组织数据到多文件中。同时，在不修改 Hive 脚本的前提下修改文件命名规则，将文件复制到目标表的路径下，并使文件名保持不变。

2）如果使用了 LOCAL 这个关键字，则这个路径应该为本地文件系统路径，数据将会被复制到目标位置。如果省略掉 LOCAL 关键字，则这个路径应该是分布式文件系统中的路径，这种情况下，数据是从这个路径转移到目标位置的。之所以会存在这种差异，是因为用户在分布式文件系统中可能并不需要重复多份数据文件复制。

3）鉴于文件是以上述的方式移动的，Hive 要求源文件、目标文件和目录应该在同一个文件系统中。但用户不能使用 LOAD DATA 语句，将数据从一个集群的 HDFS 中转移到另一个集群的 HDFS 中。

4）指定全路径会具有更好的鲁棒性，但也同样支持相对路径。当使用本地模式执行时，相对路径相对的是当 Hive CLI 启动时用户的工作目录。对于分布式或者伪分布式模式，这个路径解读为相对于分布式文件系统中用户的根目录，该目录在 HDFS 和 MapRFS 中默认为/user/$USER。

5）如果用户指定了 OVERWRITE 关键字，那么目标文件夹中之前存在的数据将会被先删除掉。如果没有这个关键字，仅仅会把新增的文件增加到目标文件夹中而不会删除之前的数据。然而，如果目标文件夹中已经存在文件和装载的文件同名时，那么旧的同名文件将会被覆盖重写。事实上，如果没有使用 OVERWRITE 关键字，而目标文件夹下已经存在同名文件时，会保留之前的文件并且会重命名新文件为“之前的文件名_序列号”。

6）如果目标表是分区表，那么需要使用 PARTITION 子句，而且用户还必须为每个分区的键指定一个值。按照前述的例子，数据将会被存放到如下这个文件夹中。

```
Hdfs://master_server/user/hive/warehouse/mydb.db/employees/country=CHN/state=SX
```

7）INPATH 子句中使用的文件路径是有限制的，即这个路径下不包含任何文件夹。

8）Hive 并不验证用户装载的数据和表的模式是否匹配。但 Hive 验证文件格式是否和表结构定义的一致。例如，如果表在创建时定义的存储格式是 SEQUENCEFILE，那么转载到的文件也应该是 SEQUENCEFILE 格式，即二者格式必须保持一致。

7.3.2 通过查询语句向表中插入数据

INSERT 语句允许用户通过查询语句向目标表中插入数据。

1. 静态分区插入

【例 7-26】基于【例 7-13】已创建的表 employees，若表 staged_employees 中已存储相关数据，并允许用户在表 staged_employees 中使用不同的名字来表示国家（country）和省（state）时，设计通过查询语句向表中插入数据程序。

```
INSERT OVERWRITE TABLE employees
      PARTITION (country = 'CHN', state = 'SX');
      SELECT * FROM staged_employees se;
      WHERE se.country = 'CHN' AND se.state == 'SX';
```

本例中使用了 OVERWRITE 关键字，因此之前分区中的内容（如果是非分区表，就是之前表中的内容）将会被覆盖掉。如果不使用 OVERWRITE 关键字或使用 INTO 关键字替换 OVERWRITE 关键字，那么 Hive 将以追加的方式写入数据，不会覆盖已经存在的数据。

若 staged_employees 文件非常大，这时用户需要对 34 个省级行政区域都执行这些语句，就意味着需要扫描 staged_employees 表 34 次。为此，Hive 提供了另一种 INSERT 语法，可以只扫描一次输入数据，然后按照多种方式进行划分。

【例 7-27】为两个省级行政区域创建表 employees 的分区。

```
FROM staged_employees se;
  INSERT OVERWRITE TABLE employees;
  PARTITION (country = 'CHN',state = 'BJ');
  RVSELECT * WHERE se.country = 'CHN' AND se.state = 'BJ';
  INSERT OVERWRITE TABLE employees;
  PARTITION (country = 'CHN', state = 'SX');
  RVSELECT * WHERE se.country = 'CHN' AND se.state = 'SX';
  INSERT OVERWRITE TABLE employees;
  PARTITION (country = 'CHN', state = 'BJ');
  RVSELECT * WHERE se.country = 'CHN' AND se.state = 'WH';
```

本例中使用的结构，使源表中的某些数据写入到目标表的多个分区中。如果某条记录是满足某个 SELECT...WHERE...语句的话，那么这条记录就会被写入到指定的表和分区中。简单地说，每个 INSERT 子句只要有需要，都可以插入到不同的表中，而目标表可以是分区表，也可以是非分区表。

2. 动态分区插入

为解决例 7-26 和例 7-27 语法中存在的需要创建很多分区时，用户就需要写臃肿的 SQL 语句的问题，Hive 提供了一个动态分区功能，并可基于查询参数推断出需要创建的分区名称。

【例 7-28】通过动态分区插入方式，简化例 7-26 和例 7-27 的查询子句。

```
INSERT OVERWRITE TABLE employees;
      PARTITION (country, state);
      SELECT ..., se.country, se.state
      FROM staged_employees se;
```

本例中，Hive 根据 SELECT 语句中最后两列来确定分区字段 country 和 state 的值。在表 staged_employees 中使用了不同的命名，旨在强调源表字段值和输出分区值之间的关系是根据位置匹配的，而不是根据命名的匹配查询的。

3. 静态和动态分区混合使用

假设表 staged_employees 中共包含中国的 34 个省级行政区域，当执行例 7-28 的查询后，表 employees 就产生了 34 个分区。为此，用户可以混合使用动态和静态分区。

【例 7-29】设 country 字段的值为静态值'CHN'，而分区字段 state 是动态值，将表 employees 采用混合分区的方法实现分区。

```
INSERT OVERWRITE TABLE employees;
      PARTITION (country = 'CHN', state);
      FROM staged_employees se
      WHERE se.country = 'CHN';
```

需特别注意的是，静态分区键必须出现在动态分区键之前，动态分区功能默认值表明此功能未开启。当动态分区功能开启后，其默认是以“严格”模式执行的，在这种模式下要求至少有一列分区字段是静态的，这有助于阻止因设计错误导致查询产生大量的分区。例如，用户可能错误地使用时间戳作为分区字段，然后导致每秒都对应一个分区。而用户也许是期望按照天或者按照小时进行划分；还有一些其他相关属性值用于限制资源利用。动态分区属性如表 7-3 所示。

表 7-3　动态分区属性

属性名称	默认值	描述
Hive.exec.dynamic.partition	false	设置成 true，表示开启分区功能
Hive.exec.dynamic.partition.mode	strict	设置 nonstrict，表示允许所有分区都是动态的
Hive.exec.max.dynamic.partitions.pernode	100	每个 Mapper 或 Reducer 可以创建的最大动态分区个数。如果某个 Mapper 或 Reducer 尝试创建大于这个值的分区时，则会出现一个致命错误信息
Hive.exec.max.dynamic.partitions	+1000	一个动态分区创建语句能够创建最大动态分区个数。如果超过这个值，则会显示一个致命错误信息
Hive.exec.max.created.files	100000	全局创建的最大文件个数。此时 Hadoop 计数器跟踪记录创建了多少个文件，如果超过这个值，则会显示一个致命错误信息

7.3.3　单个查询语句中创建表并加载数据

【例 7-30】用户在一个语句中完成创建表并将查询结果载入这个表的操作。

```
CREATE TABLE ca_employees
       AS SELECT name, salary, address
       FROM employees
       WHERE se.state = 'SX';
```

特别需要注意的是：

1）这张表只含有 employees 表中来自陕西省的职工 name、salary 和 address 这 3 个字段的信息。新表的模式是根据 SELECT 语句来生成的。

2）使用这个功能的常见情况是从多字段表中选取部分字段建立数据集。但这个功能不能用于外部表的操作中。

7.3.4　导出数据

如何从表中导出数据是用户关注的问题之一。如果数据文件恰好是用户需要的格式，那么只需要简单地复制文件夹或者文件即可。

```
Hadoop fs -cp source_path target_path
```

否则，用户可以使用 INSERT…DIRECTORY...命令：

```
INSERT OVERWRITE LOCAL DIRECTORY '/tmp/sx_employees'
     SELECT name, salary, address
     FROM employees
     WHERE se.state = 'SX';
```

其中，需要注意的是：

1）关键字 OVERWRITE、LOCAL 和前述例题的说明是一致的；路径格式与通常规则一致。其结果是把一个或者多个文件写入/tmp/sx_employees，具体文件个数取决于调用的 Reducer 个数。

2）此例中指定的路径为全 URL 路径（如 hdfs://master-server/tmp/sx_employees）。

3）不管在源表中的数据实际如何存储，Hive 会将所有的字段序列化成字符串后写入文件中。

4）Hive 使用与 Hive 内部存储表相同的编码方式生成输出文件。

5）用户通过 Hive CLI 查看结果文件内容。其命令如下：

```
Hive> ! Is /tmp/sx_employees;
000000_0
Hive> ! cat /tmp/payroll/000000_0
  >Jie Jie 100000.0201;
  >Mei Mei 80000.01;
```

其中，该文件名是 000000_0。如果有两个或者多个 Reducer 来写输出，则用户能够看到其他相似命名的文件（例如，000001_1）。

本例的 000000_0 输出文件中，其内容的字段间没有分隔符，不便于阅读。用户可以通过如下方式指定多个输出文件夹目录。其命令如下：

```
FROM staged_employees se;
    INSERT OVERWRITE DIRECTORY '/tmp/bj_employees';
    SELECT * WHERE se.country = 'CHN' and se.state = 'BJ';
    INSERT OVERWRITE DIRECTORY '/tmp/sx—employees';
    SELECT *WHERE se.country = 'CHN' and se.state = 'SX';
    INSERT OVERWRITE DIRECTORY '/tmp/wh_employees';
    SELECT *WHERE se.country = 'CHN' and se.state = 'WH';
```

这里特别指出，表的字段分隔符是必须要写的。例如，若其使用的是默认的 AA 分隔符，当用户经常导出数据时，则使用逗号或制表键作为分隔符，使用户能够清晰地浏览数据表结构。

当然也可以采用定义一个“临时”表方式实现上述功能。首先将这个表的存储方式设置成用户期望的输出格式（例如，使用制表键作为字段分隔符）；然后从这个临时表中查询数据；最后使用 INSERT OVERWTITE DIRECTORY 命令将查询结果写入到这个表中。

但需要注意，Hive 与其他关系型数据库不同的是没有临时表，用户需要通过手动方式删除任何已创建但不需要长期保留的表。

7.4 HiveQL 查询

一般具有 SQL 使用经验的用户会主要关注 SQL 与 HiveQL 有何差异，即语法和特性的差异，以及性能的影响等。

7.4.1 SELECT 语句

SELECT 是 SQL 中的射影算子。FROM 子句标识了从哪个表、视图或嵌套查询中选择记录，SELECT 指定了要显示的字段。

【例 7-31】建立分区 employees 表。

```
CREATE TABLE employees(
  name          STRING,
  salary        FLOAT,
  subordinates ARRAY<STRING>,
  deductions    MAP<STRING, FLOAT>,
  Address       STRUCT<street:STRING, city:STRING, state:STRING, zip:INT>
  );
  PARTITIONED BY (country STRING, state STRING);
```

若在陕西省（缩写为 SX）中有 4 名职工，HiveQL 可通过 SELECT 语句对这个表进行查询并输出内容（注：4 名职工的工资为假设值），其命令如下：

```
Hive >SELECT name,salary FROM employees;
Jie Jie         100000.0
Mei Mei         80000.0
Tu Dou          70000.0
Bei Bei         60000.0
```

SQL 与 HiveQL 差异主要表现在以下几个方面。

1）表的别名引用差异。下面给出的两个查询语句是等价的。第 2 个命令中使用了一个表的别名 e，在这个查询中表的别名 e 没有意义，但如果查询中含有链接操作时，当涉及多个不同表的查询时，表的别名 e 是很有用的。其命令如下：

```
Hive> SELECT name, salary FROM employees;
Hive > SELECT e.name, e.salary FROM employees e;
```

2）当用户选择的列是集合数据类型时，Hive 通过 JSON（Java 脚本对象表示法）语句实现输出中的差异。主要实现过程如下：

① 选择 subordinates 列。该列为一个数组，其值使用一个被括在 [...]内的以逗号分隔的列表进行表示。注意，集合的字符串元素需加双引号，而基本数据类型 STRING 的列值是不加双引号的。

```
Hive > SELECT name, subordinates FROM employees;
Jie Jie ["Mei Mei", "Tu Dou "]
Mei Mei ["Bei Bei"]
Tu Dou []
Bei Bei []
```

② 选择 deductions 列。该列为一个 map 类型值，其使用 JSON 格式来表达 map，即使

用一个被括在{...}内的以逗号分隔的键-值对列表进行表示（注：其中"National tax"、" Local tax"和"Insurance"为假设值），其命令如下：

```
Hive >SELECT name, deductions FROM employees;
Jie Jie {"National tax":0.2," Local tax":0.05, "Insurance":0.1}
Mei Mei {" National tax":0.2, "Local tax":0.05,"Insurance":0.1}
Tu Dou {" National tax" :0.15, "Local tax":0.03, "Insurance" :0.1}
Bei Bei {" National tax" :0.15, "Local tax":0.03,"Insurance" :0.1}
```

③ 选择 address 列。该列为一个 STRUCT 类型值，数据格式采用 JSON map 格式表示。

```
Hive>SELECT name, address FROM employees;
Jie Jie{"street":"1 BEILIN Ave.","city":"XIAN","state": "SX","zip":
710600}
Mei Mei{"street":"100 YANTA St.","city":"XIAN","state":"SX","zip":
710601}
Tu Dou{"street":"200 LIANHU Ave."city":"XIAN","state":SX","zip":
710700}
Bei Bei{"street":"300 CHANGAN Dr.","city":"XIAN","state":"SX","zip":
710100}
```

综上所述，引用集合数据类型中的元素主要包括如下 3 个步骤。

首先，数组索引是基于 0 情况的。这种情况的处理与 Java 相同。例如，若选择 subordinates 数组中的第 1 个元素时，其命令如下：

```
Hive > SELECT name,subordinates[0] FROM employees;
Jie Jie Mei Mei
Mei Mei Bei Bei
Tu Dou NULL
Bei Bei NULL
```

这里需要注意的是，引用一个不存在的元素将会返回 NULL。同时，提取出的 STRING 数据类型的值将不再加引号。

然后，为了引用一个 map 元素，用户还可以使用 ARRAY[...]语法，但使用的是键-值而不是整数索引，其命令如下：

```
Hive > SELECT name, deductions["Local tax"] FROM employees;
Jie Jie 0.05
Mei Mei 0.05
Tu Dou 0.03
Bei Bei 0.03
```

最后，为了引用 STRUCT 中的一个元素，用户可以使用“点”符号，类似于前面提到的“表的别名. 列名”的用法，其命令如下：

```
Hive > SELECT name, address.city FROM employees;
Jie Jie BEILIN
Mei Mei YANTA
Tu Dou LIANHU
Bei Bei CHANGAN
```

3）使用正则表达式来指定列差异。用户甚至可以使用正则表达式选择想要的列。下面的查询将会从表 stocks 中选择 symbol 列和所有列名以 price 作为前缀的列，其命令如下：

```
Hive > SELECT symbol, 'price.*'、 FROM stocks;
IT 195.69 197.88 194.0 194.12 194.12
IT 192.63 196.0 190.85 195.46 195.46
IT 196.73 198.37 191.57 192.05 192.05
IT 195.17 200.2 194.42 199.23 199.23
```

```
IT 195.91 196.32 193.38 195.86 195.86
...
```

4）使用列值进行计算差异。用户不但可以选择表中的列，还可以使用函数调用和算术表达式来操作列值。例如，用户可以查询得到转换为大写的职工姓名、职工对应的薪水、需要缴纳的国税税收比例以及扣除税收后再进行取整所得的税后薪资。甚至可以通过调用内置函数 map_values 提取出 deductions 字段 map 类型值的所有元素，然后使用内置的 sum 函数对 map 类型值的所有元素进行求和运算。

鉴于这个查询程序过于臃肿，仅将它划分成两行显示。注意如下程序中第 2 行所使用的提示符，是一个缩进了的大于符号（>），其命令描述如下：

```
Hive > SELECT upper(name), salary, deductions["Local tax"],
    > round(salary * (1 - deductions["Local tax"])) FROM employees;
Jie Jie 100000.0 0.2 80000
Mei Mei 80000.0 0.2 64000
Tu Dou 70000.0 0.15 59500
Bei Bei 60000.0 0.15 51000
```

7.4.2 WHERE 语句

SELECT 语句用于选取字段，WHERE 语句用于过滤条件，两者结合使用可以查找到符合过滤条件的记录。

WHERE 语句使用谓词表达式 AND 和 OR 相连接。当谓词表达式计算结果为 true 时，相应的行保留并输出。

【例 7-32】通过 employees 表查询中国陕西省。

```
SELECT * FROM employees
     WHERE country = 'CHN' AND state = 'SX';
```

谓词可以引用与 SELECT 语句中相同列值的计算。例如欲查询修改之前的关于国税税收的情况，则 HiveQL 过滤执行结果为雇员工资减去国税后总额大于 70 000 的查询结果，其命令如下：

```
Hive > SELECT name, salary, deductions["Local tax"],
     >salary *(1 - deductions["Local tax"])
     >FROM employees
     >WHERE round (salary * (1 - deductions ["Local tax"])) > 70000;
Jie Jie 100000.0 0.2 80000.0
```

由于第 2 行复杂的表达式和 WHERE 后面的表达式是相同的，为简化上述查询语句，可通过使用一个列的别名消除表达式重复的问题，但是这样会出错。其命令如下：

```
Hive > SELECT name, salary, deductions ["Local tax"],
>salary * (1 - deductions ["Local tax"]) as salary_minus_loc_tax
>FROM employees
>WHERE round(salary_minus_loc_tax) > 70000;
FAILED: Error in semantic analysis: Line 4:13 Invalid table alias or
column reference 'salary_minus_fed_National tax ':(possible column names are:
name, salary, subordinates, deductions, address)
```

正如错误信息所提示的，不能在 WHERE 语句中使用列别名。不过，可以使用一个嵌套的 SELECT 语句，其命令如下：

```
Hive >SELECT e.* FROM
>(SELECT name, salary, deductions["Local tax"] as ded,
>salary * (1 - deductions ["Local tax"]) as salary_minus_loc_tax
```

```
>FROM employees) e
>WHERE round(e.salary_minus_loc_tax)> 70000;
 Jie Jie            100000.0        0.2     80000.0
```

7.4.3 GROUP BY 子句和 HAVING 子句

1. GROUP BY 子句

GROUP BY 子句通常和聚合函数一起使用，按照一个或者多个列实现对结果的分组，然后对每个组执行聚合操作。

【例 7-33】 基于例 7-12 的股价交易表 stocks，首先按照 IT 公司股票（股票代码 IT）的年份查询股票记录的分组情况；然后计算每年的平均收盘价。

其命令如下：

```
Hive > SELECT year(ymd), avg(price_close) FROM stocks
>WHERE exchange = 'NASDAQ' AND symbol = 'IT'
>GROUP BY year(ymd);
1984    25.578625440597534
1985    20.193676221040867
1986    32.46102808021274
1987    53.88968399108163
1988    41.540079275138766
1989    41.65976212516664
1990    37.56268799823263
1991    52.49553383386182
1992    54.80338610251119
1993    41.02671956450572
1994    34.0813495847914
...
```

2. HAVING 子句

HAVING 子句允许用户通过一个简单的语法完成原本需要通过子查询才能对 GROUP By 语句产生的分组进行条件过滤的任务。

【例 7-34】 基于例 7-33 的查询语句，通过 HAVING 语句限制输出结果中年平均收盘价要大于$50.0 情况。

```
Hive > SELECT year(ymd), avg(price_close) FROM stocks
>WHERE exchange = 'NASDAQ' AND symbol = 'IT'
>GROUP BY year(ymd)
> HAVING avg(price_close) > 50.0;
1987    53.88968399108163
1991    52.49553383386182
1992    54.80338610251119
1999    57.77071460844979
2000    71.74892876261757
2005    52.401745992993554
...
```

如果没使用 HAVING 子句，那么这个查询将需要使用一个嵌套 SELECT 子查询，其命令如下：

```
Hive >SELECT s2.year, s2.avg  FROM
>(SELECT year(ymd) AS year, avg(price_close) AS avg FROM stocks
```

```
>WHERE exchange = 'NASDAQ' AND symbol = 'IT'
>GROUP BY year(ymd)) s2
>WHERE s2.avg > 50.0;
1987    53.88968399108163
...
```

7.4.4 JOIN 语句

Hive 支持 SQL JOIN 语句，但仅支持等值连接。

1. 内连接

在内连接（INNER JOIN）中，进行连接的表中与连接标准相匹配的数据才会被保留下来。

【例 7-35】通过查询，对 IT 公司的股价（股票代码 IT）和 KJ 公司的股价（股票代码 KJ）进行比较。其中股票交易表 stocks 进行自连接，连接条件是 ymd 字段（也就是 year_month_day）内容必须相等，也称 ymd 字段是这个查询语句中的连接关键字。

```
Hive > SELECT a.ymd, a.price_close, b.price_close
>FROM stocks a JOIN stocks b ON a.ymd~= b.ymd
>WHERE a.symbol = 'IT' AND b.symbol = 'KJ';
2010-01-04  214.01 132.45
2010-01-05  214.38 130.85
2010-01-05  210.97130.0
2010-01-05  210.58 129.55
2010-01-05  211.98130.85
2010-01-05  210.11 129.48
...
```

其中，ON 子句指定了两个表间数据进行连接的条件。WHERE 子句限制了左边表是 IT 的记录，右边表是 KJ 的记录。同时，用户可以看到这个查询中需要为两个表分别指定表别名。

查询结果表明，KJ 公司比 IT 公司具有更久的股票交易记录。不过，既然这是一个内连接（INNER JOIN），KJ 的 1984 年 9 月 7 日前的记录就会被过滤掉，也就是从 IT 公司股票交易日的第一天算起。

特别需要注意的是：

1）标准 SQL 是支持对连接关键词进行非等值连接的，下面的例子显示 IT 公司和 KJ 公司对比数据，连接条件是 IT 公司的股票交易日期要比 KJ 公司的股票交易日期早，但是仅返回很少的数据。其命令如下：

```
SELECT a.ymd, a.price_close, b.price_close
FROM stocks a JOIN stocks b
ON a.ymd <= b.ymd
WHERE a.symbol = 'IT' AND b.symbol = 'KJ';
```

上例的语句在 Hive 中是非法的，原因是通过 MapReduce 很难实现这种类型的连接。同时，Hive 目前还不支持在 ON 子句中，谓词间使用 OR。

2）非自连接操作如下例所示。其中，dividends 表的数据同样来自于 infochimps.org。

```
CREATE EXTERNAL TABLE IF NOT EXISTS dividends(
    ymd         STRING,
    dividend    FLOAT
```

```
)
PARTITIONED BY (exchange STRING, symbol STRING)
ROW FORMAT DELIMITED FIELDS TERMINATED BY ' / ';
```

另外，IT 公司的 stocks 表和 dividends 表是按照字段 ymd、字段 symbol 作为等值连接键的内连接（INNER JOIN），其命令如下：

```
Hive > SELECT s.ymd, s.symbol, s.price_close, d.dividend
    >FROM stocks s JOIN dividends d ON s. ymd = d. ymd AND s.symbol = d. symbol
    >WHERE s.symbol = 'IT';
1987-05-11  IT  77.0    0.015
1987-08-10  IT  48.25   0.015
1987-11-17  IT  35.0    0.02

...
1995-02-13  IT  43.75   0.03
1995-05-26  IT  42.69   0.03
1995-08-16  IT  44.5    0.03
1995-11-21  IT  38.63   0.03
```

3）基于多张表的连接操作。

【例 7-36】通过查询，对 IT 公司、KJ 公司和 GE 公司报表进行比较。

```
Hive > SELECT a.ymd, a.price_closer b.price_close. , c.price_close
>FROM stocks a JOIN stocks b ON a.ymd = b.ymd
> JOIN stocks c ON a.ymd = c.ymd
> WHERE a.symbol = 'IT' AND b. symbol = 'KJ' AND c. symbol ='GE';
2010-01-04  214.01      132.45      15.45
2010-01-05  214.38      130.85      15.53
2010-01-06  210.97      130.0       15.45
2010-01-07  210.58      129.55      16.25
2010-01-08  211.98      130.85      16.6
2010-01-09  210.11      129.48      16.76
...
```

大多数情况下，Hive 能够为每对 JOIN 连接对象启动一个 MapReduce 任务。在本例执行过程是，首先启动一个 MapReduce job 对表 a 和表 b 进行连接操作；然后再启动一个 MapReduce job 将第一个 MapReduce job 的输出和表 c 进行连接操作。

2. JOIN 优化

在前面的例子中，每个 ON 子句中都使用 a.ymd 作为其中一个 JOIN 连接键。在这种情况下，Hive 通过一个优化可以在同一个 MapReduce job 中连接 3 张表。同样，如果在 ON 子句中使用 b.ymd，也能使应用达到优化的目的。

假定查询中的最后一个表是最大的表，当 Hive 在对每行记录进行连接操作时，它会将其他表缓存起来，然后扫描最后的表并进行计算。由此可见，用户需要保证连续查询的表的大小从左到右是依次递增的。

特别需要注意的是，若对表 stocks 和表 dividends 进行连接操作，这时会发生将最小的表 dividends 放在最后面的错误，其命令如下：

```
SELECT s.ymd, s.symbol, s.price_close, d.dividend
FROM stocks s JOIN dividends d ON s.ymd = d.ymd AND s. symbol = d. symbol
WHERE s.symbol ='IT';
```

解决的方法是，应该交换下表 stocks 和表 dividends 的位置，其命令如下：

```
SELECT s.ymd, s.symbol, s.price_close, d.dividend
FROM dividends d JOIN stocks s ON s.ymd = d.ymd AND s.symbol = d.symbol
WHERE s|.symbol = 'IT';
```

实际上，用户并非总是要将最大的表放置在查询语句的最后面。这是因为 Hive 还提供了一个“标记”机制来显式地告之查询优化器哪张表是最大表，其命令如下：

```
SELECT /*+STREAMTABLE (s) */s.ymd, s.symbol > s.price_close, d.dividend
FROM stocks s JOI.N dividends d ON s.ymd = d.ymd AND s.symbol = d.symbol
WHERE s.symbol = 'IT';
```

3. *左外连接*

Hive 中，左外连接（LEFT OUTER JOIN）通过关键字 LEFT OUTER 进行标识，其命令如下：

```
Hive > SELECT s.ymd,s.symbol, s.price_close,d.dividend
   >FROM stocks s LEFT OUTER JOIN dividends d
   >ON s.ymd = d.ymd AND s.symbol=d.symbol
   >WHERE s.symbol = 'IT' ;
...
1987-05-01  IT  80.0    NULL
1987-05-04  IT  79.75   NULL
1987-05-05  IT  80.25   NULL
1987-05-06  IT  80.0    NULL
1987-05-07  IT  80.25   NULL
1987-05-08  IT  79.0    NULL
1987-05-11  IT  77.0    NULL
1987-05-12  IT  75.5    NULL
1987-05-13  IT  78.5    NULL
1987-05-14  IT  79.25   NULL
1987-05-15  IT  78.25   NULL
1987-05-18  IT  75.75   NULL
1987-05-19  IT  73.25   NULL
1987-05-20  IT  74.5    NULL
...
```

在这种 JOIN 连接操作中，返回 JOIN 操作符左边表中符合 WHERE 子句的所有记录。若 JOIN 操作符右边表中没有符合 ON 后面连接条件的记录时，则从右边表指定选择列值是 NULL。

因此，这个结果集是返回了 IT 公司的股票全部记录，其中 d.dividend 字段的值通常是 NULL，除非当天有支付股息的那条记录。

4. *外连接*

外连接（OUTER JOIN）主要用来解决上例中在 WHERE 子句中提升分区过滤器的查询速度问题，其方法是对两张表的 exchange 字段增加谓词限定。其命令如下：

```
Hive > SELECT s.ymd, s.symbol, s.price_close, d.dividend
   >FROM stocks s LEFT OUTER JOIN dividends d
   >ON s. ymd = d. ymd ANDs.symbol=d.symbol
   >WHERE s.symbol = 'IT'
   >AND s.exchange = 'NASDWQ' AND d.exchange = 'NASDAQ';
```

```
1987-05-11  IT  77.0    0.015
1987-08-10  IT  48.25   0.015
1987-11-17  IT  35.0    0.02
1987-02-12  IT  41.0    0.02
1987-05-16  IT  41.25   0.02
...
```

不过，这时发现输出结果有所变化，虽然是增加了一个优化，但用户重新获得每年 4 条左右的股票交易记录，而且发现每年对应的股息值都是非 NULL 的。

在大多数 SQL 实现中，这种现象是比较常见的。之所以会发生这种情况，主要是因为首先执行了 JOIN 语句，然后再将结果通过 WHERE 语句进行过滤。在到达 WHERE 语句时，d.exchange 字段中大多数值为 NULL，因此这个“优化”实际上过滤掉了那些非股息支付日的所有记录。

上述问题解决有两种方法。

1）在 WHERE 语句中不设 dividends 表的过滤条件，即不设 d.exchange= 'NASDAQ'这个限制条件。其命令如下：

```
Hive > SELECT s.ymd, s.symbol, s.price_close, d,dividend
  >FROM stocks s LEFT OUTER JOIN dividends d ON s.ymd = d. ymd
  >AND s.symbol=d.symbol
  >WHERE s.symbol = IT' AND s.exchange = 'NASDAQ';
```

2）将 WHERE 语句中的内容放置到 ON 语句内，但对于外连接（OUTER JOIN）此方法是失效的。其命令如下：

```
Hive > SELECT s.ymd, s.symbol, s.price_close, d.dividend
  >FROM stocks s LEFT OUTER JOIN dividends d
  >ON s.ymd = d.ymd AND s.symbol = d.symbol
  >AND s.symbol = 'IT' AND s.exchange = 'NASDAQ' AND
  >d.exchange ='NASDAQ';
...
```

7.4.5　类型转换

用 CASE 关键字可以进行类型转换，转换的语法是 CAST(value as type)，其命令如下：

```
Hive > SELECT name,salary from employees
>WHERE CASE (salary as float)<100000.0;
```

7.4.6　UNION ALL 语句

UNION ALL 语句可以将两个或多个表进行合并。每一个 UNION 子查询都必须具有相同的列，而且对应的每个字段的字段类型必须是一致的。

【例 7-37】如果第 2 个字段为 FLOAT 类型，则所有其他子查询的第 2 个字段必须都是 FLOAT 类型。将日志数据进行 UNION ALL 操作。

```
Hive > SELECT log.ymd,log.level,log.message
  >FROM (
  > SELECT 11.ymd,11.level,
  >11.message,'log1' AS source
  >FROM log1 11
  >UNION ALL
  > SELECT 12.ymd,12.level,
  > 12.message,'log2' AS source
```

```
>FROM log1 12
>) log
>SORT BY log.ymd ASC;
```

7.5 Hive 编程实践

7.5.1 编程实现通过日期计算星座的函数

【例 7-38】假设有一张表，表中的一个字段存储的是每个用户的生日。通过此信息，设计能够计算出每个人所属的星座的 UDF 函数。

其实现过程可以通过如下两步完成。

1）设存在一组样本数据集（如下例）并将其放到用户根目录下的名为 littlebigdata.txt 的文件中。

```
edward capriolo,edward@media6degrees.com,2-12-1981,209.191.139.200,M,10
bob,bob@test.net,10-10-2004,10.10.10.1,M,50
sara connor,sara@sky.net,4-5-1974,64.64.5.1,F,2
```

将样本数据载入到名为 littlebigdata 的表中，其命令如下：

```
Hive > CREATE TABLE IF NOT EXISTS littlebigdata(
   > name STRING,
   > email STRING,
   > bday STRING,
   > ip STRING,
   > gender STRING,
   > anum INT)
   > ROW FORMAT'DELIMITED FIELDS TERMINATED BY ',';
 Hive > LOAD DATA LOCAL INPATH '${env:HOME}/littlebigdata.txt'
      > INTO TABLE littlebigdata;
```

函数的输入将是一个日期，而函数的输出将是表示该用户星座的字符串。

2）用户通过 Java 实现 UDF。

```
Package org.apache.hadoop.hive.contrib.udf.example;

Import java.util.Date;
Import java.text.SimpleDateFormat;
Import org.apache.hadoop.hive.ql.exec.UDF;

@Descrition(name = "zodiac",
    Value = "_FUNC_(date) - from the input date string "+
            "or separate month and day arguments,returns the sign of the
Zodiac.",

    Extended = "Example:\n"
            + " > SELECT _FUNC_(date_string) FROM src;\n"
            + " > SELECT _FUNC_(month,day) FROM src;")

Public class UDFZodiacSign extends UDF{
    Private  SimpleDateFormat df;

    Public UDFZodiacSign(){
        df = new SimpleDateFormat("MM-dd-yyyy");
```

```
    }

    Public String evaluate(Date bday){
        Return this.evaluate(bday.getMonth(),bday.getDay());
    }

    Public String evaluate(String bday){
        Date date =NULL;
        Try{
            date = df.parse(bday);
        }catch(Exception ex){
            Return NULL;
        }
        Return this.evaluate(date.getMonth()+1,date.getDay())
    }
    Public String evaluate (Integer month,Integer day){
        If(month == 1){
            If (day < 20){
                Return "Capricorn";
            } Else{
                Return "Aquarius";
            }
        }
        If(month ==2){
            If(day < 19){
                Return "Aquarius";
            }Else{
                Return "Pisces";
            }
        }
        /*...other months here*/
        Return NULL;
    }
}
```

在 UDF 设计中，要注意以下问题：

1）需要继承 UDF 类并实现 evaluate()函数。在查询执行过程中，每当应用到这个函数时都会进行类的实例化，即每行输入都会调用 evaluate()函数。而 evaluate()处理后的值会返回给 Hive。同时，用户可以重载 evaluate 方法，Hive 会像 Java 的方法重载一样，自动选择匹配的方法。代码中@ Description(...)表示的是 Java 总的注解，是可选的。注解中注明了关于这个函数的文档说明，用户需要通过这个注解来阐明自定义的 UDF 的使用方法和例子。这样当用户通过 DESCRIBE FUNCTION ...命令查看该函数时，注解中的_FUNC_字符串将会被替换为用户为这个函数定义的“临时”函数名称。

2）如果欲在 Hive 中使用 UDF，首先需将 Java 代码编译；然后将编译后的 UDF 二进制类文件打包成 JAR 文件；最后通过 Hive 会话将 JAR 文件加入到该类的路径下，通过 CREATE FUNCTION 语句定义 Java 类的函数实现。

```
Hive >ADD JAR/full/path/to/zodiac.jar;
Hive >CREATE TEMPORARY FUNCTION zodiac
     > AS 'org.apache.hadoop.hive.contrib.udf.example.UDFZodiacSign';
```

需要注意的是：

1）JAR 文件路径不需要引号''，当前路径是文件系统的全路径。由此可见，Hive 已将 JAR 文件加入到 classpath 下，同时也加入到分布式缓存中，使整个集群的机器能够获得 JAR 文件。

2）在星座 UDF 函数的使用中，需要注意 CREATE FUNCTION 语句中的 TEMPORARY 关键字。当前会话中声明的函数只会在当前会话中有效，因此用户需要在每个会话中都增加 JAR，然后创建函数。不过，如果用户需要频繁地使用同一个 JAR 文件和函数时，则将相关语句增加到文件中即可。

```
        Hive > DESCRIBE FUNCTION zodiac;
        zodiac(date) - from the input date string or separate month and day
arguments, returns the sign of the Zodiac.

        Hive > DESCRIBE FUNCTION EXTENDED zodiac;
        zodiac(date) - from the input date string or separate month and day
arguments, returns the sign of the Zodiac.
             > SELECT zodiac(date, string) FROM src;
             > SELECT zodiac(month, day) FROM src;

        Hive > SELECT name, bday, zodiac(bday) FROM littlebigdata;
        edward capriolo 2-12-1981 Aquarius
        bob 10-10-2004 Libra
        sara connor 4-5-1974 Aries
```

3）当用户使用完自定义 UDF 后，可以通过如下命令删除此函数：

```
        Hive > DROP TEMPORARY FUNCTION IF EXISTS zodiac;
```

其中，IF EXISTS 是可选的。如果增加此关键字，则即使函数不存在，也不会报错。

7.5.2 编写自定义函数 nvl()

在例 7-38 中，计算星座的 UDF 继承的是 UDF 类。Hive 还提供了一个对应的称为 GenericUDF 的类。GenericUDF 是更为复杂的抽象概念，但能够更好地支持 NULL 值处理，同时还能够处理一些标准的 UDF 无法支持的编程操作。

【例 7-39】设 GenericUDF 是 Hive 中的 CASE...WHEN 语句，根据语句中输入的参数而产生复杂的处理逻辑。即通过继承 GenericUDF 类来设计一个 UDF，称之为 nvl()。这个函数输入的值如果是 NULL，则返回一个默认值。函数 rwl()要求有两个参数：如果第 1 个参数是非 NULL 值，就返回这个值；如果第 1 个参数是 NULL，将返回第 2 个参数的值。

一般通过七步完成：

1）以普通 Import 语句列表。

```
Package org.apache.hadoop.hive.ql.udf.generic;
Import org.apache.hadoop.hive.ql.exec.Description;
Import org.apache.hadoop.hive.ql.exec.UDFArgumentException;
Import org.apache.hadoop.hive.ql.exec.UDFArgumentLengthException;
Import org.apache.hadoop.hive.ql.exec.UDFArgumentTypeException;
Import org.apache.hadoop.hive.ql.metadata.HiveException;
Import org.apache.hadoop.hive.ql.udf.generic.GenericUDF;
Import org.apache.hadoop.hive.ql.udf.generic.GenericUDFUtils;
Import org.apache.hadoop.hive.serde2.objectinspector.ObjectInspector;
```

2）用户使用@ Description 注释 UDF 使用文档。

```
@Description(name = "nvln, value = "_FUNC_(value,default_value) -
         Returns default value if value" +" is null else returns value",
         extended =      "Example:\n" + "
         > SELECT _FUNC_(null,'bla') FROM src LIMIT 1;\nn'');
```

3）通过类继承 GenericUDF。

4）设计这个类通常需要实现的方法，如下例所示。其中，initialize()方法通过输入的参数调用，并最终传入到一个 ObjectInspector 对象中。这个方法的目的是确定参数的返回类型。如果传入方法的类型是不合法的，则控制台显示一个 Exception 异常信息给用户。returnOIResolver 是一个内置的类，其通过获取非 null 值的变量的类型，并使用这个数据类型来确定返回值类型。

```
public class GenericUDFNvl extends GenericUDF
{
private GenericUDFUtils.ReturnObjectInspectorResolver returnOIResolver;
private ObjectInspector[] argumentOIs;
@Override public ObjectInspector initialize(ObjectInspector[] arguments)
throws UDFArgumentException
 {
argumentOIs = arguments;
if (arguments.length != 2)
    {
 throw new UDFArgumentLengthException(
"The operator 'N V L ' accepts 2 arguments.");
    }
  }
};
returnOIResolver = new GenericUDFUtils.ReturnObjectInspector Resolver(true);
  if (!(returnOIResolver•update(arguments[0]) && returnOIResolveupdate
 (arguments[1])))
   {
       throw new UDFArgumentTypeException(2,
       "The 1st and 2nd args of function NLV should have the same type,
       + "but they are different: \"" + arguments[0].getTypeName()
       + M\" and \"" + arguments[1].getTypeName() + n\ n"); }
    return returnOIResolver.get();
   };
...
```

5）evaluate 的输入是一个 DeferredObject 对象数组，通过 initialize 方法创建的 returnOIResolver 对象，用于获取 DeferredObject 对象的值。在这种情况下，这个函数将会返回第 1 个非 NULL 值，如下所示：

```
...
@Override
public Object evaluate(DeferredObject[] arguments) throws HiveException
{
   Object retVal = returnOIResolver.convertIfNecessary(arguments[0].get(),
   argumentOIs[0]>;
   if (retVal = = NULL)
   {
     retVal = returnOIResolver.convertIfNecessary(arguments[1].get(),
     argumentOIs[1]);
```

```
    }
return retVal;
};
...
```

6）getDisplayString()实现。主要用于 Hadooptask 内部在用到这个函数时来给出测试信息，如下所示：

```
@Override
public String getDisplayString(String[] children)
{
StringBuilder sb = new StringBuilder();
sb.append("if ");
sb.append(children[0]);
sb.append (" is NULL " ) ;
sb.append (returns );
sb.append(children[1]); return sb.toString( ) ;
};
```

7）UDF 的通用性处理。如下代码给出了在查询中调用多次 UDF，以及每次都传入不同类型的参数的情况。

```
Hive > ADD JAR /path/to/jar.jar;
Hive > CREATE TEMPORARY FUNCTION nvl
     > AS 'org.apache.hadoop.hive.ql.udf.generic.GenericUDFNvl';
Hive > SELECT nvl( 1 , 2 ) AS COL1,
    > nvl( NULL, 5 ) AS COL2,
    > nvl( NULL, "STUFF" ) AS COL3
    > FROM src LIMIT 1;
      15 STUFF
```

习　　题

一、简答题

1. 简述 Hive 的功能及其体系架构。
2. Hive 有哪些保存元数据的方式？各有什么特点？
3. Hive 与 HBase 有什么区别？

二、程序设计

Hive 数据仓库中创建了以下外部表，请给出对应的 HiveQL 查询语句。

```
CREATE EXTERNAL TABLE sogou_ext
 (
  ts   STRING,  uid   STRING,   keyword  STRING,
  rank  INT,    order  INT,     url   STRING,
  year  INT,    month  INT,     day  INT,    hour  INT
);
COMMENT 'This is the sogou search data of extend data';
ROW FORM  ATDELIMITED;
FIELDS TERMINATED BY '\t';
STORED  AS TEXTFILE;
LOCATION'/sogou_ext/20160508';
```

1）给出独立 uid 总数的 HiveQL 语句。

2）对于 KeyWord，给出其频度最高的 20 个词的 HiveQL 语句。

参 考 文 献

林伟伟，2015. 分布式计算、云计算与大数据[M]. 北京：机械工业出版社.

CAPRIOLO E, DEAN W, JASON R, 等著，2013. Hive 编程指南[M]. 曹坤，译. 北京：人民邮电出版社.

中篇

编　程　篇

本篇主要介绍 Pig 语言、Python 语言、分布式数据收集系统 Chukwa 和分布式协调服务 ZooKeeper。通过本篇的学习，读者能够系统地掌握编程语言的使用及其他技术，并利用这些语言及技术实现大数据强大的分析处理功能。通过执行所提供的程序代码，可以增强读者的大数据分析处理能力，为开发大数据处理应用系统奠定基础。

第8章 Pig语言

Pig（Pig Latin）是一种处理大规模数据集的脚本语言。与Java的MapReduce API相比，Pig为大型数据集的处理提供了更高层次的抽象；与MapReduce相比，Pig提供了更丰富的数据结构，如具有多值和嵌套的数据结构。除此之外，Pig还提供了一套更强大的数据变换操作，弥补了MapReduce缺少的连接Join操作。

因此，Pig不仅能够满足大规模的并行任务处理要求，而且能够处理大规模数据集，它是Hadoop平台上的重要组成部分。

本章主要介绍Pig的基本框架、Pig的数据模型、Pig Latin编程语言、Pig和其他Hadoop社区成员的区别以及Pig语言实践等内容。

8.1 Pig基本框架

Pig是Apache Hadoop项目的子项目之一。为解决MapReduce查询框架中Map和Reduce函数存在的用户程序、Hadoop集群部署复杂和运行低效的问题，Pig提供了一种简化MapReduce任务的开发方法，受到了大数据开发者的青睐，Pig基本框架如图8-1所示。

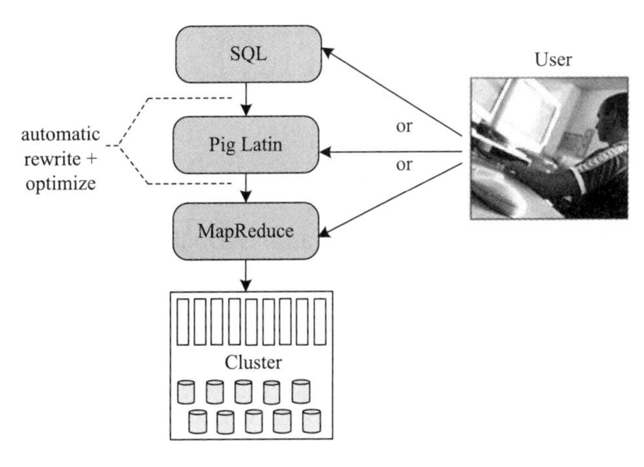

图8-1 Pig基本框架

Pig具有以下4大特点：

1）Pig具有Hadoop客户端的操作功能。当用户连接Pig到Hadoop集群后，用户通过Pig能够完成Hadoop集群中的各种操作，换句话讲，用户在Hadoop集群中不需要安装额外的软件，也不需要重新配置Hadoop集群等。

2）Pig Latin是Pig专用的语言。Pig Latin类似于SQL的面向数据流的脚本语言，为用户提供了一套数据的排序、过滤、求和、分组和关联等操作，并为满足特殊数据处理提供了 UDF 功能，从而简化了大数据开发者的应用过程。

3）Pig 具有强大的驱动 Hadoop 集群的功能。为使底层的 MapReduce 工作完全向用户透明，Pig 把用户编写的 Pig Latin 程序编译成 MapReduce 作业，然后上传到 Hadoop 集群中运行。

4）Pig Latin 程序代码量少于 MapReduce 程序代码量。Pig 提供了自动分配和回收 Hadoop 集群，以及自动优化 MapReduce 程序的功能，使用户能够将精力放在程序功能的实现上。

8.2 Pig 数据模型

Pig 的数据模型主要由数据类型、模式和转换 3 部分构成。

8.2.1 数据类型

Pig 的数据类型包括基本数据类型（scalar type）、复杂数据类型（complex type）和 NULL 值 3 大类。

1. 基本数据类型

Pig 的基本数据类型与大多数编程语言的简单类型相同。除 Bytearray 类型外，其他类型都是通过调用 Java.Long 类的 Pig 接口实现的，这样方便了 UDF 的使用。

1）Int（整型）。它通过 Java.Long.Integer 实现，是 4 字节大小的带符号整数。

2）Long（长整型）。它通过 Java.Long.Long 实现，是 8 字节大小的带符号整数。长整型（Long）常数是以一个结尾为 L 的整数表示的，如 50 000 000L。

3）Float（浮点型）。它通过 Java.Long.Float 实现，用 4 个字节存储值，取值范围与 Java 的 Float 相同。尽管浮点数在计算中存在不能满足用户要求的精度问题，但对于一些要求计算精度高的运算，用户可以将 Float 定义为 Int 或者 Long 的数据类型，从而满足工程精度的需求。

浮点型（Float）常量可以通过一个浮点数加上 f 来表示。浮点数值可以使用简单的格式表示，如 3.14f；或者以指数的形式表示，如 6.022e23f。

4）Double（双精度浮点型）。它通过 Java.Long.Double 实现，具有 8 字节大小，取值范围与 Java 的 Double 类型的值的取值范围相同。需要注意的是，Double 与 Float 存在相同问题，其解决的方法与 Float 相同。

双精度浮点型（Double）常量可以使用简单的格式表示，如 2.718 28；或者以指数的形式表示，如 6.626e-34。

5）Chararray（字符串或者字符数组）。它通过 Java.Long.String 实现。Chararray 常量是以加单引号的一系列字符来表示的，如'fred'。除了标准的字母数字和符号字符之外，用户还可以通过转义符反斜杠加 Chararray 的形式来表示一些特定的字符，如\t 表示 Tab，\n 表示回车返回。Unicode 字符可以通过\u 加上它们的 4 位十六进制 Unicode 值来表示，如 Ctrl-A 对应的值为\u0001。

6）Bytearray（数组字节）。Pig 未提供 Bytearray 常量定义，但可以通过封装 Javabyte[].DataByte.Array.Java 类实现 Bytearray。

2. 复杂数据类型

Pig 提供 3 种复杂数据类型，分别是 Map、Tuple 和 Bag。这 3 种复杂数据类型不仅包含基本数据类型，也包括其他复杂数据类型。例如，如果存在 Map，且其值字段是 Bag 类型时，若 Bag 包含了一种 Tuple，则 Tuple 的字段允许是 Map。因此，这种复杂数据类型定义属于嵌套定义的方式。

（1）Map

Map 是一种 Chararray 与数据元素之间<键-值>的映射。其数据元素可以是任意的 Pig 类型，包括复杂数据类型。Chararray 称为键（Key），它用来建立对应数据元素的索引表，索引表的数据元素称为值（Value）。但特别需要注意的是，由于 Pig 并不知道值的类型，所以 Pig 预设值为 Bytearray 类型，尽管实际的值可能为其他类型；如果用户想知道真实的数据类型，可通过类型转换实现；如果用户不能直接给出值的类型转换，则 Pig 将会根据用户脚本给出的这个值，将其转换成一个最有可能的类型；如果值是 Bytearray 以外的其他类型，则 Pig 会在运行时获得数据类型，然后进行处理。

一般 Map 在默认情况下，不要求一种 Map 中的所有值具有相同的数据类型。一种 Map 包含 name 和 age 两个键，其中 name 对应的值是 Chararray 类型，age 对应的值是 Int 类型。从 Pig 0.9 版本开始，Map 的值可声明为具有相同的数据类型。这种方法的优点是，如果用户事先知道 Map 集合值的数据类型相同时，不需要去做 Map 中所有数据类型的转换，也不需要 Pig 在编译中控制 Map 中所有的数据类型。

Map 常量通过方括号来划定 Map 结构，键和值间用“＃”号分隔，键-值对之间使用逗号分隔。如['name',#,'bob','age',#55]，将创建一个包含“name”和“age”两个键的 Map。第一个值是 Chararray 类型，第二个值是整数。

（2）Tuple

Tuple 是一种定长且有序的 Pig 数据元素集合。Tuple 可以有多个字段，每个字段对应着一个数据元素，这些数据元素可以是任意的数据类型。这里需要注意的是，一种 Tuple 相当于 SQL 表的行，而 Tuple 的字段就相当于 SQL 表的列；由于 Tuple 中的字段是有序的，所以可以通过位置来获得字段；Tuple 可以提供一个（但非必须）和它对应的模式，描述每一个字段的名称和数据类型。其目的在于通过 Pig 检查 Tuple 数据与用户期待的数据是否一致，同时允许用户通过字段的名称完成数据的引用。

Tuple 常量使用圆括号来指示 Tuple 结构，使用逗号来划分 Tuple 中的字段，如 ('bob',55) 描述的是一个包含两个字段的 Tuple 常量。

（3）Bag

Bag 是一种无序的 Tuple 集合。由于 Bag 无序，使得 Bag 无法通过位置获得 Tuple 集合。

Bag 常量是通过花括号进行划分的，Bag 中的 Tuple 用逗号分隔，如{('bob',55),('sally',52),('john',25)} 构造了一个包含 3 个 Tuple 的 Bag，每个 Tuple 包含了两个字段。

Pig 未提供存放任意数据类型的 List 或者 Set 数据类型。一般通过 Bag 模拟 Set 数据类型，仅将需要的类型作为 Tuple 的唯一字段即可。例如，如果用户欲存储一组整数，用户可以创建一种包含一个 Tuple 的 Bag，而 Tuple 仅有一个字段存放的是 Int 型数据。Bag 是 Pig 中一种不需要加载到内存中的数据类型。原因是，Pig 在分组时不使用 Bag 存储的集合，这样使 Bag 非常庞大。解决此问题的方法是，通过 Pig 将 Bag 中的数据写入磁盘，Bag 的大小取决于本地磁盘提供给 Bag 临时的存放空间。换句话讲，在内存中仅保留了 Bag 的部分信息。

3. NULL 值

在 Pig 中，NULL 值所表达的含义是其值是未知的，可能是因数据缺失，或者在处理数据时发生了错误等原因造成的。在大多数的程序语言中，当一个值没有被赋值或者没有指向一个有效的地址或者对象时，这个值为 NULL。

Pig 中 NULL 值与 C、Java、Python 和 SQL 等语言中的 NULL 的概念完全不同，在 Pig 中未提供数据约束，使得 Pig 数据元素初始定义的 NULL 值保持不变。因此，在用户设计 Pig Latin 脚本和 UDF 时，需要特别注意 NULL 值应用。

8.2.2 模式

Pig 的模式是指用户数据定义的模式。Pig 模式的优点是，不仅能够预先检查到错误，而且能够进一步优化执行的过程。若用户数据定义没有给出模式，Pig 会依据处理数据的脚本提出一个最合理的猜测，然后进行数据处理。换句话讲，首先 Pig 能预测用户使用的模式有哪些；然后当用户不能提供这些模式时，Pig 能够独自处理数据。

一般来说，用户数据定义的模式是指通过用户加载数据传递 Pig 的过程，这时 Pig 已预测到用户数据表有 4 个字段。如果数据本身多于 4 个字段，那么 Pig 会把多余的字段丢弃；如果数据本身小于 4 个字段，Pig 会使用 NULL 值进行补充。在指定数据的模式时，同样可以不给出明确的数据类型，这时的数据类型需设定为 Bytearray。

同样，当用户声明一个模式的时候，并非一定要声明这个模式中的复杂数据类型。例如，假设用户的数据包含一个 Tuple，则声明该字段是 Tuple，或者不声明 Tuple 中包含了哪些字段。当然，用户也可以声明 Tuple 具有 3 个整型字段。

表 8-1 给出了如何在一个模式声明中定义各种数据类型的语法。

表 8-1 Pig 模式语法

数据类型	语 法	举 例
Int	Int	as(a:Int)
Long	Long	as(a:Long)
Float	Float	as(a:Float)
Double	Double	as(a:Double)
Chararray	Chararray	as(a:Chararray)
Bytearray	Bytearray	as(a:Bytearray)
Map	Map[]或者 Map[Type]，其中 Type 必须是一个合法的数据类型。这就声明了 Map 中所有的值都是这个数据类型	as(a:Map[],b:Map[Int])
Tuple	Tuple()或者 Tuple(list_of_fields)，其中 list_of_fields 是一组通过逗号分隔的字段声明	as(a:Tuple(),b:Tuple(x:Int,y:Int))
Bag	Bag{}或者 Bag{t:(list_of_fields)}，其中 list_of_fields 是一组通过逗号分隔的字段声明	(a:Bag{},b:Bag{t:(x:Int,y:Int)})

8.2.3 转换

Pig 实现类型转换语法与 Java 语法基本相同，即类型名称放在圆括号里面，后面是数值。

【例 8-1】Pig 转换。

```
        Player = load'baseball' as (name:chararray,team:chararray,pos:bag{t:
(p:chararray),bat:map[]};
        Unintended = foreach player generate (int)bat#'base_on_balls'-(int)
bat#'ibbs';
```

表 8-2 给出了 Pig 类型转换过程中各类型转换是允许/不允许的情况。

表 8-2　Pig 类型转换

类　型	转换为 Int	转换为 Long	转换为 Float	转换为 Double	转换为 Chararray
Int	—	可以	可以	可以	可以
Long	可以，所有大于 2 的 31 次方或者小于 2 的 31 次方的值会被截断	—	可以	可以	可以
Float	可以。数值会被截断为 Int 类型数值	可以，数值会被截断为 Long 类型数值	—	可以	可以
Double	可以。数值会被截断为 Int 类型数值	可以，数值会被截断为 Long 类型数值	可以，超过 Float 类型精度的值会被截断	—	可以
Chararray	可以。非数值的字符转换后为 NULL	可以，非数值的字符转换后为 NULL	可以，非数值的字符转换后为 NULL	可以，非数值的字符转换后为 NULL	—

特别需要注意的是，由于 Pig 不提供二进制数据类型，这时所有类型是不允许转换为 Bytearray 类型的，但允许 Bytearray 类型转换为其他类型。除 Bytearray 类型能够转换为其他数据类型外，其他数据类型相互转换目前是不允许的。

8.3　Pig Latin 编程语言

8.3.1　Pig Latin 语言简介

Pig Latin 语言和传统的关系数据库中的数据库操作语言非常类似。但 Pig Latin 语言更侧重于对数据的查询和分析。另外，由于 Pig Latin 可以在 Hadoop 分布式云平台上运行，能够在短时间内处理海量数据，如处理系统日志文件、处理大型数据库文件、处理特定 Web 数据等，其速度优势是其他数据库所无法比拟的。除此之外，用户在使用 Pig Latin 语言编程时，不必过多关注程序如何在 Hadoop 分布式云平台上运行，原因是这些任务是通过 Pig 系统自动分配的，并不需要程序员的参与。因此，程序员只需要专注于程序的设计即可，这样大大减轻了程序员的负担。

8.3.2　运算符

Pig Latin 提供了算数、比较、关系等运算符，这些运算符的含义、用法与其他语言（如 C、Java）基本相似。其中，算术运算符主要包括加（+）、减（-）、乘（*）、除（/）、取余（%）和三目运算符（?:），比较运算符主要包括等于（==）、不等（!=）。

8.3.3 用户自定义函数 UDF

为满足特殊数据处理的需要，Pig 提供了一种用户自定义函数 UDF。

目前，实现 UDF 有 3 种语言，包括 Java、Python 和 JavaScript。其中，用 Java 编写的 UDF 功能最强大，可以覆盖数据处理的全过程，包括 Load/Store、列变换和汇聚。

由于 Pig 是 Java 编程实现的，加之 Java UDF 提供了额外的接口（如代数接口和累加器接口），使 Java UDF 执行效率最高；Python UDF 和 JavaScript UDF 的功能有限，目前仅支持基本接口，还不支持 Load/Store；此外，JavaScript UDF 是一种实验性的功能，但在测试规范化方面与 Java 和 Python 存在一定的差距。

Pig 支持 Piggy Bank，Piggy Bank 是一种 Java UDF 库。通过 Piggy Bank 可以使用其他用户编写的 UDF，也可以将自己编写的 UDF 添加到 Piggy Bank 中。

8.3.4 Pig Latin 语法

1. 加载数据（LOAD）

语法格式：LOAD 'data' [USING function] [AS schema];

功能：从文件系统或其他存储中加载数据，存入关系。

例如：

```
LOAD 'Sql://{SLECT MONTH_ID,
        DAY_ID, PROV_ID FROM zb_d_bidwmb05009_010
        }
      'USINGcom.xxxx.dataplatform.bbdp.geniuspig.VerticaLoader('oracle',
      '192.168.6.5','dev','1522', 'vbap', '1')
      AS (MONTH_ID:chararray, DAY_ID:chararray, PROV_ID: chararray);
```

2. 从关系中删除不需要的行（FILTER）

语法格式：alias = FILTER alias BY expression;

功能：从关系中删除不需要的行。

例如：

```
filter = FILTER LOAD  20 BY (MONTH_ID =='1210' and DAY_ID == '18'
     and PROV == '010');
Table=FILTER Table1 BY+A; //A 可以是 ID > 10;not name matches'', is not null 等,
                          //可以用 and 和 or 连接各条件
```

3. 数据分组（GROUP）

语法格式：alias = GROUP alias{ ALL| BY expression} [, alias ALL | BY expression …]
[USING 'collected'|'merge'] [PARTITION BY partitioner] [PARALLEL n];

功能：将关系中的数据或数据形式进行分组。

例如：

```
Table3 = GROUP Table2 BY id;
```

或

```
Table3 = GROUP Table2 BY (id, name); //括号必须可以使用 ALL 实现对所有
                                     //字段的分组
```

```
Table = FILTER Table1 BY + A;  //A可以是 id > 10;not name matches'', is not
                               //null等，可以用 and 和 or 连接各条件
```

4. 生成或删除字段（FOREACH）

语法格式：alias = FOREACH alias GENERATE expression
[AS schema] [expression [AS schema]….];
alias = FOREACH nested_alias {alias = {nested_op|nested_exp};
[{alias = {nested_op|nested_exp}; …];

功能：对于集合的每个元素，生成或删除字段，一般要与 GENERATE 同时使用。

例如：

```
Table = FOREACH Table GENERATE (id, name); //括号可加可不加
avg = FOREACH Table GENERATE GROUP, AVG(age);
MAX ,MIN..
```

5. 表的连接（JOIN）

（1）表内连接（INNER JOIN）

语法格式：alias = JOIN alias BY {expression|'('expression [, expression …]')'} (, alias BY {expression|'('expression [, expression …]')'} …) [USING 'replicated' | 'skewed' | 'merge' | 'merge-sparse'] [PARTITION BY partitioner] [PARALLEL n];

（2）外连接（OUTER JOIN）

语法格式： alias = JOIN left-alias BY left-alias-column [LEFT|RIGHT|FULL] [OUTER], right-alias BY right-alias-column [USING 'replicated' | 'skewed' | 'merge'] [PARTITION BY partitioner] [PARALLEL n];

功能：连接两个或多个关系，一般分左连接和右连接。

例如：左连接表。

```
jnd = JOIN daily BY (id, name) LEFT OUTER, divs BY(id, name);
```

也可以同时连接多个变量，但只用于 INNER JOIN，如下所示：

```
A = LOAD 'input1' AS(x,y);
B = LOAD 'input2' AS(u,v);
C = LOAD 'input3' AS(e,f);
alpha = JOIN A BY x, B BY u, C BY e;
```

6. 合并（UNION）

语法格式：alias = UNION [ONSCHEMA] alias, alias [, alias …];

功能：合并两个或多个关系。

例如：

```
A =LOAD 'input1' AS (x:Int, y:Float);
B =LOAD 'input2' AS (x:Int, y:Float);
C =UNION A, B;
DESCRIBE C;
C: {x:Int,y: Float}
```

7. 关系中多字段排序（ORDER BY）

语法格式：alias = ORDER alias BY { * [ASC|DESC]|field_alias [ASC|DESC] [, field_alias [ASC|DESC] …] }[PARALLEL n];

功能：根据一个或多个字段对某个关系进行排序。

8. 删除重复的行（DISTINCT）

语法格式：A = DISTINCT alias;

功能：从关系中删除重复的行。

例如：

```
--distinct.pig
daily=LOAD 'NYSE_daily'AS (exchange:Chararray, symbol:Chararray);
uniq=DISTINCT daily;
```

9. 限制关系的元组个数（LIMIT）

语法格式：A = LIMIT alias 10;

功能：限制关系的元组个数。

例如：

```
--limit.pig
Divs=LOAD 'NYSE_dividends';
FIRST10=LIMIT divs 10;
```

10. 从关系中随机取样（SAMPLE）

语法格式：SAMPLE alias size;

功能：从关系中随机取样。

例如：

```
--sample.pig
Divs=LOAD 'NYSE_dividends';
Some= SAMPLE divs 0.1;
```

11. 多关系的叉乘（CROSS）

语法格式：alias = CROSS alias, alias [, alias …] [PARTITION BY partitioner] [PARALLEL n];

功能：获取两个或更多关系的乘积（叉乘）。

例如：

```
--cross.pig
daily = LOAD 'NYSE_daily' AS (exchange:Chararray, symbol:Chararray,date:
        Chararray,open:Float,high:Float,low:Float,close:Float,
        volume:Int, adj_close:Float);
divs = LOAD 'NYSE_dividends' AS(exchange:Chararray, symbol:Chararray,
        date:Chararray, dividends:Float);
tonsodata =CROSS daily, divs PARALLEL 10;
```

8.3.5 数据处理操作

1. 加载和存储数据

到目前为止，已给出了如何在 Pig 中从外部存储设备上加载处理数据的相关命令，本节主要介绍这些命令的应用。

【例 8-2】使用 Pig-Storage 将元组存储为纯文本，纯文本使用冒号作为分隔符。

```
> STORE A INTO 'out' USING PigStorage(': ');
Grunt> cat out;
Joe: cherry: 2
Ali: apple: 3
Joe: banana: 2
Eve: apple: 7
```

2. 过滤数据

将数据加载到关系中，紧接着就是过滤掉冗余（无意义）的数据。通过提前在处理管线上执行过滤，可以大幅度地减少该系统的流动数据量，进一步提高系统的执行效率。过滤数据语法包括两个操作。

语法格式：FOREACH...GENERATE

【例 8-3】两个操作的执行过程实例。

```
Grunt> DUMP A;
(Joe,cherry,2)
(Ali,apple,3)
(Joe,banana,2)
(Eve,apple,7)
Grunt> B = FOREACH A GENERATE $0, $2+1, 'Constant';
Grunt> DUMP B;
(Joe,3,Constant)
(Ali,4,Constant)
(Joe,3,Constant)
(Eve,8,Constant)
```

本例执行后创建了具有 3 个字段的新关系 B。B 的第一个字段是关系 A 的第一个字段($ 0)的投影，B 的第二个字段是关系 A 中加入一个 1($1)后的第三个字段，B 的第三个字段是一个常量字段（B 中每一行具有相同的第三个字段），它是值为 Constant 的字符数组。其中，FOREACH…GENERATE 操作是一种支持更复杂处理的嵌套形式。

3. 数据的连接

Pig 和 MapReduce 分析的大型数据集是非规范化数据集，为有效简化 SQL 的频繁操作，Pig 提供了内置的非规范化数据集连接操作。

【例 8-4】设有关系 A 和 B，将其进行内连接。

```
Grunt> DUMP A;
<2,Tie>
(4,Coat)
(3,Hat)
(1,Scarf)
Grunt> DUMP B;
```

```
(Joe,2)
(Hank,4)
(Ali,0)
(Eve,3)
(Hank,2)
```

在每个相同数字类型的字段上实现两个关系的连接：

```
Grunt> C = JOIN A BY $0,B BY $1;
Grunt> DUMP C;
(2,Tie,Joe,2)
(2,Tie,Hank,2)
(3,Hat,Eve,3)
(4,Coat,Hank,4}
```

特别需要注意的是，每个在两个关系中的匹配都会对应结果中的一行（实际上是等值连接，因为连接的谓词是等于），结果字段是由所有输入关系中的全体字段组成的。如果要进行连接的关系太大以至于不能全部放入内存中时，则使用一般连接操作；如果有一个关系小到能够全部放在内存中，则可以使用一种特殊的连接操作，即 fragment replicate join，它把小的输入关系发送到所有的 Mapper，并在 Map 端使用内存查找表对（分段的）较大的关系进行连接。命令如下：

```
Grunt> C = JOIN A BY $0,B BY $1 USING 'replicated';
```

注意：第一个关系必须最大，随后一个或多个关系是小于第一个关系的。

4. 数据的排序

Pig 提供的关系是无序的关系，如下例所给的关系 A。

```
Grunt> DUMP A ;
(2.3)
(1,2)
(2.4)
```

在 Pig 中，不能保证行排序的有效性。如果使用 DUMP 和 STORE 获取 A 中的内容时，则行是任意顺序；如果欲强制输出有序内容，则必须使用 ORDER 操作产生具有一个或多个字段的排列关系；如果设置为默认的排序，则系统自动采用相同类型的字段进行自然排序，允许不同类型的字段中仅有一个字段是任意的，但顺序必须是确定的（例如，一个元组永远比一个包“小”）；如果使用 VSING 子句指定一个 UDF 产生不同的排序，则 UDF 通过继承 Pig 的 ComparisonFunc 类来实现排序。

【例 8-5】按第一个字段的升序及第二个字段的降序排列 A。

```
Grunt> B = ORDER A BY $0, $1 DESC;
Grunt> DUMP B;
(1,2)
(2,4)
(2,3)
```

请注意，尽管结果是通过有序的关系执行所得，但不能保证结果是有序的。

例如：

```
Grunt:> C = FOREACH B GENERATE *;
```

尽管关系 C 和关系 B 内容不同，但它的元组可以用 DUMP 或 STORE 以任何顺序输出。正因为这个原因，在输出之前执行 ORDER 操作后，仍然可以保持原有关系的顺序。

另外，LIMIT 语句主要用于限制输出结果的个数，它是快速和粗略地获取关系样本的一种方法。通常，LIMIT 能够从关系中选择任意 n 个元组，但通过 ORDER 语句执行后，能够保留当前关系的顺序。

LIMIT 示例如下：

```
Grunt> D = LIMIT B 2;
Grunt> DUMP D;
(1,2)
(2,4)
```

其中，如果限制输出结果的个数比关系中的元组数大时，则返回所有元组。

5. 数据的合并和分割

有时需要将一些关系合并成一个关系，通过 UNION 语句可以实现。

【例 8-6】实现 A 和 B 的合并。

```
Grunt> DUMP A;
(2,3)
(1,2)
(2,4)
Grunt> DUMP B;
(z,x,8)
(w,y,1)
Grunt> C = UNION A,B;
Grunt> DUMP C;
(2,3)
(z,x,8)
(1,2)
(w,y,1)
(2,4)
```

其中，C 是关系 A 和 B 的合并结果，由于关系是无序的，所以关系 C 元组的顺序是不确定的。此外，可以将两个有不同模式或不同字段数的关系合并起来，但在这种情况下，由于关系 A 和 B 是不相容的，导致关系 C 的模式是不存在的，如下所示：

```
Grunt>DESCRIBE A;
A:{f0:int,f1:int}
Grunt> DESCRIBE B;
B:{f0:chararray,f1:chararray,f2:int};
Grunt>DESCRIBE C;
Schema for C unknown
```

如果输出的关系模式不存在，以及 Pig Latin 脚本需要处理不同的字段或者类型的元组时，通过使用 SPLIT 操作，可以实现将一个关系分割成两个或两个以上的关系。

8.4　Pig 和其他 Hadoop 社区成员的区别

8.4.1　Pig 和 Hive 的区别

Hive 基于 Hadoop 之上，为用户提供 SQL 层服务。Hive 首先接收 SQL 查询命令，然后将 SQL 查询命令转化为 MapReduce 任务。

因此，Pig 和 Hive 的区别包括：

1）Hive 与 Pig Latin 脚本的解析过程相似。但 Pig Latin 以表存储数据，并且存储了描述这些表的元数据信息，例如分区信息和模式。

2）Pig Latin 与 Hive SQL 在应用上存在不同。Hive SQL 在数据分析方面有一定的优势，Pig Latin 在构建数据流或者对原始数据进行研究方面有一定的优势。

8.4.2 Cascading 和 Pig 的区别

Cascading 是一种基于 Hadoop 的数据处理框架。若从为用户提供构建基于 Hadoop 的数据流的功能出发，Cascading 和 Pig 的目标是一致的，但是二者实现方式差异很大。Cascading 的数据流是使用 Java 语言编写的；Pig 提供一种新的脚本语言和一种操作符库，不仅方便用户进行数据操作符的组合或者实现本身的操作符，还为用户提供了更多的控制功能。但是，Pig 是通过底层编码实现数据流处理的，给用户使用带来了诸多不便。

8.4.3 NoSQL 数据库

NoSQL（Not Only SQL）数据库是一种非关系型数据库，主要产品包括 MongoDB、Redis、CouchD。

目前，较为流行的两大类数据库主要包括：

1）NoSQL 适合存储非结构化数据，如文章、评论等，主要有以下 4 个特点。

① 非结构化数据通常用于模糊处理，如全文搜索、机器学习。

② 非结构化数据是海量的，而且增长的速度是难以预期的。

③ 根据非结构化数据的特点，NoSQL 数据库通常具有无限（至少接近）伸缩性。

④ 按 key 获取非结构化数据效率很高，但是对 JOIN 或其他结构化查询的支持就比较差。

2）SQL 关系型数据库（SQL Server，Oracle，MySQL，PostgreSQL）适合存储结构化数据，如用户的账号、地址等，主要有以下 3 个特点。

① 结构化数据通常需要做结构化查询，如 JOIN 命令，这时关系型数据库性能优越。

② 结构化数据的规模、增长的速度通常是可以预期的。

③ 具有事务性、一致性。

目前，许多大型互联网项目基本选用 NoSQL+SQL 的组合方案。Pig 具有 HBase 和 Cassandra 提供的 NoSQL 数据库产品的功能。

8.4.4 HBase

HBase 是基于列的而不是基于行的计算模式。HBase 中的所有数据文件都存储在 Hadoop HDFS 文件系统上，主要包括两种文件类型。

1）HFile，HBase 中 KeyValue 数据的存储格式，HFile 是 Hadoop 的二进制格式文件，实际上是 StoreFile 对 HFile 做了轻量级包装，即 StoreFile 底层就是 HFile。

2）HLog File，HBase 中 WAL（Write Ahead Log）的存储格式，物理上是 Hadoop 的 Sequence File。

【例 8-7】假设在 HBase 中存在表 users，这张表中存有用户信息和其他用户的关系信息。此表包含 user_info 和 links 两个列族；这张表的主键是用户 ID；user_info 列族包含 Name、Email 等列；Links 列族包含一列，存储这个用户关联的用户，列名是关联的用户 Id，这些列的值是关系的类别，如朋友、亲属、同事等。其命令如下：

```
user_links = LOAD 'HBase://users' using
    org.apache.pig.backend.Hadoop.HBase.HBaseStorage('user_info:
    Name, Links:*','-LOAD Key true -gt 10000')
     AS (Id, Name:Chararray, Links:Map[]);
```

注意：在 HBase 中，列通过 column_famil:column 的方式来引用。在之前的例子中，user_info:Name 表示的是列族 user_info 中的列 Name，当用户要提取一整个列族的时候，用户指定的列族名称要加上星号，如 Link:*；用户也可以获取一个列族中一部分的列，如 Links:100*将返回一个所有以“100”开头的列组成的 Map。这个 Map 包含一个列族，以 HBase 列名作为键，以列值作为值。

另外，需注意两点：①用户可以通过“选项”字符串配置 HBaseStorage，主要用于控制是否加载键，加载哪些行和其他一些功能。所有的这些选项全放入一个字符串内，通过空格进行分隔。②HBaseStorage 同样可以将数据存到 HBase 中，当使用此种存储数据方式时，类似加载数据，需要指定表名为输入地址字符串。构造参数类似加载，即第一个参数描述了 Pig 字段和 HBase 表之间的映射关系，其加载函数的语法结构与 column_famil:column 相同；任何一种 Pig 值都可以映射为一个列，如 Pig 中的 Map 可以映射为一个列族，可以通过星号（“*”）的方式指定。

【例 8-8】假设数据处理结束后，Pig 数据的模式是 Id:Long、Name:Chararray、Email:Chararray 和 Link:map，请在存储之前的 HBase 表中进行上述 4 类操作。

```
//设 user_links 的模式是 Id,Name,Email,Links
//注意参数中是如何省略 Id<Key>的
Store user_links INTO 'HBase://users'
  using org.Apache.Pig.Backend.Hadoop.HBase.HBaseStorage(
  'user-info:Name,user_info:Email,Links:*');
```

8.5　Pig 编程实践

Pig 语言最大的特点是通过一套 Shell 脚本简化 MapReduce 的开发实现，其操作类似于人们熟悉的 MySQL 语言。为方便用户使用和操作，本节将两种语言中常用的命令以对比的方式给出。

8.5.1　从文件导入数据

1. MySQL 数据导入（MySQL 需要先创建表）

```
CREATE TABLE TMP_TABLE(USER VARCHAR(32),AGE INT,IS_MALE BOOLEAN);
CREATE TABLE TMP_TABLE_2(AGE INT,OPTIONS VARCHAR(50)); -- 用于 Join
LOAD DATA LOCAL INFILE '/tmp/data_file_1' INTO TABLE TMP_TABLE;
LOAD DATA LOCAL INFILE '/tmp/data_file_2' INTO TABLE TMP_TABLE_2;
```

2. Pig 数据导入

```
     tmp_table = LOAD '/tmp/data_file_1' USING PigStorage('\t') AS (user:
chararray, age:int, is_male:int);
     tmp_table_2= LOAD '/tmp/data_file_2' USING PigStorage('\t') AS (age:
int,options: chararray);
```

8.5.2 查询

1. 查询表

（1）MySQL 表查询

```
SELECT * FROM TMP_TABLE;
```

（2）Pig 表查询

```
DUMP tmp_table;
```

2. 查询表中前 50 行记录

（1）MySQL 查询表中前 50 行记录

```
SELECT * FROM TMP_TABLE LIMIT 50;
```

（2）Pig 查询表中前 50 行记录

```
tmp_table_limit = LIMIT tmp_table 50;
DUMP tmp_table_limit;
```

3. 查询某些表列

（1）MySQL 查询某些表列

```
SELECT USER FROM TMP_TABLE;
```

（2）Pig 查询某些表列

```
tmp_table_user = FOREACH tmp_table GENERATE user;
DUMP tmp_table_user;
```

8.5.3 表列定义别名

1. MySQL 表列定义别名

```
SELECT USER AS user_name,age AS user_age FROM tmp_table;
```

2. Pig 表列定义别名

```
tmp_table_column_alias = FOREACH tmp_table GENERATE user AS user_name,
age AS user_age;
DUMP tmp_table_column_alias;
```

8.5.4 表的排序

1. MySQL 表的排序

```
SELECT * FROM tmp_table ORDER BY age;
```

2. Pig 表的排序

```
tmp_table_order = ORDER tmp_table BY age ASC;
DUMP tmp_table_order;
```

8.5.5 条件查询

1. MySQL 条件查询

```
SELECT * FROM tmp_table WHERE age>20;
```

2. Pig条件查询

```
tmp_table_where = FILTER tmp_table BY age > 20;
DUMP tmp_table_where;
```

8.5.6　表连接

1. 表内连接（Inner Join）

（1）MySQL表内连接

```
SELECT * FROM tmp_table a JOIN tmp_table_2 b ON a.age=b.age;
```

（2）Pig表内连接

```
tmp_table_inner_join = JOIN tmp_table BY age,tmp_table_2 BY age;
DUMP tmp_table_inner_join;
```

2. 表左连接（Left Join）

（1）MySQL表左连接

```
SELECT * FROM tmp_table_2 a LEFT JOIN tmp_table_2 b ON a.age=b.age;
```

（2）Pig表左连接

```
tmp_table_left_join = JOIN tmp_table BY age LEFT OUTER,tmp_table_2 BY age;
DUMP tmp_table_left_join;
```

3. 表右连接（Right Join）

（1）MySQL表右连接

```
SELECT * FROM tmp_table a RIGHT JOIN tmp_table_2 b ON a.age= b.age;
```

（2）Pig表右连接

```
tmp_table_right_join = JOIN tmp_table BY age RIGHT OUTER,tmp_table_2 BY age;
DUMP tmp_table_right_join;
```

4. 表全连接（Full Join）

（1）MySQL表全连接

```
SELECT * FROM tmp_table a JOIN tmp_table_2 b ON a.age=b.age;
UNION SELECT * FROM tmp_table a LEFT JOIN tmp_table_2 b ON a.age=b.age;
UNION SELECT * FROM tmp_table a RIGHT JOIN tmp_table_2 b ON a.age=b.age;
```

（2）Pig表全连接

```
tmp_table_full_join=JOIN tmp_table BY age FULL OUTER, tmp_table_2 BY age;
DUMP tmp_table_full_join;
```

8.5.7　多张表交叉查询

1. MySQL多张表交叉查询

```
SELECT * FROM tmp_table, tmp_table_2;
```

2. Pig多张表交叉查询

```
tmp_table_cross = CROSS tmp_table,tmp_table_2;
DUMP tmp_table_cross;
```

8.5.8 分组查询

1. MySQL 分组查询

```
SELECT * FROM tmp_table GROUP BY is_male;
```

2. Pig 分组查询

```
tmp_table_group = GROUP tmp_table BY is_male;
DUMP tmp_table_group;
```

8.5.9 表分组并统计

1. MySQL 表分组并统计

```
SELECT is_male,COUNT(*) FROM tmp_table GROUP BY is_male;
```

2. Pig 表分组并统计

```
    tmp_table_group_count = GROUP tmp_table BY is_male;
    tmp_table_group_count=FOREACH tmp_table_group_count GENERATE group,
COUNT($1);
    DUMP tmp_table_group_count;
```

8.5.10 查询去重

1. MySQL 查询去重

```
SELECT DISTINCT is_male FROM tmp_table;
```

2. Pig 查询去重

```
tmp_table_distinct = FOREACH tmp_table GENERATE is_male;
tmp_table_distinct = DISTINCT tmp_table_distinct;
DUMP tmp_table_distinct;
```

习　　题

一、简答题

1. 列举 Pig 中的函数类型及其功能。
2. Hive 和 Pig 最终都调用了 MapReduce，两者的区别是什么？
3. 如何使用 Pig 操作 HBase 或 Hive 中的数据？

二、程序设计

利用 Pig 实现多维度组合下的平均值。假设有数据文件 a.txt，求出在第 2、3、4 列的所有组合的情况下，最后两列的平均值分别是多少？

a	1	2	3	4.2	9.8
a	3	0	5	3.5	2.1

续表

b	7	9	9	—	—
a	7	9	9	2.6	6.2
a	1	2	5	7.7	5.9
a	1	2	3	1.4	0.2

参考文献

盖茨，2013. Pig编程指南[M]. 北京：人民邮电出版社.
王鹏，2009. 云计算的关键技术与应用实例[M]. 北京：人民邮电出版社.
王珊，2014. 数据库系统概论[M]. 北京：高等教育出版社.

第9章 Python 语言

当今社会是知识、信息与大数据共享的时代，大数据已渗透到人类日常生活的各个方面，对人类生活质量和生活方式产生了较大的影响，特别是各种类型的大数据呈指数型增长，例如工业大数据、交通大数据、医疗大数据、安全大数据等。如何管理和使用这些数据，已成为数据科学与技术领域中一个亟待解决的问题。

近年来，Python 语言在大数据处理与应用中得到了迅猛发展。与用于大数据开发的 R 语言相比，Python 语言具有简单、易学、可移植、可扩展和可嵌入以及具有丰富的库等众多优点，已受到广大大数据科学研究与应用者的青睐。

本章主要介绍 Python 语言基础、Python 语言高级应用和 Python 语言编程实践等内容。

9.1 概 述

9.1.1 Python 语言简介

Python 语言的创始人是 Guido，其在 1989 年创立了 Python 语言，第一个公开发行版本发行于 1991 年。Python 语言是纯粹的自由软件，源代码和解释器 CPython 遵循 GPL（GNU general public license）协议。Python 语言语法简洁清晰，是一个结合解释性、编译性、互动性和面向对象的高层次脚本语言，是一种高级语言。Python 语言易学习，并且具有广泛而丰富的标准库和第三方库，使它可以和其他语言很好地融合在一起，所以也被称为“胶水语言”。Python 语言的设计目标之一是让代码具备高度的可阅读性，力求在应用开发过程中尽可能使用其他语言通用的标点符号和英文单词，达到代码整洁美观、可读性强等效果。

9.1.2 Python 语言发展

Python 语言提供了不同版本的语法规则，并且这些语法规则是通过 Python 语法的解释程序来完成的。通常人们把 Python 语法的解释程序称为 Python 语言的解释器。

目前，Python 语言可通过不同的语言实现，主要包括以下几种。

（1）CPython

CPython 是一种面向 C 语言实现的 Python 语言，它是人们最常用的 Python 版本，通常使用的 Python 是指 CPython。

（2）Jython

Jython 是一种面向 Java 语言实现的 Python 语言。其特点是，Jython 直接调用 Java 的类库，适用于 Java 平台的开发。

（3）IronPython

IronPython 是一种面向 .NET 语言实现的 Python 语言，该版本适用于.NET 平台的开发。

（4）PyPy

PyPy 是一种面向 Python 语言实现的 Python 语言。

Python 语言主要包括 Python 2.×和 Python 3.×两种版本。

1）Python 2.0 于 2000 年 10 月发布，目前最新版本为 Python 2.7，也是 Python 2.×的最后一个版本。Python 2.×具有完整的垃圾回收功能，并支持 Unicode。

2）Python 3.0 于 2008 年 12 月发布。相对于 Python 早期版本，Python 3.×是一种升级版。Python 3.×在设计时，没有考虑向下兼容，因此许多早期 Python 版本设计的程序都无法在 Python 3.×上正常运行。使用 Python 3.×时，一般不能直接调用 Python 2.×版本的库，而必须使用相应的 Python 3.×版本的库。

本章使用的 Python 语言版本是 Python 3.6。该软件安装后，系统默认其源码文件为 UTF-8 编码。在此编码下，全世界大多数语言的字符可以同时在字符串和注释中得到准确编译。

9.1.3 Python 语言基础

大多数情况下，通过编辑器编写的 Python 代码默认保存为 UTF-8 编码脚本文件，系统通过 Python 执行该文件时就不会出错。但是，如果编辑器不支持 UTF-8 编码的文件，或者团队合作时有人使用了其他编码格式，Python 3.×就无法自动识别脚本文件，会造成程序执行错误，这时对 Python 脚本文件进行编码声明就尤为重要了。比如，GBK 脚本文件在没有编码声明时，执行脚本文件就会出错，经编码声明后脚本就可以正常执行。

为源文件指定特定的字符编码，需要在文件的首行或者第 2 行插入一行特殊的注释行，通常使用的编码声明格式如下：

```
#-*-coding:utf-8-*-
```

1. Python 语言注释行的用法

（1）单行注释

【例 9-1】单行注释用#开头。

```
>>>print("Hello,World!")          # 这是一个在代码后面的注释
```

（2）多行注释

在实际应用中，常常会有多行注释的需求，主要有以下 3 种方法。

1）可以在每一行前加#号注释。

2）三对单引号注释，即'''注释内容'''方式。

3）三对双引号注释，即"""注释内容"""方式。

2. 多行语句：多行一个语句；一行多个语句

1）多行一个语句，一般情况下是一行写完一条语句，如果语句太长，通过反斜杠（\）实现换行，不至于被机器识别成多个语句。

【例 9-2】长语句换行书写格式。

```
>>>total = applePrice +\
…       bananaPrice + \
```

```
…      pearPrice
```

在 Python 中，[ ]、{ }、( )里面的多行语句在换行时是不需要使用反斜杠（\）的。

【例 9-3】长语句中出现括号和换行的书写格式。

```
>>>total = [applePrice ,
…      bananaPrice ,
…      pearPrice]
```

2）一行多个语句，可使用分号（;）对多个短语句进行隔离。

【例 9-4】使用分号隔离一行多个语句。

```
>>>applePrice = 8;  bananaPrice = 3.5;  pearPrice = 5
```

3. 标识符

标识符在机器语言中是一个被允许作为名字的有效字符串。Python 语言中标识符主要是为变量、函数、类、模块、对象等的命名。

Python 语言中对标识符有如下 4 点规定。

1）标识符可以由字母、数字和下划线组成。

2）标识符不能以数字开头，以下划线开头的标识符具有特殊的意义，使用时需要特别注意。以单下划线开头（如_foo）的标识符代表不能直接访问的类属性，需通过类提供的接口进行访问，不能用“from xxx import *”导入；以双下划线开头（如__foo）的标识符代表类的私有成员；以双下划线开头和结尾（如__foo__）的标识符是 Python 语言中特殊方法专用的标识，如__init__()代表类的构造函数。

3）标识符字母区分大小写，例如“Abc”和“abc”是两个不同的标识符。

4）标识符禁止使用 Python 语言中的保留字。

4. Python 语言变量的命名

编写任何程序，都需要使用不同的变量来存储各种信息。创建变量的过程就是操作系统给变量分配内存的过程。操作系统为不同数据类型的变量分配的内存空间的大小是不一样的。

（1）变量的命名严格遵守标识符的规则

Python 语言中有一类非保留字的特殊字符串（如内置函数名），这些字符串具有某种特殊功能，虽然用于变量名时不会出错，但会造成相应的功能丧失，例如：

```
>>>import keyword                      # 加载 keyword 库
>>>keyword.iskeyword("and")            # 判断"and"是否为保留字
TRUE
>>>and = "我是保留字"                  # 以保留字作为变量名
File "<stdin>", line 1
and = '我是保留字'
    ^
SyntaxError: invalid syntax            # 提示出错
>>>strExample = "我是一个字符串"       # 创建一个字符串变量
>>>len(strExample)                     # 使用 len 函数查看字符串长度
7
>>>len = "特殊字符串命名"              # 使用 len 作为变量名
>>>len(strExample)                     # len 函数查看字符串长度会出错
```

（2）变量的几种命名法

1）大驼峰（upper camel case）。所有单词的首字母都为大写字母，例如“MyName, YourFamily”。大驼峰一般用于类的命名。

2）小驼峰（lower camel case）。第一个单词的首字母为小写字母，其余单词的首字母采用大写字母，例如“myName”，“yourFamily”。小驼峰用在函数名和变量名中的情况比较多。

3）下划线（_）分隔。所有单词都采用小写字母，中间用下划线（_）分隔，例如“my_name,your_family”。

使用哪种方法对变量命名，并没有一个统一的说法，重要的是一旦选择了一种命名方式，在后续的程序编写过程中要保持一致的风格。

变量值就是要赋给变量的数据，最简单的变量赋值就是把一个变量值赋给一个变量名，只需要用等号（=）就可以实现。同时，Python 语言中还可以将一个值同时赋给多个变量。

【例 9-5】Python 语言中的变量赋值。

```
>>>a = b = c = 1                              #一个值赋给多个变量
>>>a                                          #输出 a 的值
1
>>>b
1
>>>a,b,c =1,2, "abc"                          #多个变量同时赋值
>>>a
1                                             #输出 a 的值
>>>b                                          #输出 b 的值
2
>>>c                                          #输出 c 的值
'abc'
```

9.1.4　Python 语言的基础数据类型

Python 语言中，所有对象都有一个数据类型。Python 语言中的数据类型定义为一个值的集合以及定义在这个值集上的一组运算操作。Python 语言中有 6 个标准的数据类型，即数字（Number）、字符串（String）、列表（List）、元组（Tuple）、字典（Dictionary）和集合（Set），其中，列表、元组、字典和集合属于复合数据类型。本章主要介绍数值型和字符串型数据类型，其余的数据类型将在后面介绍。

1. 数值型

Python 语言中的数值型包括 3 种类型，分别是整数（int）、浮点数（float）和复数（complex）。

（1）int

在 Python 内部对整数的处理分为普通整数和长整数，普通整数长度为机器位长，通常是 32 位，超过这个范围的整数就自动当长整数处理，而长整数的范围几乎没限制。Python 可以处理任意大小的整数，当然包括负整数，在程序中的表示方法和数学上的写法一样，例如 1、10、-500、0 等。Python 语言中的 int 类型是无限精度的，这个特性给编程带来了很多便利。

（2）float

Python 语言中的 float 底层是用 C 语言中 double 类型变量实现的，具体的精度与运行

的计算机有关。在运算中，整数与浮点数运算的结果是浮点数，浮点数可以用数学写法，如1.23、3.14、-9.01等。但是对于很大或很小的浮点数，就必须用科学计数法表示，把10用e替代，1.25×10^9可以写成1.25e9，或者12.5e8，0.000012可以写成1.2e-5等。整数和浮点数在计算机内部存储的方式是不同的，整数运算是精确的，而浮点数运算则可能会有四舍五入的误差。

（3）complex

Python语言是支持虚数运算的，虚数的表示法为z=a+bj，其中a和b是float类型的数字。如果要单独获取a，用z.real；单独获取b，用z.imag。

Python支持不同数值类型之间的运算，与complex型数值运算的结果都是complex型，int型与float型数值运算结果为float型。如果需要对数值进行转换（可以从字符串转化），要用int()、float()和complex()函数。int()函数还支持将其他进制的字符串数值转为十进制。

【例9-6】Python语言中的进制转换。

```
>>> int("0213",8)                #八进制转换为十进制
139
>>> int("0xa231",16)             #十六进制转换为十进制
41521
```

数值类型的转换，只需要将数值类型作为函数名即可。例如，int(x)表示将x转换为一个整数；float(x)表示将x转换为一个浮点数；complex(x)表示将x转换为一个复数，实数部分为x，虚数部分为0；complex(x, y)表示将x和y转换为一个复数，实数部分为x，虚数部分为y。

有关常用的数值型函数如表9-1所示。

表9-1　常用的数值型函数

函　　数	返回值（描述）
abs(x)	返回数字的绝对值，如abs(-10)返回10
ceil(x)	返回数字的上入整数，如math.ceil(4.1)返回5
exp(x)	返回e的x次幂(ex)，如math.exp(1)返回2.718281828459045
fabs(x)	返回数字的绝对值，如math.fabs(-10)返回10.0
floor(x)	返回数字的下舍整数，如math.floor(4.9)返回4
log(x)	返回x的自然对数，如math.log(math.e)返回1.0
log10(x)	返回以10为基数的x的对数，如math.log10(100)返回 2.0
max(x1, x2,...)	返回给定参数的最大值，参数可以为序列
min(x1, x2,...)	返回给定参数的最小值，参数可以为序列
modf(x)	返回x的整数部分与小数部分，两部分的数值符号与x相同，整数部分以浮点型表示
pow(x, y)	x**y 运算后的值
round(x [,n])	返回浮点数x的四舍五入值，如给出n值，则代表舍入到小数点后的位数
sqrt(x)	返回数字x的平方根，返回类型为实数，如math.sqrt(4)返回 2+0j

2. 字符串型（String）

在Python语言中，字符串是以单引号、双引号或三引号括起来的任意文本，其中的引号本身只是一种表示方式，不是字符串的一部分，例如，字符串'abc'表示a、b、c这3个字符。

（1）单引号（'）

单引号标识字符串的方法是将字符串用单引号括起来。

【例9-7】 单引号标识字符串。

```
>>>'This is a sentence. '
```

（2）双引号（"）

双引号在字符串标识中的用法与单引号的用法完全相同。需要注意的是，单引号和双引号不能混用。

【例9-8】 双引号标识字符串。

```
>>>"This is a sentence. "
```

（3）三引号（'''）

三引号在字符串标识中的用法与单引号或者双引号相比，有一个特殊的功能，即能够标识一个多行的字符串，如一段话的换行、缩进等格式都会被原封不动地保留。

【例9-9】 三引号标识字符串。

```
>>>print('''\
…This is the first sentence.
…   This is the second sentence.
…   This is the third sentence. ''')
```

（4）转义字符

用单引号标识一个字符串的时候，如果该字符串中又含有一个单引号，这时Python不能辨识这段字符串从何处开始，又在何处结束，所以需要使用转义字符，即反斜杠（\）进行转义。Python中间的单引号只是纯粹的单引号，不具备任何其他作用。比较特殊的是，用双引号标识一个包含单引号的字符串时不需要转义符，但是字符串中包含一个双引号，仍需要转义符。另外，反斜杠（\）可以用来转义其本身。

【例9-10】 转义字符的使用。

```
>>>"What's happened"            # 双引号标识含有单引号的字符串不需要转义
'What's happened'
>>>"Double quotes(\") "         # 双引号标识的字符串中的双引号需要转义
'Double quotes(") '
>>>print('Backslash(\\)')       # 转义反斜杠
Backslash(\)
```

此外，Python语言中还可以通过给字符串加上一个前缀r或者R来指定原始字符串，例如：

```
>>>print(r'D:\name\python')     # 用r(或者R)指定原始字符串
D:\name\python
```

（5）字符串格式化

在Python语言中，字符串格式化使用与C中sprintf函数一样的语法，例如：

```
print ("我叫%s今年%d岁!" % ('小明', 10))
```

输出结果是“我叫小明，今年10岁”。具体字符串格式化参数如表9-2所示。

表9-2 字符串格式化参数

符　号	描　述
%C	格式化字符及其ASCII码
%s	格式化字符串

续表

符　号	描　述
%d	格式化整数
%u	格式化无符号整数
%o	格式化无符号八进制数
%x	格式化无符号十六进制数（小写）
%X	格式化无符号十六进制数（大写）
%f,%F	格式化十进制浮点数
%e	用科学计数法格式化浮点数（小写）
%E	用科学计数法格式化浮点数（大写）
%g	%f 和%e 的简写
%G	%F 和%E 的简写
%p	用十六进制数格式化变量的地址

另外，还可以使用格式化字符串的函数 Str.format()，以增强字符串格式化的功能。

【例 9-11】字符串输出及格式化。

1）通过{}进行输出，例如：

```
>>>print('{} a word she can get what she {} for.'.format('With','came'))
With a word she can get what she came for.
```

2）通过关键字参数进行输出，例如：

```
>>>print('{pre} a word she can get what she {verb} for.'.format(pre='With',
verb='came'))
With a word she can get what she came for.
```

3）通过位置映射进行输出，例如：

```
>>>print('{0} a word she can get what she {1} for.'.format('With','came'))
With a word she can get what she came for.
```

4）通过下标索引进行输出，例如：

```
>>>p = ['With','came']
>>>print('{0[0]} a word she can get what she {0[1]} for.'.format(p))
#相当于print(p[0]+' '+'a word she can get what she'+' '+p[1]+' '+'for.')
With a word she can get what she came for.
```

5）通过赋值进行输出，例如：

```
>>>city = input('write down the name of city:')
>>>url  ='http://apistore.baidu.com/microservice/weather?citypinyin=
{}'.format(city)
>>>url
'http://apistore.baidu.com/microservice/weather?citypinyin=shanghai'
```

6）精度常跟类型 f 一起使用，例如：

```
>>> '{:.2f}'.format(321.33345)
  '321.33'
```

逗号还能用来做金额的千位分隔符，例如：

```
>>> '{:,}'.format(1234567890)
  '1,234,567,890'
```

进制转换，b、d、o、x 分别表示二进制、十进制、八进制、十六进制，例如：

```
>>> '{:b}'.format(17)
```

```
  '10001'
>>> '{:d}'.format(17)
  '17'
```

（6）字符串类型基本操作

例如：str = 'My name'，其在内存中的存储结构如图 9-1 所示。元素对应的下标从 0～6，或者反转从-1～-7。

M	y		n	a	m	e
0	1	2	3	4	5	6
-7	-6	-5	-4	-3	-2	-1

图 9-1　字符串存储结构

1）长度：str.len()，求给定字符串中包含字符的个数。例如：

```
>>>str = 'My name'
>>>len(str)
7
```

2）计数：str.count()。

```
str.count(str1)          #计数 str 中子串“str1”出现的次数
str.count(str1,x)        #计数 str 中从下标 x 开始，子串“str1”出现的次数
```

3）下标：str.index('y')，求字符在字符串中的下标。例如：

```
>>>str = 'My name'
>>>str.index('y')
1
```

4）反转：str[::-1]。例如：

```
>>>'eman yM'
```

5）合并。将多个字符串合并，用“+”连接，例如：

```
>>>'char1'+'char2'+'char3'
'char1char2char3'
```

6）重复。字符串乘以数字，重复输出多次，例如：

```
>>> print("hello world\n" * 3)
hello world
hello world
hello world
```

7）转换：int(string)，将数字型字符串转换成整型数据。非数字型字符串不能转换成数值型，例如：

```
>>>int('12')
12
```

8）判断元素是否存在。例如：

```
>>> str = 'My name'
>>>'y' in str
True
```

9）切片与索引。切片指的是抽取序列的一部分，其形式为 list[start:end:step]。例如：

```
>>> str = 'My name'
```

其中，str[0]的结果为'M'，str[−4]的结果为'n'，str[:3]的结果为'My '，str[3:]的结果为'name'。

为了方便处理字符型数据，Python 语言还提供了常用字符型内建函数，如表 9-3 所示。

表 9-3 Python 语言常用字符型内建函数

函数名称	函数说明
S.split(sep,maxsplit)	返回字符串中的单词列表，使用 sep 作为分隔符字符串，至多拆分 maxsplit 次
sep.join(S)	连接字符串数组。将字符串、元组、列表中的元素以指定的分隔符连接，生成一个新字符串
S.strip('chars')	返回移除字符串头尾指定的字符('chars')生成的新字符串，默认为去除' '
S.lower()	将字符串所有大写字符变为小写字符
S.isalnum()	检验字符串是否为空。如果字符串至少有一个字符，则返回 true，否则返回 false
S.count('chars')	计算指定字符('chars')在字符串中出现的次数
S.replace(old,new,count)	返回字符串，其中所有的子串 old 通过 new 字符串替换。如果指定了可选参数 count，则只替换前 count 个 old 子串。如果 S 中搜索不到子串 old，则无法替换，直接返回字符串 S（不创建新字符串对象）
S.lstrip()	去掉字符串的左边空格
S.rstrip()	去掉字符串的右边空格
S. upper()	将小写字母完全变成大写字母
S.lower()	将大写字母完全变成小写字母
Scapitalize()	把字符串的第一个字母变成大写字母
S.title()	把所有单词的第一个字母变成大写字母

3. 空（None）类型

表示该值是一个空对象，空值是 Python 语言的一个特殊值，用 None 表示。None 不能理解为 0，因为 0 是有意义的，而 None 是一个特殊的空值。

9.1.5 Python 语言的常用操作运算符

运算符是一个符号，告诉编译器执行特定的数学或逻辑操作。Python 语言有丰富的内置运算符。运算符类型包括算术运算符、关系运算符、逻辑运算符、赋值运算符、按位运算符、成员运算符、身份运算符以及其他运算符。

1. 算术运算符

Python 语言支持的算术运算符有加（+）、减（-）、乘（*）、除（/）、取模（%）、指数（**）和取商（//）。例如：3-2 返回 1，3/2 返回 1.5，5%3 返回 2，3**2 返回 9，3.0//2 返回 1.0。

2. 关系运算符

Python 语言支持的关系运算符有等于（==）、不等于（!= 或<>）、大于（>）、小于（<）、大于等于（>=）和小于等于（<=）。两个操作数比较的结果是一个布尔值。例如：3==2 返回 False；3!=2 返回 True；3>2 返回 True 等。

3. 逻辑运算符

Python 语言支持的逻辑运算符有逻辑与（and）、逻辑或（or）和逻辑非（not）。所有数值非零的数认为逻辑值为 True。逻辑运算符两个操作数比较的结果是一个布尔值。例如：

True and False 返回 False；True or False 返回 True；not True 返回 False。

4. 赋值运算符

Python 语言支持的赋值运算符有赋值（=）、复合赋值（+=、-=、*=、/=、%=、**=、//=），这些运算符是用来给变量赋值的。例如：a=20 的含义是将 20 赋值给 a；c+= a 相当于 c=c+a；c*=a 相当于 c=c*a；c**=a 相当于 c=c**a 等。

5. 按位运算符

Python 语言支持的按位运算符有按位与（&）、按位或（|）、按位异或（^）、按位取反（~）、左移位（<<）和右移位（>>），这些运算符用于按位运算。例如：a=3（0000 0011），b=5（0000 0101），a&b 的结果是 1（0000 0001）。

6. 成员运算符

Python 语言支持的成员运算符有 in（如果在指定的序列中找到值，返回 True；否则，返回 False）、not in（如果在指定的序列中没有找到值，返回 True；否则，返回 False），这些运算符用于成员运算。例如：x in y，若 x 在 y 序列中，则返回 True。

7. 身份运算符

Python 语言支持的身份运算符有 is（判断两个标识符是不是引自一个对象）、is not（判断两个标识符是不是引自不同对象）。例如：x is y，如果 id(x)等于 id(y)，返回结果 1。

9.1.6 Python 语言的数据结构

Python 语言中的绝大部分数据结构可以被最终分解为 3 种类型：序列（sequence）、映射（mapping）和集合（set）。这 3 种数据结构类型也表明数据存储时所需的基本单位的重要性。

序列是 Python 语言中最为基础的内建类型。它分为 7 种类型：列表（list）、字符串（string）、元组（tuple）、Unicode 字符串、字节数组、缓冲区和 xrange 对象。常用的是列表、字符串和元组。

映射在 Python 语言中的实现是数据结构字典（dictionary）。映射的灵活性使它在多种场合中都有广泛的应用和良好的可拓展性。

集合是一个无序不重复元素集，它支持数学理论的各种集合的运算。它的存在使得应用程序代码实现数学理论变得更方便。

1. 列表（list）

列表由一系列按特定顺序排列的元素组成。列表属于可变数据类型，可以直接对列表中元素的内容进行修改，例如对列表元素进行赋值、修改、删除或增加等操作。

（1）列表的定义

列表用符号[]表示，中间的元素可以是任何类型，用逗号分隔。列表类似于 C 语言中的数组，用于顺序存储结构。例如：

```
all_list = [1,'word',{'like':'python'},True,[1,2]]  #定义一个列表并赋初始值
```

（2）列表的基本操作

列表用其内建函数来完成增加元素、删除元素、修改元素、查找元素等操作。列表的内建函数如表 9-4 所示。

表 9-4　列表的内建函数

函数名称	函数说明
list.append(x)	添加一个元素 x 到列表的末尾
list.extend(L)	将参数中的列表 L 添加到自身列表的末尾
list.insert(i,x)	在下标为 i 的位置前插入一个元素
list.remove(x)	删除列表第一个值为 x 的元素。如果没有这样的元素会报错
list.pop(i)	删除列表指定位置的元素并返回它。如果不输入这个参数，将删除并返回列表最后一个元素
list.count(x)	统计元素 x 出现的次数
list.reverse()	反转列表中的元素
list.index(x)	返回列表第一个值为 x 的元素的下标。如果没有这样的元素会报错
list(enumerate(list))	将 list 列表中每个元素的下标与对应元素合成新元素（i，list[i]）
print ([i for i, x in enumerate(list) if x == 3])	找出所有元素 x 为 3 的下标
list.sort()	对原列表进行排序，不能重新赋值
new_list = list.sorted()	对原列表进行排序，可以重新赋值

【例 9-12】列表的定义，列表元素的增加、删除、插入、修改、查找等操作。

（1）定义一个列表并赋初始值

```
month=['January','February','April']
```

（2）列表元素增加

```
month.append('May')
print(month)
['January','February','April','May']          #向列表中增加May
```

（3）列表元素删除

```
month.remove('May')或month.remove(month[3])  #在列表中删除May
print(month)
['January','February','April']
```

（4）列表元素插入

```
month.insert(2,'March')     #在列表中下标位的位置插入一个新元素March
print(month)
['January','February','March','April']
```

（5）列表元素修改

```
month[3]=('四月')
print(month)
['January','February','March','四月']
```

（6）列表元素的查找

```
month.index('March')
2                       # March运算的下标为2
```

（7）列表弹出元素、扩展列表元素、清空列表等操作

```
month.pop(2)            # 弹出下标为2的元素
print(month)
['January','February','四月']
```

```
fruit=['peach','Lemon','Banana','pear']        #定义一个列表
month.extend(fruit)                            #扩展列表元素
print(month)
['January','February','四月','peach','Lemon','Banana','pear']
fruit.clear()          # 清空列表
[]                     # 输出为列表
```

2. 元组（tuple）

元组与列表和字符串一样，也是一种序列。而元组与列表的唯一不同是元组不能修改，字符串也是如此。列表的可变性使其更方便处理复杂问题，例如更新动态数据等，但很多时候不希望某些处理过程修改对象内容，例如敏感数据，这就需要用到元组的不可变性。

元组一旦初始化就不能更改，速度比列表快，同时元组不提供动态内存管理功能，元组可以用下标返回一个元素或子元组。元组的内建函数如表 9-5 所示。

表 9-5　元组的内建函数

函数名称	函数说明
tuple.count( )	记录某个元素在元组中出现的次数
tuple.index( )	获取元素在元组当中第一次出现的位置索引
sorted( )	创建一个对元素进行排序后的列表
len( )	获取元组长度，即元组中元素个数
+	将两个元组合并为一个元组
*	重复合并同一个元组为一个更长的元组

【例 9-13】元组的基本操作。

定义一个元组：

```
tup=('hello','node',1998,2010)  #此元组中包含 4 个元素
```

若元组中只包含一个元素时，要在元素后面添加逗号。元组 tup 的长度、计数、下标、反转、合并、重复、判断元素是否存在、索引与切片及解包的基本操作如下。

（1）元组的长度

```
len(tup)                # tup 列表元素个数是 4，输出结果 4
```

（2）元组的计数

```
tup.count('hello')      # tup 列表中元素'hello'的个数为 1，则输出结果为 1
```

（3）元组的下标

```
tup.index('hello')      # tup 列表中元素'hello'在元组中的下标为 0，则输出结果为 0
```

（4）元组的反转

```
tup[::-1]               # tup 列表的下标从右向左依次是-1～-4,输出结果为(2010, 1998,
                          'node', 'hello')
```

（5）元组的合并

```
tup1+tup2               # 将两个列表合并
```

（6）元组的重复

```
tup * 3                 # tup 列表重复 3 次
```

（7）判断元素是否存在

```
'hello' in tup          #'hello' in tup
```

（8）元组的索引与切片

索引是指序列或者元组中的所有元素都是从 0 开始递增编号的，可以通过索引获取元素；切片是指抽取序列或元组中的一部分元素，这些元素可以通过编号分别访问。抽取时一般默认的步长为 1，也可自定义。

```
tup[0]              # 获取列表下标为 0 的元素，输出结果'hello'
tup[1:4]            # 为左闭右开区间，输出结果为('node', 1998, 2010)
tup[:3]             # 为左开右闭区间，输出结果为('hello', 'node', 1998)
```

（9）元组的解包

```
A,B,C,D=tup         # 将元组中各元素分别赋值给对应变量
```

3. 字典（dictionary）

字典是 Python 语言中唯一内建的映射类型。序列是按照顺序来存储数据的，而字典是通过键存储数据的。字典的内部实现基于二叉树（binary tree），数据没有严格的顺序。字典将键映射到值，通过键来调取数据。如果键值本来是有序的，那么不应该使用字典，如映射：

$$\begin{cases} 1 \to A \\ 1 \to B \\ 1 \to C \end{cases}$$

则直接用列表['A', 'B', 'C']即可，这种情况下字典的效率比列表差得多。但是在很多情况下，字典比列表更加适用。比如手机的通讯录（假设人名均不相同）可以使用字典实现，把人的名字映射到一个电话号码，由于名字是无序的，不能直接用一个列表实现，因此使用字典会更加直接高效。

字典是一种无序的存储结构，包括键（key）和键对应的值（value）。字典的格式为 dictionary = {key:value}。键为不可变类型，如字符串、整数以及只包含不可变对象的元组，列表等不可作为键。如果列表中存在键-值对，可以用 dict()直接构造字典。

【例 9-14】字典的基本操作示例。

```
code = {'BIDU':'Baidu','SINA':'Sina','YOKU':'Youku'}      #定义一个字典
code = dict([('BIDU','Baidu'),('SINA','Sina'),('YOKU','Youku')])
                    #dict 类型将列表中的元素（每一个元素又是一个元组）转换成字典数据类型
```

插入元素：

```
code['QQ'] = 'tengxun'
code.update({'FB':'Facebook','TSLA':'Tesla'})
```

删除元素：

```
del code['FB']
code_QQ = code.pop('QQ')
code.clear()                  #清空字典
```

修改元素（赋值）：

```
code['YOKU'] = 'YOUKU'
```

查找元素：

```
code['FB']
```

另外，字典的其他常用操作如下：

```
code={'BIDU':'Baidu','SINA':'Sina','YOKU':'Youku'}
len()                         #测量字典中键-值对的个数
len(code)                     #输出结果为 3
```

```
code.keys()                #keys 返回一个包含字典所有 key 的列表
code.values()              #values 返回一个包含字典所有 value 的列表
code.items()               #items 返回一个包含所有（键，值）元组的列表
code.has_key(key)          #如果 key 在字典中，返回 True，否则返回 False
```

4. 集合（set）

Python 语言中有一种特殊的数据类型称为集合。它类似于数学中的集合，是不重复的元素集，可进行逻辑运算和算术运算。

【例 9-15】集合的创建。

创建可变集合：

```
set1=set([2,3,1,4,False,2.5,'one'])       #创建可变集合 set1
set2={'A','C','D','B','A','B'}            #创建可变集合 set2
```

创建不可变集合：

```
set3=frozenset([3,2,3,'one',frozenset([1,2]),True]) #创建不可变集合 set3
```

集合能够通过表达式操作符支持一般的数学集合运算，包括集合的并集、交集、差集、异或集。这是集合特有的操作，序列和映射类型不支持这样的表达式。集合的内建函数如表 9-6 所示。

表 9-6 集合的内建函数

函数名称	函数说明
set.add(x)	往集合中插入元素 x
set1.update(set2)	把 set2 的元素添加到 set1
set.remove(x)	删除集合中的元素 x
set.discard(x)	删除指定元素，但是如果集合中没有的话就什么也不做
set.pop()	随机删除一个，并返回该值
set.clear()	清空
set1.update(set2)	把 set2 的元素添加到 set1（元素可能重复）
set1.union(set2)	set1 和 set2 的并集（元素不重复）
set1.intersection(set2)	set1 和 set2 的交集
set1.difference(set2)	set1 和 set2 的差，两个集合都不属于
set1.issuperset(set2)	判断 set1 是否是 set2 的超集
set1.symmetric_difference(set2)	set1 和 set2 的对称补集

Python 语言的数据类型还可分为可变数据类型和不可变数据类型。

（1）可变数据类型

可变数据类型可以直接对数据结构对象的内容进行修改（并非是重新对对象赋值操作），即可以对数据结构对象进行元素的赋值、修改、删除或增加等操作。因为可变数据类型对象能直接对自身进行修改，所以修改后的新结果仍与原对象引用同一个 ID 地址值。也就是说，由始至终只对同一个对象进行了操作。列表属于可变数据类型。

（2）不可变数据类型

与可变数据类型不同，不可变数据类型不能对数据结构对象的内容进行修改操作。若需要对对象进行内容修改，则需对其变量名进行重新赋值，而赋值操作会把变量名指向一

个新对象，新旧对象两者引用两个不同的ID地址值。字符串、字典、元组、集合属于不可变数据类型。

9.1.7 Python语言的控制语句

Python语言的常用控制语句跟其他编程语言类似，包含if语句、while语句、for语句、break语句、continue语句和pass语句，用来控制程序的执行流程。本节简单介绍这些语句的语法格式和使用方法。

1. if语句实现条件分支

需要用到布尔表达式，格式如下：

```
if 布尔表达式1:
    分支
```

注意：每个条件后面要使用冒号（:），表示接下来是满足条件后要执行的语句块。使用缩进来划分语句块，相同缩进数的语句在一起组成一个语句块。

布尔表达式：在表达式运算的过程中，True会视为数值1，False会视为数值0，这与其他编程语言是相似的。逻辑表达式是布尔表达式的一种，逻辑表达式指的是带逻辑操作符或比较操作符（如>，==）的表达式。

【例9-16】使用if语句，通过分数判断一个学生的成绩等级。

```
>>> score=91
>>> if score>=90 & score<=100:
...     print('本次考试：成绩等级为A')
本次考试：成绩等级为A
```

注意：程序只对成绩进行了一次判断，条件满足的时候，则返回True，打印的结果就是“本次考试：成绩等级为A”。

2. 多路分支

if语句设置多路分支的一般格式如下：

```
if 布尔表达式1:
    分支一
elif 布尔表达式2:
    分支二
else:
    分支三
```

程序会先计算布尔表达式1，如果结果为True，则执行分支一的所有语句，如果为False，则计算布尔表达式2；如果布尔表达式2结果为True，则执行分支二的所有语句，如果结果仍然为False，则执行分支三的所有语句。如果只有两个分支，那么不需要elif，直接写else即可；如果有更多的分支，那么需要添加更多的elif语句。Python语言中没有switch和case语句，多路分支只能通过if-elif-else来实现。

注意：整个分支结构中是有严格的退格缩进要求的。

【例9-17】使用if...else语句，通过分数判断一个学生的成绩等级。

```
>>> score = 59
```

```
>>> if score < 60:
...     print('考试不及格')
>>> else:
...     print('考试及格')
考试不及格
```

3. 循环结构

目前为止介绍的程序都是一条一条按顺序执行的，如果要让程序重复地做一件事情，就只能重复地写相同的代码，操作比较烦琐。此时，需要掌握一个重要的方法——循环。使用循环在一定情况下可以使代码运行效率更高。

（1）for 循环

1）for 循环在 Python 语言中是一个通用的序列迭代器，可以遍历任何有序的序列，如字符串、列表、元组等。程序语言的学习是一个循环的过程，与其他学科不同，程序语言的知识是相互紧扣的。

2）Python 语言中的 for 语句接收可迭代对象，如序列和迭代器作为其参数，每次循环调取其中一个元素。

3）Python 语言的 for 循环看上去像伪代码，非常简洁。

【例 9-18】 for 循环对字符串、列表的遍历。

```
>>>for a in ['e','f','g']:
... print(a)
efg
>>>for a in 'string':
... print(a)
string
```

（2）while 循环

while 循环也是最常用的循环语句，Python 语言中 while 语句用于循环执行程序，即在某些条件下，循环执行某段程序，以处理需要重复处理的相同任务，格式如下：

```
while 布尔表达式:
    程序段
```

注意：只要布尔表达式为 True，那么程序段将会被执行，执行完毕后，再次计算布尔表达式，如果结果仍然为 True，那么再次执行程序段，直至布尔表达式为 False。

【例 9-19】 简单循环程序举例。

```
>>> s=0
>>> while(s<=1):
... print('计数：',s)
... s=s+1
计数：0
计数：1
```

当 s 的值小于等于 1 的时候打印出 s，这里的结果就是循环到 1，一共打印了两次计数。

当条件判断语句即布尔表达式一直为 True 时，就会进行无限次循环，无限循环时可以使用 Ctrl＋C 键来中断循环。

Python 语言用类似 C 语言的格式进行循环，实际上需要的是一个数字序列，range 函数能够快速构造一个数字序列。range 函数的使用格式如下：

```
range(start, end[, step])
```

start 表示计数从 start 开始，默认是从 0 开始。例如：range(5)等价于 range(0,5)。

end 表示计数到 end 结束，但不包括 end。例如：range(0,5)是[0, 1, 2, 3, 4]，而没有 5。

step 表示步长，默认为 1。例如：range(0,5)等价于 range(0, 5, 1)。

Python 语言中 for i in range(5)的效果和 C 语言中 for(i=0;i<5;i++)的效果是一样的。range(a,b)能够返回列表[a,a+1,…,b-1]（注意不包含 b），这样 for 循环就可以从任意起点开始，任意终点结束。

range 函数经常和 len 函数一起用于遍历整个序列。len 函数能够返回一个序列的长度，for i in range(len(L))能够迭代整个列表 L 的元素的索引。直接使用 for 循环似乎也可以实现这个目的，但是直接使用 for 循环难以对序列进行修改（因为每次迭代调取的元素并不是序列元素的引用），而通过 range 函数和 len 函数可以快速地通过索引访问序列并对其进行修改。

【例 9-20】循环程序结合 range 函数和 len 函数执行过程及输出结果。

```
>>> for i in range(0,5):
...   print(i)
#result:0,1,2,3,4
>>> for i in range(0,6,2):      #步长为 2
...   print(i)
0,2,4
#直接使用 for 循环难以改变序列元素
>>> L = [1,2,3]
>>> for a in L:
...   a+=1                      #a 不是引用，L 中对应的元素没有发生改变
>>> print(L)
[1,2,3]
# range 与 len 函数遍历序列并修改元素
>>> for i in range(len(L)):
...   L[i]+=1                   #通过索引访问
>>> print(L)
[2,3,4]
```

（3）break、continue 和 pass 语句

在 Python 语言中，break 语句的作用跟 C 语言中一样，打破了最小封闭 for 或 while 循环。break 语句用在 while 和 for 循环中，用来终止循环语句，即循环条件没有 False 条件或者序列还没被完全递归完，也会停止执行循环语句。如果使用嵌套循环，break 语句将停止执行最深层的循环，并开始执行下一行代码。

continue 语句的作用是跳过当前循环的剩余语句，然后继续进行下一轮循环。continue 语句与 break 语句的区别是，continue 语句是跳出本次循环，而 break 语句是跳出整个循环。

pass 语句是空语句，一般用做占位语句，作用是为了保持程序结构的完整性。

（4）循环的嵌套

循环的嵌套，顾名思义，就是在一个循环中嵌入另一个循环。而 Python 语言是允许在一个循环中嵌入另一个循环的，如可以在 for 循环中嵌入一个 for 循环，可以在 for 循环中嵌入 while 循环，也可以在 while 循环中嵌入 for 循环，还可以在 while 循环中嵌入 while 循环。

【例 9-21】嵌套循环执行及输出结果。

```
>>> num = zeros(shape=(3,3))
>>> for i in range(0,3):
...    for j in range(0,3):
```

```
...       num[i,j] = i * j
>>> num
array([[0.,  0.,  0.],
       [0.,  1.,  2.],
       [0.,  2.,  4.]])
```

利用嵌套循环对数组 num 中的值进行了修改，重新赋值为 i*j。

（5）多变量迭代

如果给定一个列表或元组，可以通过 for 循环来遍历这个列表或元组，这种遍历称之为迭代（iteration）。

在 Python 语言中，迭代是通过 for in 来完成的。Python 语言的 for 循环不仅可以用在列表或元组上，还可以用在其他可迭代对象上。只要是可迭代对象，无论有无下标，都可以迭代。

【例 9-22】 字典 dict 的迭代。

```
>>> d = {'a': 1, 'b': 2, 'c': 3}
>>> for key in d:
...     print(key)
a
c
b
```

因为字典的存储不是按照列表的方式顺序排列的，所以迭代出的结果顺序很可能不一样。

在 Python 语言中，for 循环同时引用两个变量的情况也很常见。

【例 9-23】 for 循环同时引用两个变量。

```
>>> for x, y in [(1, 1), (2, 4), (3, 9)]:
>>> print(x, y)
1 1
2 4
3 9
```

（6）列表解析

列表解析是一种高效创建新列表的方式，它可以用来动态地创建列表。列表解析是 Python 语言迭代机制的一种应用，它常用于创建新的列表，因此用在[ ]中。

列表解析完全可以替换内建的 map 函数以及 lambda，而且效率更高。列表解析不仅可以运用到嵌套循环中，还可以在其中增加条件判断语句。列表解析实现效率更高，且代码更加简洁。

【例 9-24】 列表解析。

```
>>> map(lambda x: x**3, range(6))             #计算x的三次幂
[0,1,8,27,64,125]
>>> [x**3 for x in range(6)]
[0,1,8,27,64,125]
>>> seq = [1,2,3,4,5,6,7,8]                   #当x%2为1时取值
>>> filter(lambda x: x % 2, seq)
[1,3,5,7]
>>> [x for x in seq if x % 2]
[1,3,5,7]
```

嵌套循环：

```
>>> [(i,j) for i in range(0,3) for j in range(0,3)]
[(0, 0), (0, 1), (0, 2), (1, 0), (1, 1), (1, 2), (2, 0), (2, 1), (2, 2)]
```

```
>>> [(i,j) for i in range(0,3) if i < 1 for j in range(0,3) if j > 1]
[(0, 2)]
```

9.1.8 Python 语言的函数

函数是 Python 语言为了代码效率的最大化、减少冗余而提供的最基本的程序结构。函数是一个组织在一起的一组以执行特定任务的语句，通过函数名来进行调用。它能对数据或参数进行传递与处理，执行后可以有值返回，也可以无值返回。在开发程序过程中，如果某块代码需要多次运行，为了避免重复编写代码，可以把具有独立功能的代码块组织为一个函数，利用函数调用来实现多次运行，从而提高和优化代码的编写效率。

在 Python 语言中，函数可以分成 4 类。

1）内置函数。Python 语言内置了若干常用的函数，例如 abs()、len()等，在程序中可以直接使用。

2）标准库函数。Python 语言安装程序的同时会安装若干标准库，例如 math、random 等，通过 import 语句，可以导入标准库，然后使用其中定义的函数。

3）第三方库函数。Python 社区提供了许多其他高质量的库，如 Python 图像库等，下载安装这些库后，通过 import 语句可以导入库，然后使用其中定义的函数。

4）用户自定义函数。本章将详细讨论用户自定义函数的定义和调用方法。

1. 自定义函数创建

使用关键字 def 定义函数，其后紧接函数名，括号内包含了将要在函数体中使用的形式参数（简称形参，调用函数时为实参），以冒号结束。然后另起一行编写函数体，函数体的缩进为 4 个空格或者一个制表符。

（1）定义函数的格式

```
def 函数名():
    代码
```

例如：定义一个函数，能够完成打印信息的功能。

```
def printinfo():
    print('------------------------------------')
    print('    快乐学习，我用 Python'            )
    print('------------------------------------')
```

（2）函数参数设置

Python 语言中的函数参数主要有 4 种：位置参数、关键字参数、默认参数和可变参数。

1）位置参数。调用函数时根据函数定义的参数位置来传递参数。

2）关键字参数。通过“键-值”形式加以指定。

3）默认参数。用于定义函数，为参数提供默认值，调用函数时可传可不传该默认参数的值（注意：所有位置参数必须出现在默认参数前，包括函数定义和调用）。

4）可变参数。主要包括任意数量的可变位置参数和任意数量的关键字可变参数，*args 参数传入时存储在元组中，**kwargs 参数传入时存储在字典内。

（3）自定义函数调用

Python 语言中使用“函数名+()”的格式对函数进行调用，按照传入参数的方式不同，总共有 3 种函数调用方式：位置参数调用、关键字参数调用和可变参数调用。

例如：定义完函数后，函数是不会自动执行的，需要调用它才可以。

```
printinfo()  #调用上面定义好的打印信息函数
```

（4）函数嵌套调用

Python 语言中允许在函数中定义另外一个函数，这就是通常所说的函数嵌套。定义在其他函数内部的函数被称为内建函数，而包含内建函数的函数称为外部函数。

```
#函数的嵌套调用
def testB():
    print('---- testB start----')
    print('这里是 testB 函数执行的代码...(省略)...')
    print('---- testB end----')
def testA():
    print('---- testA start----')
    testB()
    print('---- testA end----')
```

如果函数 A 在执行过程中调用了另外一个函数 B，那么先把函数 B 中的任务都执行完毕之后才会回到函数 A 执行的位置，继续执行函数 A 的任务程序。

在定义函数时，往往需要在函数内部对变量进行定义和赋值，在函数体内定义的变量为局部变量；与局部变量相对应，定义在函数体外面的变量为全局变量，全局变量可以在函数体内被调用。需要注意的是，全局变量不能在函数体内直接被赋值，否则会报错。若同时存在全局变量和局部变量，函数体会使用局部变量对全局变量进行覆盖。在函数内部可以内建函数，函数体内的局部变量仅在该层函数体内有效。变量转换为全局变量后，可在全局使用，但是需要注意全局变量值的改变。

2. 匿名函数创建

Python 语言允许使用 lambda 语句创建匿名函数，也就是说函数没有具体的名称。lambda 语句中，冒号前是函数参数，若有多个函数可使用逗号分隔，冒号右边是返回值，如此便构建了一个函数对象。

lambda 函数的语法只包含一个语句，格式如下：

lambda [arg1 [,arg2,...argn]]:expression

【例 9-25】lambda 函数使用示例。

```
sum = lambda arg1, arg2: arg1 + arg2
#调用 sum 函数
print( "Value of total : ", sum( 10, 20 ))
print( "Value of total : ", sum( 20, 20 ))
```

lambda 函数能接收任何数量的参数，但只能返回一个表达式，匿名函数不能直接调用 print，因为 lambda 需要一个表达式。

3. 其他常用高阶函数

（1）map 函数

map 函数的基本格式如下：

map(func,list)

其中，func 是一个函数，list 是一个序列对象。在执行的时候，序列对象中的每个元素，按照从左到右的顺序通过把函数 func 依次作用在 list 的每个元素上，得到一个新的 list 并返回。

【例 9-26】计算平方数。

方法一：

```
>>>def square(x):                          # 计算平方数
... return x ** 2 ...
>>> map(square, [1,2,3,4,5])               # 计算列表各个元素的平方
[1, 4, 9, 16, 25]                          # 输出结果
```

方法二：

```
>>> map(lambda x: x ** 2,[1,2,3,4,5])  # 使用 lambda 匿名函数
[1, 4, 9, 16, 25]                      # 输出结果
```

方法三：

```
# 提供了两个列表，对相同位置的列表数据进行相加
>>> map(lambda x,y: x+y,[1,3,5,7,9],[2,4,6,8,10])
[3,7,11,15,19]
```

（2）filter 函数

filter 函数的基本格式如下：

filter(function, iterable)

其功能是用于过滤序列，过滤掉不符合条件的元素，返回由符合条件元素组成的新列表。function 函数是一个判断函数，iterable 是一个可迭代对象。function 的作用是对每个元素进行判断，返回 True 或 False 来过滤掉不符合条件的元素，由符合条件的元素组成新的列表。

【例 9-27】过滤出列表中的所有奇数。

```
#!/usr/bin/python
# -*- coding: UTF-8 -*-
    def  is_odd(n):
      return n % 2 == 1
    newlist = filter(is_odd, [1, 2, 3, 4, 5, 6, 7, 8, 9, 10])
    print(newlist)
    [1,3,5,7,9]              #输出结果
```

（3）fib 函数

fib 函数是一个递归函数，最典型的递归例子之一就是斐波那契数列。根据斐波那契数列的定义，可以直接写成斐波那契递归函数。

9.1.9 Python 语言文件基础

1. 文件概念

文件是指记录在存储介质上的一组相关信息的集合。存储介质可以是纸张、计算机磁盘、光盘或其他电子媒体。在 Windows 操作系统下，文件名称由文件主名和拓展名组成，拓展名由 1~3 个字符组成，主名与拓展名之间由一个小圆点隔开。如在“Readme.txt”文件中，“Readme”是文件主名，“txt”为拓展名。

2. txt 文件读写

（1）txt 文件读取

方法一：Python 语言以读文件的方式打开文件使用的是 open 函数，其格式如下：

f= open('filename.txt',mode='r')

其中，filename 是希望打开的文件的字符串名字，mode 表示读写模式，默认为 read 模式。

打开文件之后就可以使用 read 函数一次性读取文件的全部内容，然后用 print 函数将读取的文件内容打印出来，最后一步是调用 close 函数关闭文件。

【例 9-28】创建一个学生成绩文本文件，命名为 1，内容如下：

```
StudentID,First,Last,  Math,Science,Social Studies
011,          Bob,Smith,         90,        80,         67
012,          Jane,Weary,        75,        90,         80
010, Dan,     "Thornton, III",   65,        75,         70
040,          Mary,"O'Leary",    90,        95,         92
```

程序代码如下：

```
f = open('1.txt', 'r')          # 以读的方式打开文本文件
txt = f.read()                  # 阅读 1.txt 的内容并赋值变量 txt
print(txt)                      # 输出文件 1.txt 的内容
f.close()                       # 关闭文件
```

为了确保程序运行过程中无论是否出错都能正常关闭文件，可以使用 try…finally…结构实现。

```
try:                            # try…finally…结构
   f = open('1.txt', 'r')
   print(f.read())
finally:
   if f:
      f.close()
```

方法二：with 语句读取。with 语句自动调用 close 函数可使代码更为优雅简洁，例如：

```
with open('1.txt', 'r') as f:     # with 语句
print(f.read())
```

（2）写入 txt 文件

在 Python 语言的 open 函数中，如果需要将数据写入文件，标识符设置为写入模式（w）即可。如果要写入的文件不存在，那么 open 函数将自动创建文件。如果文件已经存在，那么以写入模式（w）写入文件时会先清空该文件。

【例 9-29】向文件 1.txt 中写入数据。

```
file_name = '1.txt'         #写入文件
f = open(file_name, 'w')
f.write('065,Mike,Jerry,86,91,95')
f.close()
```

【例 9-30】用 with 语句向文件中写入数据。

```
file_name = '1.txt'
with open(file_name, 'w') as f:
  f.write('065,Mike,Jerry,86,91,95\n')
```

注意：*有关文件的操作比较多，还包括 csv 文件的读写、os 模块及 shutil 模块等，在这里就不再赘述，有兴趣的读者可参考相关书籍。*

9.2 Python 语言高级应用

Python 语言提供了丰富的图形绘制功能，本节主要讲述基于 Matplotlib.pyplot 模块的绘图。Matplotlib 是 Python 语言最著名的绘图库，它提供了一整套和 MATLAB 相似命令的 API，十分适合交互式绘制图形，而且也可以方便地将它作为绘图控件，嵌入到 GUI 应用

程序中。

Matplotlib 首次发表于 2007 年，由于在函数设计上参考了 MATLAB，其名字以“Mat”开头，中间的“plot”表示绘图功能，而结尾的“lib”则表示它是一个集合。近年来，Matplotlib 在开源社区的推动下，在科学计算领域得到了广泛的应用，并且成为 Python 语言中应用最广的绘图工具包之一。Matplotlib 中应用最广的是 Matplotlib.pyplot 模块。

Matplotlib.pyplot（以下简称 pyplot）是一个命令风格函数的集合，使 Matplotlib 的机制更像 MATLAB，如创建图形，在图形中创建绘图区域，在绘图区域绘制一些线条，使用标签装饰绘图等。在 pyplot 中，各种状态跨函数调用保存，可以跟踪诸如当前图形和绘图区域等内容，并且绘图函数始终指向当前轴域。

9.2.1 pyplot 基本绘图流程

pyplot 基本绘图流程如图 9-2 所示。基本绘图流程是：创建画布→选定子图→绘制图形→添加图例→保存图形→显示图形。

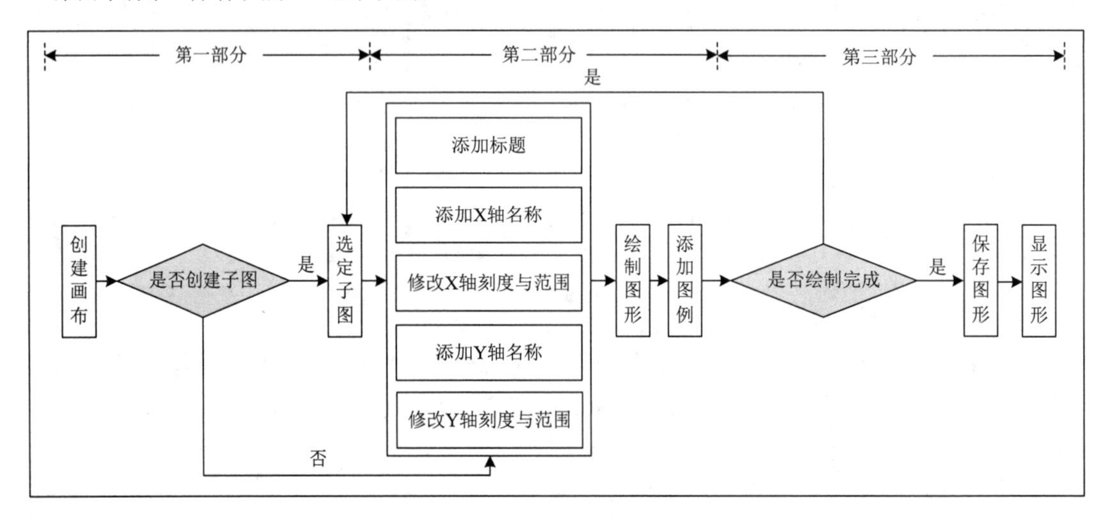

图 9-2 pyplot 基本绘图流程

9.2.2 绘制函数曲线

【例 9-31】 使用 pyplot 模块绘制 $y=x^2$,$y=x^4$ 的函数曲线图。

```
import numpy as np
import matplotlib.pyplot as plt
%matplotlib inline                        ##notebook 图形直接到网页上展示
data = np.linspace(0, 1, 1000)            ##在指定的间隔内返回均匀间隔的数字
plt.title('lines')                        ## 添加标题
plt.xlabel('x')                           ## 添加 x 轴的名称
plt.ylabel('y')                           ## 添加 y 轴的名称
plt.xlim((0,1))                           ## 确定 x 轴范围
plt.ylim((0,1))                           ## 确定 y 轴范围
plt.xticks([0,0.2,0.4,0.6,0.8,1])         ## 规定 x 轴刻度
plt.yticks([0,0.2,0.4,0.6,0.8,1])         ## 确定 y 轴刻度
plt.plot(data,data**2)                    ## 添加 y=x^2 曲线
plt.plot(data,data**4)                    ## 添加 y=x^4 曲线
plt.legend(['y=x^2', 'y=x^4'])
```

```
plt.savefig('fig1.png')                    ## 保存图形
plt.show()                                 ## 显示图形
```

绘图结果如图 9-3 所示。

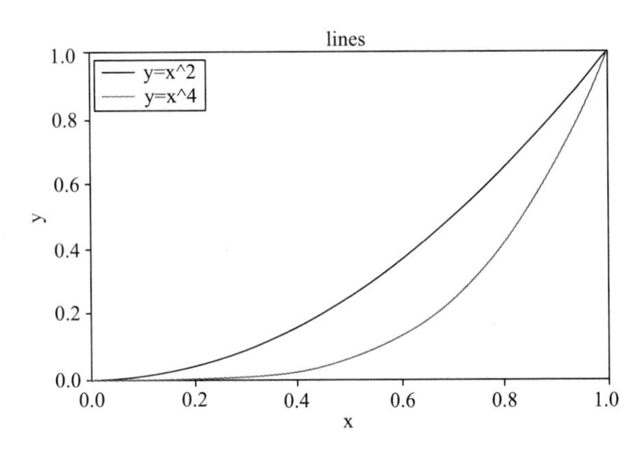

图 9-3　函数 $y=x^2$，$y=x^4$ 的曲线图

9.2.3　创建子图

【例 9-32】 创建一个 2 行 1 列的子图，第一幅图的函数是 $y=x^2$，$y=x^4$；第二幅图的函数是 y=sinx，y=cosx。

```
rad = np.arange(0,np.pi*2,0.01)
##第一幅子图
p1 = plt.figure(figsize=(8,6),dpi=80)## 确定画布大小
ax1 = p1.add_subplot(2,1,1)## 创建一个 2 行 1 列的子图，并开始绘制第一幅
plt.title('lines') ## 添加标题
plt.xlabel('x')## 添加 x 轴的名称
plt.ylabel('y')## 添加 y 轴的名称
plt.xlim((0,1))## 确定 x 轴范围
plt.ylim((0,1))## 确定 y 轴范围
plt.xticks([0,0.2,0.4,0.6,0.8,1])## 规定 x 轴刻度
plt.yticks([0,0.2,0.4,0.6,0.8,1])## 确定 y 轴刻度
plt.plot(rad,rad**2)## 添加 y=x^2 曲线
plt.plot(rad,rad**4)## 添加 y=x^4 曲线
plt.legend(['y=x^2','y=x^4'])
##第二幅子图
ax2 = p1.add_subplot(2,1,2)## 开始绘制第 2 幅
plt.title('sin/cos') ## 添加标题
plt.xlabel('rad')## 添加 x 轴的名称
plt.ylabel('value')## 添加 y 轴的名称
plt.xlim((0,np.pi*2))## 确定 x 轴范围
plt.ylim((-1,1))## 确定 y 轴范围
plt.xticks([0,np.pi/2,np.pi,np.pi*1.5,np.pi*2])## 规定 x 轴刻度
plt.yticks([-1,-0.5,0,0.5,1])## 确定 y 轴刻度
plt.plot(rad,np.sin(rad))## 添加 sin 曲线
plt.plot(rad,np.cos(rad))## 添加 cos 曲线
plt.legend(['sin','cos'])
plt.savefig('sincos.png')
```

```
plt.show()
```

绘图结果如图 9-4 所示。

np.arange()函数的格式如下：

```
arange([start,] stop[, step,], dtype=None)
```

其作用是根据 start 与 stop 指定的范围以及 step 设定的步长，生成一个 ndarray（数组）。

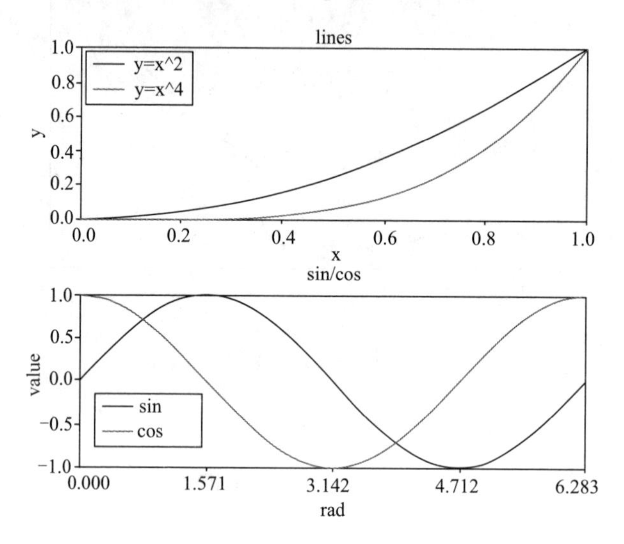

图 9-4　创建一个 2 行 1 列的子图

9.2.4　使用 rc 配置文件自定义图形的各种默认属性

pyplot 使用 rc 配置文件自定义图形的各种默认属性，被称为 rc 配置或 rc 参数。在 pyplot 中几乎所有的默认属性都是可以控制的，例如视图窗口大小、每英寸点数、线条宽度、颜色和样式、坐标轴、坐标和网格属性、文本、字体等。

默认 rc 参数可以在 Python 交互式环境中动态调整。

【例 9-33】如图 9-5 所示的 sin(x)曲线图，对应的代码如下：

```
## 原图
x = np.linspace(0, 4*np.pi)          #生成 x 轴数据
y = np.sin(x)                        #生成 y 轴数据
plt.plot(x,y,label="$sin(x)$")       #绘制 sin 曲线图
plt.title('sin')
plt.savefig('默认 sin 曲线.png')
plt.show()

## 修改 rc 参数后的图
plt.rcParams['lines.linestyle'] = '-.'
plt.rcParams['lines.linewidth'] = 3
plt.plot(x,y,label="$sin(x)$") #绘制三角函数
plt.title('sin')
plt.savefig('修改 rc 参数后 sin 曲线.png')
plt.show()
```

修改 rc 参数后的图如图 9-6 所示。

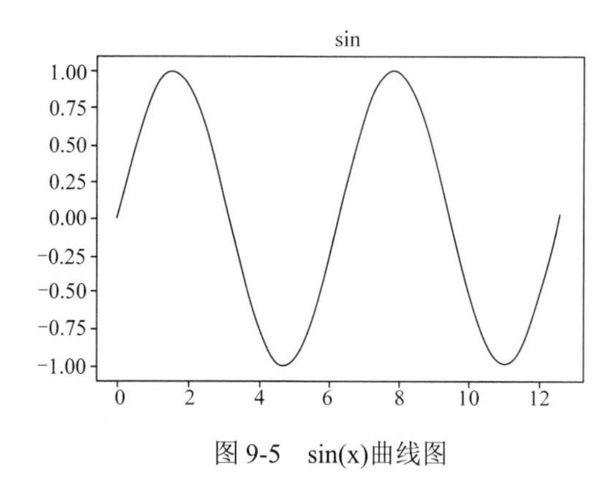

图 9-5　sin(x)曲线图

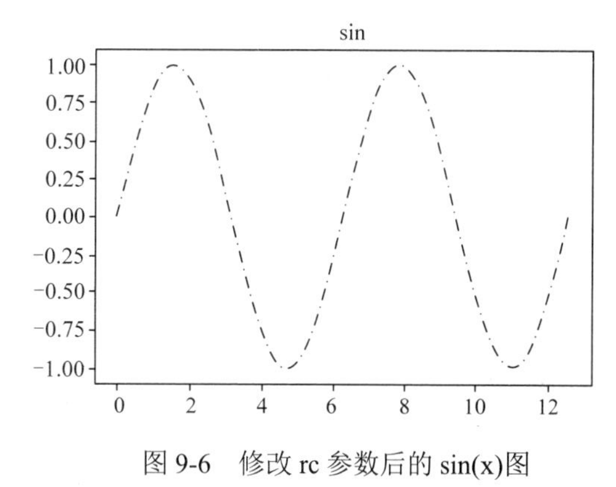

图 9-6　修改 rc 参数后的 sin(x)图

pyplot 的动态 rc 参数的含义如表 9-7 所示。

表 9-7　rc 参数含义

rc 参数名称	解　释	取　值
lines.linewidth	线条宽度	取 0～10 之间的数值，默认为 1.5
lines.linestyle	线条样式	可取“-”“--”“-.”“:”4 种
lines.marker	线条上点的形状	可取“o”“D”“h”等 20 种，默认为无
lines.markersize	点的大小	取 0～10 之间的数值，默认为 1

linestyle 的含义如表 9-8 所示。

表 9-8　linestyle 参数的含义

linestyle 的取值	意　义	linestyle 的取值	意　义
-	实线	-.	点线
--	长虚线	:	短虚线

marker 的部分取值的含义如表 9-9 所示。

表 9-9　marker 部分取值的含义

marker 的取值	意　义	marker 的取值	意　义
“o”	圆圈	“.”	点
“D”	菱形	“s”	正方形
“h”	六边形	“*”	星号

说明：使用 pyplot 还可以绘制其他类型的图形，例如散点图（scatter）、折线图、柱形图、饼图、箱线图等，利用生成的图分析数据特征间的关系。在此，由于篇幅限制，不做过多叙述。

9.3　Python 编程实践

程序设计是指创建（或开发）软件，这里的软件又称为程序。使用更基本的术语来讲，程序由一些指令集合构成，以完成特定的功能。本节通过实例介绍如何使用 Python 程序设计语言创建简单程序。

【例 9-34】 校验回文串。

“回文串”是一个正读和反读都一样的字符串，比如“abcba”“level”“noon”“dad”等就是回文串。编写一段程序，提示用户输入一个字符串，然后输出该字符串是否是回文串。一种解决方案就是让程序检测字符串中的首字符与尾字符是否相同。如果相同，那么程序就会检测第二个字符与倒数第二个字符是否相同。这个过程持续进行，直到有字符不匹配或检测完所有字符才会停止，如果字符串中有奇数个字符，则不比较中间的字符。

为了实现这个算法，使用两个变量，即 low 和 high 来表示字符串 s 的起始位置和结束位置的两个字符，程序如下所示：

```
#-*-coding:utf-8-*-
def main():
    #提示输入一个字符串
    s=input("enter a string:").strip()

    if  isPalindrome(s):
        print(s,"is a palindrome")
    else:
        print(s,"is not a palindrome")
#检测输入的字符串是否是回文
def isPalindrome(s):
    #字符串中第一个字符的下标
    low=0

    #字符串中最后一个字符的下标
    high=len(s)-1

    while low<high:
        if s[low]!=s[high]:
            return False
        low=low+1
        high=high-1

    return True   #返回值为真，输入的字符串是回文
main()   #Call the main function

enter a string:dad
dad is a palindrome
```

【例 9-35】 编写一个用于给多选题评分的程序。

假设有 8 名学生和 10 道选择题，所有题的答案存储在一个二维列表中。列表中每一行记录了一位学生对这些问题的答案，如表 9-10 所示。

表 9-10　学生对这些问题的答案

学　生	0	1	2	3	4	5	6	7	8	9
student0	A	C	B	C	D	E	E	A	D	E
student1	D	B	A	B	C	A	E	E	A	D
student2	E	D	D	A	C	B	E	E	A	D
student3	C	B	A	E	D	C	E	E	A	D

续表

学　生	0	1	2	3	4	5	6	7	8	9
student4	A	B	D	C	C	D	E	E	A	D
student5	B	B	E	C	C	D	E	E	A	D
student6	B	B	A	C	C	D	E	E	A	D
student7	E	B	E	C	C	D	E	E	A	D

标准答案存储在一个二维列表中，如下所示：

0	1	2	3	4	5	6	7	8	9
D	B	D	C	C	D	A	E	A	D

程序对这个测试评分并且显示最后的结果。为了实现上述功能，本程序将每位学生的答案与标准答案进行比较，统计正确答案的个数并且显示它，程序如下所示：

```
def main():
    #students' answers to the questions
    answers=[
        ['A','C','B','C','D','E','E','A','D','E'],
        ['D','B','A','B','C','A','E','E','A','D'],
        ['E','D','D','A','C','B','E','E','A','D'],
        ['C','B','A','E','D','C','E','E','A','D'],
        ['A','B','D','C','C','D','E','E','A','D'],
        ['B','B','E','C','C','D','E','E','A','D'],
        ['B','B','A','C','C','D','E','E','A','D'],
        ['E','B','E','C','C','D','E','E','A','D']]
    #Key to questions
    keys=['D','B','D','C','C','D','A','E','A','D']
    #Grade all answers
    for i in range(len(answers)):
        #Grade one student
        correctCount=0
        for j in range(len(answers[i])):
            if answers[i][j]==keys[j]:
                correctCount+=1
        print("student",i,"'s correct is",correctCount)
main()  #call the main function
student 0 's correct is 1
student 1 's correct is 6
student 2 's correct is 5
student 3 's correct is 4
student 4 's correct is 8
student 5 's correct is 7
student 6 's correct is 7
student 7 's correct is 7
```

第3～11行的语句创建了一个字符构成的二维列表，并且将它的引用赋值给answers。第14行的语句创建了一个标准答案的列表并且将它赋值给keys。

列表answers的每一行存储了一名学生的答案，并且通过与列表keys中的标准答案进行对比来对这名学生评分。在评分结束后，显示每名学生的分数。

【例9-36】编写一个程序统计一个文本文件中单词的出现次数。

该程序中使用一个字典存储包含了单词和它的次数的条目。程序判断文件中的每个单词是否已经是字典中的一个关键字，如果不是，程序将添加一个条目，将这个单词作为该条目的关键字，并将它设置为1；否则，程序将该单词对应的值加1。程序如下所示：

```
def main():
    #prompt the user to enter a file
    filename=input("enter a filename:").strip()
    infile=open(open(filename,"r") #open the file

    wordCounts={} #create a empty dictionary to count words
    for line in infile:
        processLine(line.lower(),wordCounts)
    pairs=list(wordCounts.items())      #get pairs from the dictionary
    items=[[x,y] for (x,y) in pairs]   #reverse pairs in the list
    items.sort() #sort pairs in items
    for i in range(len(items)-1,len(items)-11,-1):
        print(items[i][1]+"t"+str(items[i][0]))
#Count each word in the line
def processLine(line,wordCounts):
    line=replacePunctuations(line)  #replace punctuation with space
    words=line.split()          #get words from each line
    for word in words:
        if word in wordCounts:
            wordCounts[word]+=1
        else:
            wordCounts[word]+=1
#replace punctuation in the line with a space
def replacePunctuations(line):
    for ch in line:
        if ch in "~@#$%^&*()_-+=<>?/,.!{}[]|'\"":
            line=line.replace(ch,"")
    return line
main()  #call the main function
Enter a filename: a.txt
good    3
hello   2
home    1
girl    1
boy     2
tell    1
```

习　　题

程序设计

1. 绘制多个子图（multifig.py）。利用 NumPy 模块和 matplotlib.pyplot 模块工具包绘制 $y=e^{-t}*\cos(2\pi x)$和 $y=\cos(2\pi x)$的函数曲线。

2. 一组学生参加了数学、科学和英语考试。为了给所有的学生确定一个单一的成绩衡量指标，需要将这些科目的成绩组合起来。另外，还想将前 20%的学生评定为 A，接下来

20%的学生评定为 B，以此类推。按字母顺序对学生排序。

StuId	StuName	Math	Science	English
1	John Davis	502	95	25
2	Angela Williams	465	67	12
3	Bull Jones	621	78	22
4	Cheryl Cushing	575	66	18
5	Reuven Ytzrhak	454	96	15
6	Joel Knox	634	89	30
7	Mary Rayburn	576	78	37
8	Greg England	421	56	12
9	Brad Tmac	599	68	22
10	Tracy Mcgrady	666	100	38

参考文献

江红，余青松，2017. Python 程序设计与算法基础教程[M]. 北京：清华大学出版社.
张燕妮，2016. Python 即学即用[M]. 北京：机械工业出版社.
LGOR M，2015. Python 数据可视化编程实践[M]. 颛青山，译. 北京：人民邮电出版社.
Daniel L Y，2015. Python 程序设计[M]. 李娜，译. 北京：机械工业出版社.

分布式数据收集系统 Chukwa

Chukwa（古老的龟）是开源的数据收集系统，负责监控和分析大型分布式系统的数据。Chukwa 是在 Hadoop 的 HDFS 和 MapReduce 架构之上搭建的，并继承了 Hadoop 的可扩展性和健壮性。Chukwa 通过 HDFS 存储数据，并依赖于 MapReduce 任务处理数据。Chukwa 附带灵活强大的工具，该工具能够显示、监视和分析数据结果，为人们更好地应用所收集的数据提供了极大的方便。

本章主要介绍 Chukwa 的架构与设计、安装与配置以及测试等方面的内容。

10.1 Chukwa 概述

目前，著名的大型互联网服务公司，例如Google、Yahoo、Facebook等，均采用MapReduce编程模型处理日志数据，但对于 Hadoop 集群或其他大型系统来说，其巨大的日志数据收集工作量大大降低了 MapReduce 的性能，存在着如下两大问题。

1）MapReduce 主要设计原则是将计算和数据结合于同一节点。MapReduce 具有日志处理能力，但是 MapReduce 只在应对少量的大日志文件处理时才能工作于最佳状态，随着集群设备间日志文件增量式的产生，日志处理十分烦琐，同时 HDFS 作为用户级的分布式文件系统，很难保证副本的更新。

2）HDFS 分布式文件系统在实现数据存储的过程中，需要建立大量日志的收集系统实现数据备份。当日志收集系统出现故障时，其处理过程往往是单独收集、传输和隔离处理，因此，缺乏统一的故障处理方法。

在此背景下 Chukwa 诞生。Chukwa 是基于 Hadoop 的分布式数据采集与分析的框架，主要用于日志采集和分析。它不仅继承了 Hadoop 的可扩展性和健壮性，而且提供了一种强大和灵活的工具集，从而可以完成已收集数据的展示、监控和分析。

因此，Chukwa 为分布式系统的数据采集和处理提供了一种强大且灵活的平台。其强大是指 Chukwa 面向大规模的分布式集群，节点数在 2000 以上，每天产生的数据量在太字节级别以上；其灵活是指 Chukwa 管道模式的结构，数据采集和处理之间通过接口通信，可以充分利用成熟、可靠的存储技术进行动态扩展与更新。

Chukwa 能够提供大数据量日志类数据的采集、存储、分析和展示的整个生命周期过程的全面监控支持。对用户来说，Chukwa 能够显示用户作业的运行时间、占用的资源数、剩余可用资源数、作业失败原因、读写操作问题节点所属位置等；对运营者来说，Chukwa 能够显示集群中的硬件错误、性能变化及资源瓶颈；对管理者来说，Chukwa 能够展示集群资源消耗情况、整体作业执行情况，可以用于辅助预算和进行集群资源的协调；对开发者来说，Chukwa 能够提供集群中主要的性能瓶颈、经常出现的错误，可以使开发者着力解决重要问题。

10.2　Chukwa 架构与设计

Chukwa 架构主要包括监控源节点和 Chukwa 集群两大部分，如图 10-1 所示。

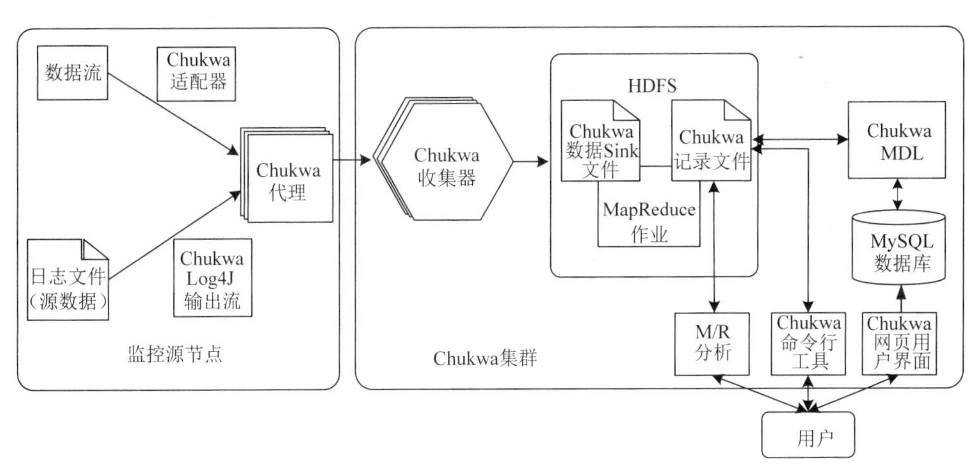

图 10-1　Chukwa 架构

Chukwa 由以下 5 个关键部分组成。

1）代理（agents）：负责采集最原始的数据，并发送给收集器，其中代理不直接接收数据，而是通过内部适配器（adaptors）进行实际数据的收集。有代理运行的节点被称为监控源节点。

2）适配器：是直接采集数据的接口和工具，一个代理可以管理多个适配器的数据采集。

3）收集器（collectors）：负责收集由代理传送的数据，并定时写入集群中。

4）MapReduce 作业（MapReduce jobs）：定时启动，负责将集群中的数据进行分类、排序、去重和合并。

5）Hadoop 基础管理中心 HICC（Hadoop infrastructure care center）：一个网页门户界面，用于数据的最终显示。

从本质上，HICC 是用 Jetty 来实现的一个 Web 服务端，内部用的是 JSP 技术和 JavaScript 技术。通过简单地拖拽可以实现不同数据类型和页面布局的显示，更复杂的数据显示方式可以通过 SQL 语句获取。如果仍不能满足需求，手动修改 JSP 代码即可。

Chukwa 的实现主要包括以下 7 个步骤：

1）通过 Chukwa 代理（简称代理）加载 Initial_Adaptors 配置文件，该配置文件指定了不同适配器收集的日志内容。

2）代理根据 Initial_Adaptors 配置文件初始化所有的适配器。

3）各适配器进行数据的实际采集。

4）代理通过 HTTP 将数据发送给集群（cluster）的收集器。

5）收集器将数据提交 Hadoop 平台下的 HDFS，并以数据 Sink 文件保存。

6）MapReduce 作业定期运行，并进行数据分析。

7）HICC将结果可视化提交用户。

10.2.1 Chukwa的代理与适配器

1. Chukwa的代理

Chukwa的代理分布于Hadoop集群所有需要监控的节点上，负责采集该节点上的所有数据，完成生产数据、处理故障、数据整合等任务。代理具有高度可配置性，不仅能够满足启用和终止日志文件时动态伸缩变化的需求，同时还有一系列专用功能，控制适配器启用和终止，以及整个网络上数据的发送与否等。

代理可以理解为一个简单的线性控制协议。该协议包含启用、终止适配器和查询适配器状态的命令，以及重新配置Chukwa读取日志文件的记录。代理定期查询每个适配器的状态，并将结果存储在检查点文件中。在检查点文件字节数很小的情况下，通常设置每个适配器不超过数百字节，该字节数不包含适配器的底层数据，但包含了适配器的状态和每个适配器采集到的数据。

Chukwa代理采用了“Watchdog”机制，即具有自动重启终止的数据采集进程功能，可以防止原始数据的丢失。如果发生原始数据达到1%的丢失率的情况，一般采用限制带宽，以及将发送速率设置为最大的方法加以解决；如果发生超出可用带宽或收集器反应缓慢的情况，通过采用反压（back-pressure）方法减缓代理内部适配器的数据收集速率；如果在多台机器上部署相同的代理，则通过关键数据的备份可以实现容错功能。

2. Chukwa的适配器

Chukwa的适配器是位于代理内部的一个动态加载的可控模块。该可控模块通过文件系统或监控节点读取数据，负责实际数据的采集。适配器的输出是一串连续的字节流，从广义角度来讲，该字节流可能对应于一个文件、一组重复调用的UNIX命令或一组由特定端口接收的软件包；从抽象角度来讲，字节流可以视为一个存储数据的序列块，每块包含一些元数据和数据阵列。

目前，适配器可用于调用UNIX命令、接收UDP信息（包括系统日志信息）、重复跟踪日志文件、发送数据（经最终检查写入文件后的数据）、扫描目录以及启用文件跟踪适配器。另外，适配器需要负责日志循环的处理工作，但不同的适配器实现的策略不同。默认情况下，一般通过文件数据更新保持正确的循环顺序以及记录最后一次成功提交的数据和其位置，从而可以保障系统崩溃时能够正确恢复数据。

Chukwa适配器可以嵌套。Chukwa可以用一个适配器缓冲内存中其他适配器的输出，用另一个适配器进行预写日志（write-ahead logging）。这种嵌套不仅能够降低缓冲、存储和数据重传的耦合性，而且能够使管理员精确地定位故障，使系统具有鲁棒性。

Chukwa适配器通过Chunks生成数据。一个Chunk为一个字节序列，并由元数据组成。元数据部分属性可以由用户在代理或适配器中自动设定（见表10-1），但集群名称和数据类型这两个属性需要由用户设置，集群名称可以在conf/chukwa-env.sh文件中指定；数据类型描述了适配器收集数据的预期格式。

表 10-1　Chunk 元数据的属性

属　性	含　义	来　源
Source	Chunk 产生的主机名	自动
Cluster	相关 Cluster 主机	由用户在代理配置中指定
Datetype	输出格式	由用户在适配器启用时指定
Sequence ID	Chunk 偏移	自动，适配器启用时的初始偏移
Name	数据源的名称	自动，由适配器选择

理论上讲，每一个适配器发出的字节流从零开始。Sequence ID 指定每个适配器发送的字节数，包含当前的 Chunk。例如，在一个文件中的适配器发送一个 Chunk，包含前 100 字节，该 Chunk 的 Sequence ID 即为 1，后 100 字节的 Sequence ID 为 200。

当出现故障时，适配器可以在不需要冗余数据的情况下，通过 Sequence ID 参数正确恢复数据。启用适配器时，通常指定 ID 为 0，特殊情况下，如用户仅需要跟踪文件的后半部分时，可指定 ID 为其他值。

10.2.2　Chukwa 的收集器

Chukwa 的收集器主要是针对 Hadoop 集群不善于处理大量小文件的问题而设计的。收集器首先把收集到的小文件数据进行部分合并，再写入集群，大幅度减少了 Chukwa 产生的 HDFS 文件数量。具体来说，数据通过 HTTP 协议被传送至收集器，每个收集器接收来自数百台主机的数据，并将所有数据写入一个 Sink 文件中，MapReduce 作业定期将 Sink 文件中记录的信息整合为日志收集文件。Sink 文件是一个由连续的 Chunks 组成的 Hadoop 序列文件，由大量的数据块和描述每一个数据块来源和格式的元数据组成。在收集数据期间，收集器会定期关闭 Sink 文件，更改文件名（以便于处理），重新创建一个新的文件，新文件仍被命名为 Sink，然后再用新的 Sink 文件存储收集的信息，这就是所谓的文件循环。

收集器置于数据源和数据存储之间，屏蔽了 HDFS 的一些细节，便于使用 HDFS。在某种意义上，收集器有效缓解了大量低速率数据源和文件系统间步调不协调的矛盾，优化了少量高速率的写入操作。

为了防止收集器出现单点故障，Chukwa 允许设置多台收集器，代理可以从收集器列表中随机选择一个收集器传输数据。当某个收集器失败或繁忙时，就选择其他收集器，以免影响代理的正常工作。随机选择的缺点是收集器的载入可能会极不均匀。在实际应用中，收集器的任务负载很轻的情况很少出现，为了防止过载，系统设置了代理重试限制机制，如果数据写入收集器失败，收集器会把待写入数据标记为“坏”数据，在重新写入数据之前，代理需等待一段配置时间（大约几分钟）。在实际应用中，多台收集器的负载几乎是平均的，从而实现了负载的均衡。

10.2.3　MapReduce 作业

收集器顺序写入数据文件，便于快速获取数据和稳定存储，但是不便于数据分析和查找特征数据。因此，Chukwa 利用 MapReduce 作业实现数据分析和处理。在 MapReduce 阶段，Chukwa 提供了 Archiving 和 Demux 两种内置的作业类型。Archiving 和 Demux 作业每几分钟运行一次，输入为所有可用的 Sink 文件。

1. Archiving 作业

Archiving 作业只负责将所有收集的数据归档，不做任何处理和解释。Archiving 作业从文件中取出 Chunks，然后输出新的 Chunks，并进行排序和分组。不同功能的 Archiving 作业可以满足不同数据分组的需要。Archiving 作业能够完成同类型的数据文件合并，保证同类数据存放在一起，既便于进行下一步分析，又减少了文件数量，很大程度上减轻了 Hadoop 集群的存储压力。

2. Demux 作业

Demux 作业负责对数据进行分类、排序和去重。Demux 把 Chunks 作为输入，进行分析并产生 Chukwa 记录（一些键-值对的集合）。在执行过程中，Demux 作业通过数据类型和配置文件中指定的数据处理类进行数据分析工作，把非结构化的数据结构化，抽取相关的数据属性。用户可以根据自己的需求制定 Demux 作业，进行各种复杂的逻辑分析。Chukwa 提供 Demux 接口，可以用 Java 语言进行扩展。

10.2.4 其他数据接口与默认数据支持

在 Chukwa 中，用户可以根据实际需要，由 MapReduce 作业或 Pig 语言直接访问整个集群的原始数据，以生成感兴趣的数据。除此之外，用户还可以利用 Chukwa 提供的命令行接口，直接访问集群中的所有数据。

对于 Hadoop 相关数据，如整个集群的内存使用率、CPU 平均使用率、存储使用率、文件数变化、作业数变化等，以及集群中各节点的内存使用率、CPU 使用率、硬盘使用率等，Chukwa 提供了从数据的采集到展示的一整套流程的全面支持，只需要进行配置即可使用，非常方便。

10.3 Chukwa 的安装与配置

Chukwa 可以运行在任何 POSIX.×平台上，但是 GNU/Linux 平台是唯一通过广泛应用的测试平台。作为一个应用拓展，Chukwa 也成功应用于 Mac OS X。

搭建 Chukwa 环境之前，首先要构建一个 Hadoop 环境，然后在 Hadoop 的基础上构建 Chukwa 环境。

Chukwa 的安装配置过程中，需要安装 Java 1.6（或更高版本）和 Hadoop 0.20.2（或更高版本）软件；安装 Chukwa 的可视化界面 HICC 时，需要安装 MySQL 5.1.58（或更高版本）。由于 Chukwa 集群管理脚本依赖于 SSH（Secure Shell，安全外壳）协议，如果已安装了具有启用和终止交替机制的后台程序（Daemons）时，SSH 协议则不需要安装。

Chukwa 是一种用于监控大型分布式系统的数据收集系统，配置工作需要在客户端和服务器上分别进行。例如，一共有 4 台虚拟机，其中 3 台作为代理，另外 1 台作为收集器。

10.3.1 Chukwa 安装

部署一个最低配置的 Chukwa 需要以下 3 个关键部分。

1）一个 Chukwa 存储数据的 Hadoop 集群。

2）一个收集器，用来将收集到的数据写入 Hadoop 的 HDFS。

3）一个或者多个代理，负责将监控的数据发送至收集器。

除此之外，也可以运行 Chukwa 的 Demux 作业及 HICC。

1. 安装 Chukwa

1）下载 Chukwa。这里以下载版本 0.4.0 为例。

2）解压 Chukwa，重命名为 Chukwa:tar zxvf chukwa-0.4.0.tar.gz。

3）在需要监控的每个节点都复制一份 Chukwa，并与收集器相连。

4）将包含 Chukwa 的目录作为 CHUKWA_HOME。具体设置方法为，在 vi/etc/profile 加入如下配置：

```
Export CHUKWA_HOME=/home/dp/chukwa
Export PATH=$CHUKWA^HOMEA in:$PATH
```

查看配置是否成功：

```
Echo $CHUKWA_HOME
```

2. 总体配置

1）首先确保 JAVA_HOME 设置正确，必须为 Java1.6JRE，建议在 conf/chukwa-env.sh 中设置。

通常是通过下面命令查看 Java 设置。

```
Echo $JAVA__HOME
```

然后通过以下命令：

```
Sudo vi $CHUKWA_HOME/conf/chukwa-env.sh
```

找到“export JAVA_HOME=...”，将其改写为实际地址：

```
Export JAVA_HOME=/homc/dp/jdkl.6.0_24
```

2）在 Conf/Chukwa-env.sh 文件中设置变量 CHUKWA_LOG_DIR 和 CHUKWA_PID_DIR，分别用于存储控制台日志和 pid 文件目录。不同 Chukwa 实例间的 pid 文件是不能共享的，只能放在实例本地，不能放在网络文件系统中。

3）通过 Export CHUKWA_PID_DIR=/CHUKWA_HOME/pidDir 设置 Chukwa 路径。

10.3.2 节点代理配置

配置各个节点的环境变量，建议在~/.bash_profile 中配置，配置代码描述如下：

```
    Export JAVA_HOME=/usr/java/jdk1.6.0_16
    Export JRE_HOME=/usr/java/jdk1.6.0_16/jre
    Export Hadoop_VERSION=0.20.2
    Export Hadoop_HOME=/home/hadoop/hadoop-${HADOOP_VERSION}
    Export CHUKWA_HOME="/home/zhangliuhang/chukwa/"
    Export ANT_HOME=/usr/ant/ant-1.7.0
    Export  PATH=.:$PATH:  $JAVA_HOME/bin:$Hadoop_HOME/bin:$CHUKWA_HOME/
bin:$ANT_HOME/bin
    Export CLASSPATH=$CLASSPATH:$JAVA_HOME/lib:$JRE_HOME/lib:$ANT_HOME/lib:
$Hadoop_HOME/hadoop-${HADOOP_VERSION}-core.jar:$HADOOP_HOME/lib/*:$HADOOP_HOME/
lib/commons-logging-1.0.4.jar:$ANT_HOME/junit-3.8.1.jar:$HADOOP_HOME/ivy/ivy
-2.0.0-rc2.jar:$HADOOP_HOME/lib/commons-logging-api-1.0.4.jar:$HADOOP_HOME/
lib/log4j-1.2.15.jar:$HADOOP_HOME/lib/hadoop-lzo-0.4.8.jar
    Export  LD_LIBRARY_PATH=$LD_LIBRARY_PATH:/usr/local/lib:/home/Hadoop/
hadoop-0.20.2/lib/native/Linux-amd64-64
```

```
Export JAVA_LIBRARY_PATH=/home/Hadoop/hadoop-0.20.2/lib/native/Linux-amd64-64
Export javalibpath=/home/Hadoop/hadoop-0.20.2/lib/native/Linux-amd64-64
```

10.3.3 收集器

1. 接口、实现类简介

（1）收集器服务类

Org.Apache.Hadoop.Chukwa.Datacollection.Collector.CollectorStub，使用 Jetty 实现了一个 Webserver 以处理连接器提交的数据块。

（2）收集器的 Servlet 类

Org.Apache.Hadoop.Chukwa.Datacollection.Collector.Servlet.ServletCollector，用于处理 HTTP 请求。

（3）Chukwa 的写入接口类

Org.Apache.Hadoop.Chukwa.Datacollection.Writer.ChukwaWriter，是 Chukwa 的写入接口。

（4）Chukwa 写入接口实现类

Chukwa 写入接口实现类分为以下两种情况：

1）Org.Apache.Hadoop.Chukwa.Datacollection.Writer.PipelineStageWriter：作为一级管道使用，仅实现 Init(Configuration)方法，Add(List<Chunk>)方法的实现放在了二级管道中。

2）Org.Apache.Hadoop.Chukwa.Datacollection.Writer.SeqFileWriter：通过继承 Pipeline StageWriter 实现 Add(List<Chunk>)方法。

2. 启动、处理流程

（1）收集服务的启动

通过 Org.Apache.Hadoop.Chukwa.Datacollection.Collector.CollectorStub 类，调用 Jetty 实现 Webserver 处理，实现连接器提交的数据块处理，其处理过程描述如下：

```
//线程数
Static Int THREADS=120;

//使用 Jetty 提供 HTTP 服务
Public Static Server jettyServer =Null;

/**
 * 1.创建守护线程"Collector"，将线程号写入对应的 pid 文件，以便于运行 Stop 命令
 * 时可根据此 pid 文件杀死进程
 * 2.校验启动参数，可使用 Portno、Writer、Servlet 来指定端口、写入数据的接口实现类、
 * 处理请求的 Servlet 实现类
 * 3.设置 Jetty 服务的 Connector、处理请求的 Servlet，例如：
 *  /* Org.Apache.Hadoop.Chukwa.Datacollection.Collector.Servlet.
    LogDisplayServlet;
 *  /Acks Org.Apache.Hadoop.Chukwa.Datacollection.Collector.Servlet.
    LogDisplayServlet;
 *  /Logs Org.Apache.Hadoop.Chukwa.Datacollection.Collector.Servlet.
    LogDisplayServlet;
 * 4.启动 HTTP 服务
 */
Public Static Void Main(String[] args);
```

（2）处理 HTTP 请求

通过 Org.Apache.Hadoop.Chukwa.Datacollection.Collector.Servlet.ServletCollector 收集器的 Servlet 类来处理 HTTP 请求，其处理过程描述如下：

```
//访问路径
Public Static Final String PATH = "chukwa";

//写数据的接口
ChukwaWriter writer;

/**
* 初始化 Servlet，实例化 Writer，首先使用配置项中"ChukwaCollector.WriterClass"
  的设置构造 Writer，如果失败则使用 SeqFileWriter
*/
Public Void Init(ServletConfig servletConf);

/**
 * 对于 Get 请求以 HTML 形式输出 Jetty 服务的信息
 */
Protected Void DoGet(HttpServletRequest req,HttpServletResponse resp);

/**
 * 对于 Post 请求处理放在 Accept()方法中
 */
Protected Void Do Post(HttpServletRequest req,HttpServletResponse resp);

/**
 * 1.使用 ServletDiagnostics 封装当前请求中的数据信息
 * 2.从 Req 中获取输入流，依次读取数据块数量(NumEvents)、数据块(ChunkIpml)
 */
Protected Void Accept(HttpServletRequest req,HttpServletResponse resp);
```

（3）写入数据信息

写入数据信息分为以下两种情况。

1）Chukwa 的写入接口类。Writer 接口类处理描述如下：

```
/**
 * 初始化 Writer
 */
Public Void Init(Configuration c);

/**
 * 将数据列表写入
 */
Public Commit Status Add(List<Chunk>Chunks);
```

2）Chukwa 写入接口实现类。Writer 接口的实现类处理描述如下：

```
//将写入数据的实现由此对象完成
   ChukwaWriter writer;
/**
 * 1.读取配置"chukwaCollector.pipeline"，对数据块依次做处理
 * 2.将第一个管道赋给 Writer
 * 3.遍历其他管道，如果是 PipeLineableWriter 的子类则将其设置为下一步要处理数据
     块所使用的管道
```

```
 * 4.将最后一个管道设置为当前管道下一步要处理时使用的管道，即此writer并未做数据
   块的处理，只是使用类似UNIX管道的方式，在"chukwaCollector.pipeline"配置
   项中配置数据块处理的先后顺序
 */
Public Void Init(Configuration conf);
```

10.4 Chukwa 的测试

本节主要从数据的生成、收集、处理、析取和稀释 5 个方面介绍 Chukwa 的用法。

10.4.1 数据生成

Chukwa 提供了日志文件、命令行和 Socket 等数据生成接口，可以方便地执行脚本。本节以 ExecAdaptor 脚本为例，说明直接读取脚本执行结果的操作方式。

Chukwa 的代理首先加载 Initial_Adaptors 配置文件，Initial_Adaptors 文件给出了不同适配器所对应的具体收集日志内容。ExecAdaptor 的配置格式如下：

```
Addorg.Apache.Hadoop.Chukwa.Datacollection.Adaptor.ExecAdaptor
DT 60000 /CHUKWA_ HOME/tailbin/hdfs_new.sh 0
```

ExecAdaptor 的配置格式中各项的含义如下：

1）Addorg.Apache.Hadoop.Chukwa.Datacollection.Adaptor.ExecAdaptor 为 ExecAdaptor 的固定格式。

2）DT 是自定义的数据格式。

3）60 000 为脚本的执行间隔，单位是 s。

4）/CHUKWA_HOME/tailbin/hdfs_new.sh 为脚本全路径。

5）0 为数据偏移量，默认为 0。

10.4.2 数据收集

在部署收集器时，将所有代理对应的适配器及其端口存入其代理的 conf7collectors 文件中。配置收集器的 Conf/Chukwa-Collector-Conf.Xml <Property>文件，描述如下：

```
〈Property〉
  <Name>Writer.HDFS.Filesystem</Name>
  <Value>HDFS://192.168.11.100:9000/</Value>
  <Description>HDFS To Dump To</Description>
〈/Property〉
〈Property〉
  <Name>ChukwaCollector.Http.Port</Name>
  <Value>8080</Value>
  <Description>
    Thc HTTP Port Number The Collector Will Listenon
  </Description>
〈/Property〉
```

Writer.HDFS.Filesystem 需要改为写入集群的 HDFS 配置。在端口被占用时，ChukwaCollector.Http.Port 会出现端口冲突。在代理的 Conf/Collector 文件中需要配置好所有收集器的 IP 和端口号。

10.4.3　数据处理

在 Chukwa 中，收集器将所有收集到的数据传送至 HDFS，并定期通过 MapReduce 作业进行数据处理。MapReduce 作业有 Archive 和 Demux 两种类型。

自定义数据时，为了保证其和 Chukwa 默认数据一致，分类进入合适的目录，再由 Archive 作业实现定期的整合，需要配置 chukwa-demux-conf.xml 文件。

```
〈Property〉
  <Name>DT</Name>
  <Value>Org.Apache.Hadoop.Chukwa.Extraction.Demux.Processor.Mapper.
  Chukwapro
  </Value>
  <Description>Parser Class For 〈/Description〉
</Property>
```

当数据传入集群后，可以通过 MapReduce 作业或 Pig 语言来进行数据处理。

10.4.4　数据析取

Chukwa 通过 MDL（metadata lock，元数据锁）实现数据从集群到 MySQL 数据库的析取，以便于通过 HICC 实现更有效的查询和显示。MySQL 数据库由 Conf/Database_Create_Tables.Sql 脚本来创建 Template_Table，并通过其生成不同时间段的表。

启动 DbAdmin.sh 前，在 Database_Create_Tables.Sql 文件中增加自定义数据类型表的 Template 定义。在对用户自定义的数据类型进行 Demux 作业处理后，修改 MDL 配置，将数据分类导入数据库。

例如，在启动 DbAdmin.sh 的服务器上修改 Conf/mdl_xml 中的以下配置。

（1）数据库表名

```
〈Property〉
   <Name>Report.Db.name.Chukwapro</Name>
   <Value>Chukwa</Value>
   <Description>/Description〉
</Property>
```

（2）主键

```
<Property〉
   <Name>Report.Db.Primary.Chukwapro</Name>
   <Value>Timestamp,Item_Key</Value>
      <Description></Description>
</Property>
```

（3）数据析取周期（单位：min）

```
<Property〉
   <Name>Consolidator.Table.Chukwapro</Name>
   <Value>6362161296</Value>
</Property>
```

10.4.5　数据稀释

在数据库中，数据是按照时间稀释的，时间越久，数据的精度就变得越低。Chukwa 通过启动 DbAdmin.sh 的服务器上的 Conf/Aggregator.Sql 来进行数据稀释的配置。例如：

```
Replace Into [Chukwapro_Month]
```

```
(SELECT
  FROM_UNIXTIME(Floor(AVG(UNIX_TIMESTAMP(Timestamp))/900)*900),
  Item_Key,AVG(Item_Value) FROM [Chukwa_Week] Where Timestamp Between
  '[Past_15_Minutes]'AND '[Now]'
  Group BY Item_Key,Floor((UNIX_TIEMSTAMP(Timestamp))/900)
);
```

习　题

简答题

1. 简述 Chukwa 在数据收集处理方面的应用。
2. 简述 Chukwa 架构的主要部件。
3. 试着了解几款其他大数据采集平台并与 Chukwa 进行比较，简述各自的优缺点。

参 考 文 献

常广炎，2017. Chukwa 在日志数据监控方面的运用[J]. 无线互联科技(5):136-137.

陈庆奎，吕晓明，郝聚涛，等，2012. 一个物联网异构数据接入系统 ChukwaX[J]. 计算机工程，38(17):12-15.

张川，邓珍荣，邓星，等，2014. 基于 Chukwa 的大规模日志智能监测收集方法[J]. 计算机工程与设计，35(9): 3263-3269.

JOSE A S, BINU A, 2014. Automatic detection and rectification of DNS reflection amplification attacks with Hadoop MapReduce and Chukwa[C]// International Conference on Advances in Computing and Communications. Cochin: IEEE: 195-198.

MOHANDAS M, DHANYA P M, 2013. An exploratory survey of Hadoop log analysis tools[J]. International journal of computer applications, 75(18):33-36.

TANG Y G , MIAO L , CHEN F P, 2014 . Peer-comparison based fault diagnosis for Hadoop systems[J]. Applied mechanics and materials, 621:235-240.

XIANG J J, 2014. Research on the key technologies of resource dynamic management in cloud computing environment[J]. Advanced materials research, 4:926-930.

ZOU Q, LI X B, JIANG W R, et al., 2013. Survey of MapReduce frame operation in bioinformatics[J]. Briefings in bioinformatics, 15(4): 637-647.

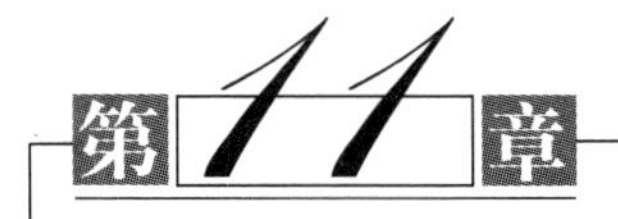

第11章 分布式协调服务 ZooKeeper

ZooKeeper 是为开放源代码的分布式应用而设计的开源协调服务。它可以为用户提供同步、配置管理、分组和命名等服务。ZooKeeper 虽然使用 Java 编写，但是它支持 Java 和 C 两种编程语言。众所周知，协调服务是分布式系统的关键技术之一，协调服务很容易出错，而且很难从故障中恢复。例如，协调服务很容易处于静态以至于会出现死锁。ZooKeeper 能够将复杂且容易出错的分布式一致性服务封装起来，构成一个高效可靠的原语集，并以一系列简单易用的接口提供给用户使用。

本章主要介绍 ZooKeeper 的发展历程、ZooKeeper 的基本概念、ZooKeeper 的工作原理、ZooKeeper 的应用场景和 ZooKeeper 的编程实践等。

11.1 ZooKeeper 概述

11.1.1 ZooKeeper 起源

ZooKeeper 最早起源于 Yahoo 研究院的一个研究小组。当时研究人员发现，Yahoo 等很多大型系统基本都需要依赖一个类似的系统来进行分布式协调，但是这些系统往往都存在分布式单点问题。所以，Yahoo 的研究人员试图开发一个通用的无单点问题的分布式协调框架，以便于开发人员能将精力集中在处理业务逻辑上。关于“ZooKeeper”这个项目的名字，其实也有一段趣闻。在立项初期，考虑到之前 Yahoo 内部很多项目是用动物的名字来命名的（例如 Pig 项目），Yahoo 工程师希望给这个项目也取一个动物的名字。首席科学家 Raghu Ramakrishnan 开玩笑地说：“再这样下去，我们这儿就变成动物园了！”此话一出，大家纷纷表示：“就叫动物园管理员！”于是，ZooKeeper 的名字便由此诞生了。因为把各个以动物命名的分布式组件放在一起，Yahoo 的整个分布式系统看上去就像一个大型动物园了，而 ZooKeeper 正好可以用来进行分布式环境的协调。

11.1.2 ZooKeeper 的特性

ZooKeeper 是一个典型的分布式数据一致性的解决方案，分布式应用程序基于 ZooKeeper 实现，诸如数据发布/订阅、负载均衡、命名服务、分布式协调/通知、集群管理、Master 选举、分布式锁和分布式队列等功能。ZooKeeper 能够保证如下分布式一致性的特性。

1. 顺序一致性

从同一个客户端发起的事务请求，最终将会严格地按照其发起顺序被应用到 ZooKeeper 中去。

2. 原子性

所有事务请求的处理结果在整个集群所有机器中的应用情况是一致的，也就是说，要么整个集群所有机器都成功应用了某一个事务，要么都没有应用，一定不会出现集群中部分机器应用了该事务，而另外一部分没有应用的情况。

3. 单一视图

无论客户端连接的是哪个 ZooKeeper 服务器，其看到的服务器数据模型都是一致的。

4. 可靠性

一旦服务器成功地应用了一个事务，并完成对客户端的响应，那么该事务所引起的服务器状态变更将会被一直保留下来，除非有另一个事务又对其进行了变更。

5. 实时性

通常人们看到实时性的第一反应是，一旦一个事务被成功应用，那么客户端能够立即从服务器上读取到这个事务变更后的最新数据状态。这里需要注意的是，ZooKeeper 仅仅保证在一定的时间段内，客户端最终一定能够从服务器读取到最新的数据状态。

11.1.3 ZooKeeper 的设计目标

众所周知，分布式下的程序和活动为了达到协调一致的目的，通常会具有某些共同的特点，如简单性、有序性等。ZooKeeper 不但在这些目标的实现上有其自身的特点，并且具有独特的优势。因此，ZooKeeper 的设计目标主要包括以下 4 个方面。

1. 简单化

ZooKeeper 允许分布式的进程通过共享体系的命名空间实现协调，这个命名空间的组织与标准的文件系统非常相似。典型的文件系统是基于存储设备的，但 ZooKeeper 的数据存储在内存中，使 ZooKeeper 具有高吞吐量、低延迟的特性。另外，ZooKeeper 特别重视高性能、高可靠性，以及有序访问等特性，因而能够应用于大型的分布式系统中。从可靠性方面来说，ZooKeeper 不会因单个节点的错误而使系统崩溃。除此之外，ZooKeeper 的序列访问控制功能使复杂的控制命令操作可以通过客户端实现。

2. 健壮性

组成 ZooKeeper 服务的服务器必须互相知道其他服务器的存在。它们维护着一个处于内存中的状态镜像，以及一个位于存储器中的交换日志和快照。只要大部分的服务器可用，那么 ZooKeeper 服务就可用。如果客户端连接到单个 ZooKeeper 服务器上，那么这个客户端就管理着一个 TCP 连接，并且通过这个 TCP 连接来发送请求、获得响应、获取检测事件以及发送心跳。如果连接到服务器上的 TCP 链接断开，客户端将连接到其他服务器上。

3. 有序性

ZooKeeper 可以为每一次更新操作赋予一个版本号，并且此版本号是全局有序的，ZooKeeper 所提供的很多服务也是基于此有序性的特点来完成的。

4. 高速性

ZooKeeper 应用程序可在数千台机器上运行。另外，ZooKeeper 在以读为主的工作负载中尤其快速，当读操作比写操作更多时，则其高速性的性能表现会更好。

11.2　ZooKeeper 的基本概念

11.2.1　集群角色

通常在分布式系统中，构成一个集群的每一台机器都有自己的角色，最典型的集群模式就是 Master/Slave 模式（主备模式）。在这种模式中，人们把能够处理所有写操作的机器称为 Master 机器，把所有通过异步复制方式获取最新数据，并提供读服务的机器称为 Slave 机器。而 ZooKeeper 没有沿用传统的 Master/Slave 概念，而是引入了 Leader（领导者）、Learner（学习者）、Follower（跟随者）和 Observer（观察者）这几个角色。

1. ZooKeeper 中角色的定义

ZooKeeper 集群中的所有服务器通过一个 Leader 选举过程来选定一台被称为 Leader 的服务器，Leader 服务器为客户端提供读和写服务。集群中的服务器角色除 Leader 外，还有 Learner，Learner 又分为 Follower 和 Observer。Follower 和 Observer 都能够提供读服务，但唯一的区别在于，Observer 机器不参与 Leader 的选举过程，也不参与写操作的“过半写成功”策略。因此，Observer 可以在不影响写性能的情况下提升集群的读性能。ZooKeeper 的角色如表 11-1 所示。

表 11-1　ZooKeeper 的角色

角　色		描　述
	Leader	Leader 负责进行投票的发起和决议，以及更新系统状态
Learner	Follower	Follower 用于接收客户端请求并向客户端返回结果，在选择过程中参与投票
	Observer	Observer 可以接收客户端连接，将写请求转发给 Leader。但 Observer 不参与投票过程，只同步 Leader 的状态。Observer 的目的是为了扩展系统，提高读取速度

2. 客户端会话（Session）

Session 会话过程主要包括如下两个方面。

（1）客户端连接与会话

当客户端启动时（一般来说，ZooKeeper 对外的服务器端口默认是 2181），则客户端与服务器建立了 TCP 连接。在客户端会话生命周期内，客户端能够通过心跳检测与服务器保持有效的会话，也能够向 ZooKeeper 服务器发送请求并接受响应，同时还能够通过该连接接收来自服务器的 Watch 事件通知。

（2）超时设置

Session 的 sessionTimeout 值用来设置一个客户端会话的超时时间。当服务器压力太大、网络故障或是客户端主动断开连接等各种原因导致客户端连接断开时，只要在 sessionTimeout 规定的时间内能够重新连接集群中的任意一台服务器，那么之前创建的会话仍然有效。

通常 ZooKeeper 由 2n+1 台服务器组成，每个服务器都知道彼此的存在，每个服务器都维护内存状态镜像以及持久化存储的事务日志和快照。为了保证 Leader 选举能得到多数服务器的支持，ZooKeeper 集群中服务器的数量一般为奇数。对于 2n+1 台服务器，只要有 n+1 台（即多数）服务器可用，整个系统就能保持可用。

3. ZooKeeper 中 Leader 的产生方法

ZooKeeper 服务启动后会从配置文件所设置的服务器中选择一台作为 Leader，其余的机器会成为 Follower，当且仅当一半或一半以上的 Follower 的状态和 Leader 的状态同步后，才代表 Leader 的选举过程完成了。此过程正确无误结束之后，ZooKeeper 的服务也就开启了。在整个 ZooKeeper 系统运行的过程中，如果 Leader 出现问题而失去响应，那么原有的 Follower 将重新选出一个 Leader 来完成整个系统的协调工作。

11.2.2 ZooKeeper 系统模型

ZooKeeper 遵循一个简单的客户端-服务器模型，如图 11-1 所示。其中客户端是使用服务的机器（即节点），而服务器是提供服务的节点。ZooKeeper 服务器的集合形成了一个 ZooKeeper 集合体。

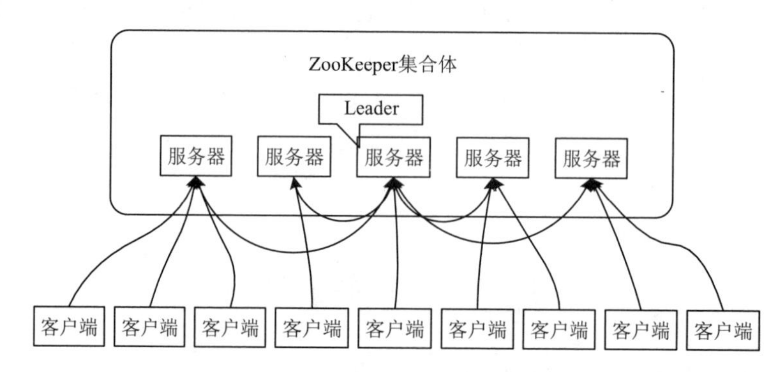

图 11-1 ZooKeeper 系统模型

1. ZooKeeper 服务功能

在启动 ZooKeeper 服务时，ZooKeeper 集合体中的某个节点被选举为 Leader。当客户端发出一个写入请求时，其所连接的节点会将请求传递给 Leader。Leader 对集合体的所有节点发出相同的写入请求。如果多数节点（也被称为法定数量，quorum）成功响应该写入请求，则写入请求被视为成功完成。随后一个成功的返回代码会返回给发起写入请求的客户端。如果集合体中的可用节点数量未达到法定数量，那么 ZooKeeper 服务将不起作用。

2. ZooKeeper 集合体中节点的法定数量

在 ZooKeeper 集合体中如果有两个节点，那么这两个节点都必须启动并让服务正常运行，因为这两个节点中的一个并不是严格意义上的多数。在集合体中如果有 3 个节点，那么即使其中一个停机了，服务仍然可以正常运行，因为 3 个中的 2 个是严格意义上的多数。由此可见，ZooKeeper 集合体中通常包含奇数数量的节点。

3. ZooKeeper 优势

ZooKeeper 的独特之处在于运行多少台服务器完全由用户决定。如果想运行一台服务器，从 ZooKeeper 的角度来看没有问题，只是系统不具备高可靠性或高可用性。3 个节点的 ZooKeeper 集合体支持在 1 个节点故障的情况下不丢失服务，这对于大多数用户而言是没有问题的，也可以说是最常见的部署拓扑。不过，为了安全起见，可以在集合体中使用 5 个节点。5 个节点的集合体允许拿出一台服务器进行维护或滚动升级，并能够在不中断服务的情况下承受第 2 台服务器的意外故障。

因此，在 ZooKeeper 集合体中，3、5 或 7 是最典型的节点数量。需要注意的是，ZooKeeper 集合体的大小与分布式系统中的节点大小没有关系。分布式系统中的节点可以是 ZooKeeper 集合体的客户端，每个 ZooKeeper 服务器都能够以可扩展的方式处理大量客户端。如 HBase 依赖于 ZooKeeper 实现区域服务器的 Leader 选举和租赁管理。可以利用一个有相对较少节点（比如 5 个节点）的 ZooKeeper 集合体运行具有 50 个节点的大型 HBase 集群。

11.2.3 ZooKeeper 数据节点

ZooKeeper 的视图结构和标准的 UNIX 文件系统非常类似，但没有引入文件系统中目录和文件等相关概念，而是使用了其特有的数据节点（ZNode）概念。ZooKeeper 的 ZNode 如图 11-2 所示。

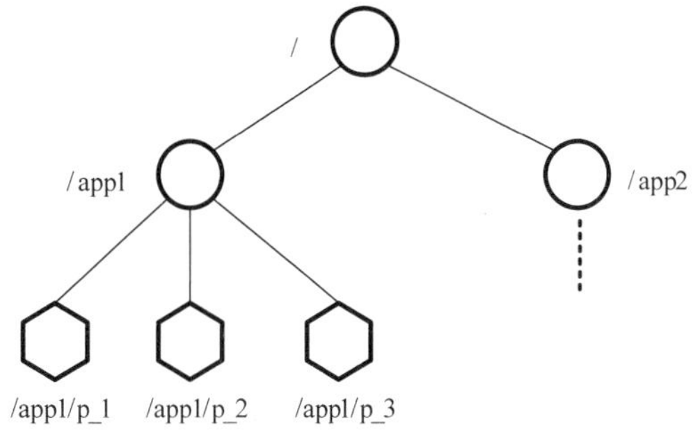

图 11-2 ZooKeeper 的 ZNode

ZooKeeper 的 ZNode 是通过树形结构进行维护的，且每个 ZNode 通过路径来标记和访问。除此之外，每个 ZNode 还拥有自身的一些信息，主要包括数据、数据长度、创建时间、修改时间等。ZNode 既可以被视为一个文件，又可以被视为一个目录，它同时具有文件和目录二者的特点。ZNode 的特点如下：

1）ZNode 维护着数据、ACL（access control list，访问控制列表）、时间戳等交换版本号等数据结构。ZNode 通过管理这些数据，使缓存生效并协调更新，每当 ZNode 中的数据更新后，它所维护的版本号将增加，这非常类似于数据库中计数器时间戳的操作方式。

2）ZNode 具有原子性操作的特点。在命名空间中，每一个 ZNode 的数据将被原子地读写。读操作将读取与 ZNode 相关的所有数据，写操作将替换掉所有的数据。除此之外，每个 ZNode 都有一个 ACL，这个 ACL 规定了用户操作的权限。

3）ZNode 具有生命周期性。在 ZooKeeper 中，每个 ZNode 都具有生命周期性，其生命周期的长短取决于 ZNode 的类型。

在 ZooKeeper 中，ZNode 类型可以分为持久 ZNode、临时 ZNode 和顺序 ZNode 这 3 大类。ZNode 在具体创建中，可通过组合得到以下 4 种组合型 ZNode 类型。

① 持久 ZNode。它是 ZooKeeper 中最常见的一种 ZNode 类型。所谓持久 ZNode，是指该 ZNode 被创建后，就会一直存在于 ZooKeeper 服务器上，直到删除操作发生时，这个

ZNode 才被主动清除。

② 持久顺序 ZNode。它的基本特性和持久 ZNode 是一致的，额外的特性表现在顺序性上。在 ZooKeeper 中，每个父节点都会为它的第一级子节点维护一份顺序，用于记录每个子节点创建的先后顺序。基于这个顺序特性，在创建子节点时，可以设置这个标记，那么在创建 ZNode 过程中，ZooKeeper 会自动为给定 ZNode 名加上一个数字后缀，作为一个新的和完整的 ZNode 名。另外，需要注意的是，这个数字后缀的上限是整型的最大值。

③ 临时 ZNode。与持久 ZNode 不同的是，临时 ZNode 的生命周期和客户端的会话绑定在一起，换句话讲，如果客户端失效，那么这个 ZNode 就自动清除。特别要注意的是，这里提到客户端失效并非是 TCP 连接断开。另外，ZooKeeper 规定了不能基于临时 ZNode 来创建子节点，即临时 ZNode 只能作为子节点。

④ 临时顺序 ZNode。临时顺序 ZNode 的基本特性和临时 ZNode 是一致的，是在临时 ZNode 的基础上添加了顺序的特性。

11.2.4 Watcher

ZooKeeper 提供了分布式数据的发布/订阅功能。一个典型的发布/订阅模型系统定义了一对多的订阅关系，能够使多个订阅者同时监听某一个主题对象，当这个主题对象自身状态变化时，会通知所有订阅者，使它们做出相应的处理。在 ZooKeeper 中，引入了 Watcher（事件监听器）机制来实现这种分布式的通知功能。ZooKeeper 允许客户端向服务器注册一个 Watcher 监听器，当服务器的一些指定事件触发了这个 Watcher，服务器就会向指定客户端发送一个事件通知来实现分布式的通知功能。Watcher 机制的注册与通知过程如图 11-3 所示。

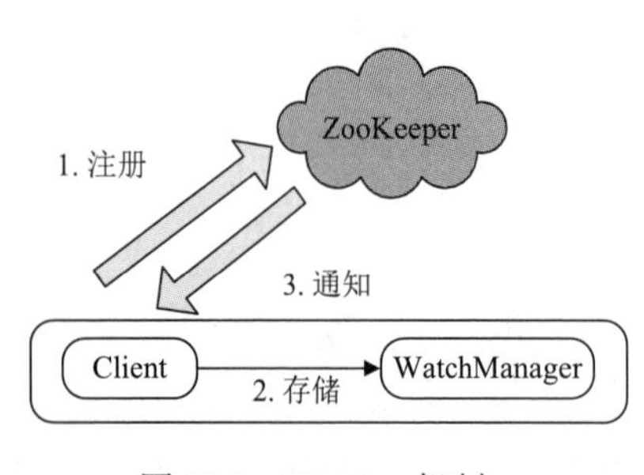

图 11-3 Watcher 机制

从图 11-3 可以看出，ZooKeeper 的 Watcher 机制主要包括客户端线程、客户端 WatchManager 和 ZooKeeper 服务器这 3 部分。在具体工作流程上，简单地讲，客户端在向 ZooKeeper 服务器注册 Watcher 的同时，会将 Watcher 对象存储在客户端的 WatchManager 中。当 ZooKeeper 服务器触发 Watcher 事件后，会向客户端发送通知，客户端线程从 WatchManager 中取出对应的 Watcher 对象来执行回调逻辑。

11.2.5 ACL

ZooKeeper 作为一个分布式协调框架，其内部存储的全是描述分布式系统运行状态的元数据，尤其是一些涉及分布式锁、Master 选举和分布式协调等应用场景的数据，会直接影响基于 ZooKeeper 构建的分布式系统的运行状态。因此，如何有效地保障 ZooKeeper 中数据的安全，从而避免因误操作带来的数据随意变更导致的分布式系统异常，就显得十分重要。因此，ZooKeeper 提供了一套完善的 ACL 权限控制机制来保障数据的安全性。

ZooKeeper 采用 ACL 策略来进行权限控制，它类似于 UNIX 文件系统的权限控制。ZooKeeper 定义的权限主要包括 5 种。

1）CREATE：创建子节点的权限。

2）READ：获取节点数据和子节点列表的权限。

3）WRITE：写入节点数据的权限。

4）DELETE：删除子节点的权限。

5）ADMIN：设置节点 ACL 的权限。

需要注意的是，CREATE 和 DELETE 这两种权限是针对子节点的权限。

11.2.6　ZooKeeper 的算法

ZooKeeper 的实现主要采用原子广播（ZooKeeper atomic broadcast，Zab）协议。原子广播协议是对 Paxos 算法的修改和补充。Paxos 算法是美国的莱斯利·兰伯特（Leslie Lamport）于 1990 年提出的一种基于消息传递且具有高度容错特性的一致性算法，是目前公认的解决分布式一致性问题颇为有效的算法之一。

下面从一个一致性算法所必须满足的条件展开，介绍 Paxos 算法具有一致性的合理性。

1. 问题描述

假设有一组可以提出提案的进程集合，那么对于一个一致性算法来说需要保证以下几点：

1）在这些被提出的提案中，只有一个会被选定。

2）如果没有提案被提出，那么就不会有被选定的提案。

3）当一个提案被选定后，进程应该可以获取被选定的提案信息。

对于一致性算法来说，安全性需求如下：

1）只有被提出的提案才能被选定。

2）只能有一个值被选定。

3）如果某个进程认为某个提案被选定了，那么这个提案必须是真的被选定的那个。

这里不去精确地定义其活性（liveness）需求，从整体上来说，Paxos 算法的目标就是要保证最终有一个提案会被选定，当提案被选定后，进程最终也能获取到被选定的提案。

在该一致性算法中，有 3 种参与角色，用 Proposer（提议者）、Acceptor（批准者）和 Learner 来表示。在具体的实现中，一个进程可能充当不止一种角色，在这里并不关心进程如何映射到各种角色。假设不同参与者之间可以通过收发消息来进行通信，则有：

1）每个参与者以任意的速度执行，可能会因为出错而停止，也可能会重启。同时，即使一个提案被选定后，所有的参与者也都有可能失败或重启，因此除非那些失败或重启的参与者可以记录某些信息，否则将无法确定最终的值。

2）消息在传输过程中可能会出现不可预知的延迟，也可能会重复或丢失，但是消息不会被损坏，即消息内容不会被篡改。

2. 提案的选定

要选定一个唯一提案的最简单方式是，只允许一个 Acceptor 存在，这样，Proposer 只能发送提案给该 Acceptor，Acceptor 会选择其接收到的第一个提案作为被选定的提案。这种解决方式尽管实现起来非常简单，但因为一旦这个 Acceptor 出现问题，则整个系统就无法工作。因此，应该寻找一种更好的解决方式，如可以使用多个 Acceptor 来避免 Acceptor 的单点问题。当存在多个 Acceptor 的情况下，如何进行提案的选取至关重要。若 Proposer 向一个 Acceptor 集合发送提案，同样集合中的每个 Acceptor 都可能会批准（accept）该提案，当有足够多的 Acceptor 批准这个提案时，就可以认为该提案被选定。这里假定足够多的 Acceptor

是指整个 Acceptor 集合的一个子集，并且让这个集合大得完全包含 Acceptor 集合中的大多数成员，因为任意两个包含大多数 Acceptor 的子集会至少有一个公共成员。另外规定，每一个 Acceptor 最多只能批准一个提案，这样就可以保证只有一个提案被选定。

3. 推导过程

在没有失败和消息丢失的情况下，如果希望即使在只有一个提案被提出的情况下，仍然可以选定一个提案，这就暗示了如下的条件。

条件 1：一个 Acceptor 必须批准其收到的第一个提案。

上面这个条件就引出了另外一个问题：如果有多个提案被不同的 Proposer 提出，这可能会导致虽然每个 Acceptor 都批准其收到的第一个提案，但是没有一个提案是被多数 Acceptor 都批准的。图 11-4 给出的是多个提案被不同的 Proposer 分别提出的场景。在这种场景下，是无法选定一个提案的。

另外，即使只有两个提案被提出，如果每个提案都被差不多一半的 Acceptor 批准了，此时即使只有一个 Acceptor 出错，也有可能导致无法确定该选定哪个提案，图 11-5 给出的是一个典型的在一个 Acceptor 出现问题时无法选定提案的情况。在这个例子中，共有 5 个 Acceptor，其中 2 个批准了提案 V1，3 个批准了提案 V2，此时如果批准 V2 的 3 个 Acceptor 中有一个出错了，那么 V1 和 V2 的 Acceptor 都变成了 2 个，此时就无法选定最终的提案了。

因此，在条件 1 的基础上再增加一个提案被选定需要由半数以上的 Acceptor 批准的条件，这就说明一个 Acceptor 必须能够批准不止一个提案。

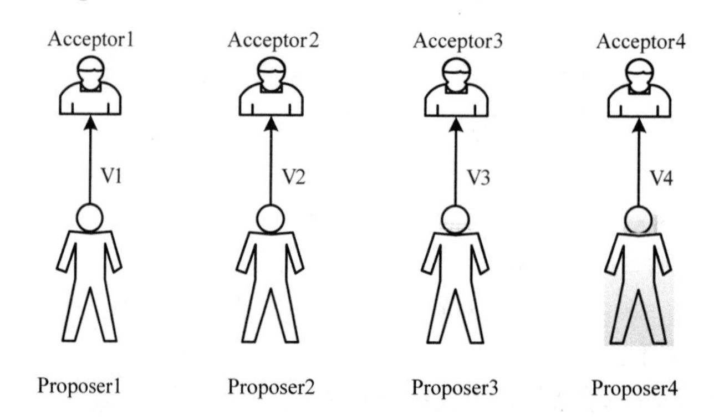

图 11-4　多个提案被不同的 Proposer 分别提出

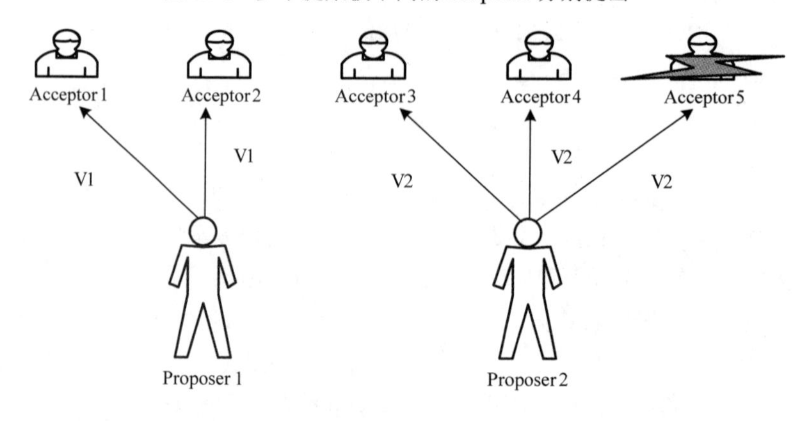

图 11-5　任意一个 Acceptor 出现问题

在这里，使用一个全局的编号（这种全局唯一编号的生成并不是 Paxos 算法需要关注的地方，就算法本身而言，其假设当前已经具备这样的外部组件能够生成一个全局唯一的编号）来唯一标识每一个被 Acceptor 批准的提案，当一个具有某 Value 值的提案被半数以上的 Acceptor 批准后，就认为该 Value 被选定了，此时也认为该提案被选定了。需要注意的是，此处涉及的提案已经和 Value 不是同一个概念了，这个提案变成了一个由编号和 Value 组成的组合体，即以[编号，Value]来表示一个提案。

根据上面讲到的内容，虽然允许多个提案被选定，但同时必须要保证所有被选定的提案都具有相同的 Value 值，这是一个关于提案 Value 的约定。结合提案的编号，该约定可以定义如下：

条件 2：如果编号为 M0，Value 值为 V0 的提案（即[M0，V0]）被选定了，那么所有比编号 M0 更高的且被选定的提案，其 Value 值也必须是 V0。

因为提案的编号是全序的，条件 2 保证了只有一个 Value 值被选定这一关键的安全性属性。同时，一个提案要被选定，其首先必须被至少一个 Acceptor 批准，因此条件 2 还需要如下条件的保障。

条件 2a：如果编号为 M0，Value 值为 V0 的提案（即[M0，V0]）被选定了，那么所有比编号 M0 更高的且被 Acceptor 批准的提案，其 Value 值必须也是 V0。

因此，在条件 1 的前提下来发起提案，但是因为通信是异步的，一个提案可能会在某个 Acceptor 还未收到任何提案时就被选定了，如图 11-6 所示。

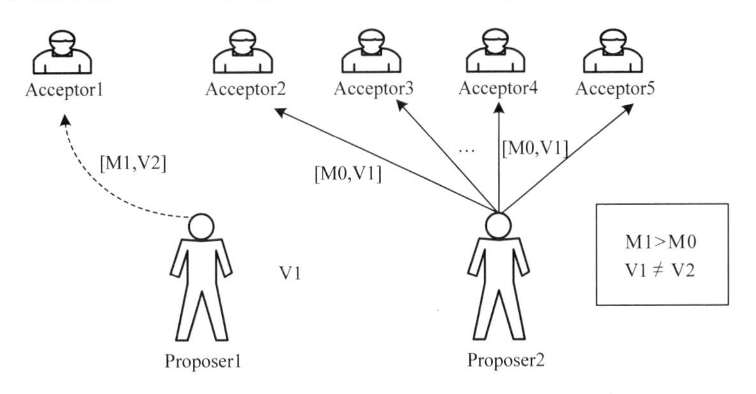

图 11-6 一个提案可能会在某个 Acceptor 还未收到任何提案时就被选定了

在图 11-6 中，当 Acceptor1 没有收到任何提案的情况下，其他 4 个 Acceptor 已经批准了来自 Proposer2 的提案[M0，V1]，此时，Proposer1 产生了一个具有其他 Value 值的、编号更高的提案[M1，V2]，并发送给了 Acceptor1。根据条件 1，需要 Acceptor1 批准该提案，但是这与其矛盾，因此如果要同时满足条件 1 和条件 2a，需要对条件 2a 进行如下强化。

条件 2b：如果一个提案[M0，V0]被选定后，则之后任何 Proposer 产生编号更高的提案时，其 Value 值都为 V0。因为一个提案必须在被 Proposer 提出后才能被 Acceptor 批准，因此条件 2b 包含了条件 2a，进而包含了条件 2。于是，接下来的重点就是论证条件 2b 成立：假设某个提案[M0，V0]已经被选定了，证明任何编号 Mn>M0 的提案，其 Value 值都是 V0。证明过程不再赘述。

11.3　ZooKeeper 的工作原理

ZooKeeper 的核心是原子广播，这个机制保证了各个服务器之间的同步。实现这个机制的协议称之为 Zab 协议。Zab 协议有两种模式，分别是恢复模式和广播模式。当服务启动或者在 Leader 崩溃后，Zab 就进入了恢复模式；当 Leader 被选举出来，且大多数 Follower 完成了和 Leader 的状态同步以后，恢复模式就结束了。状态同步保证了 Leader 和 Follower 具有相同的系统状态。

一旦 Leader 已经和多数的 Follower 进行了状态同步后，它就可以开始广播消息了，即进入广播状态。这时当一个服务器加入 ZooKeeper 服务中，它会在恢复模式下启动，发现 Leader，并和 Leader 进行状态同步。等到同步结束，它就参与消息广播。ZooKeeper 服务一直维持在广播状态，直到 Leader 崩溃了或者 Leader 失去了大部分 Follower 的支持。

广播模式类似于分布式事务中的两阶段提交（two-phrase commit，2pc），即 Leader 提出一个提议，由 Follower 进行投票，Leader 对投票结果进行计算，决定是否通过该提议，如果通过，则执行该提议，否则什么也不做。

广播模式需要保证提议是按顺序处理的，因此 ZooKeeper 采用了递增的事务 id 号（zxid）来保证。所有的提议都在被提出时加上了 zxid。zxid 是一个 64 位的数字，它的高 32 位是 Leader 的 epoch 编号，epoch 编号是 Zab 协议用来区分 Leader 周期变化的策略；它的低 32 位是按照数字递增的，即每次客户端发起一个提议，低 32 位的数字加 1。

11.3.1　ZooKeeper 选主流程

当 Leader 崩溃或者 Leader 丢失了大多数 Follower 时，则 ZooKeeper 进入恢复模式，恢复模式需要重新选举一个新的 Leader，让全体服务器都恢复到一个正确的状态。ZooKeeper 的选举算法有两种：一种是基于 Basic Paxos 算法实现的；另外一种是基于 Fast Paxos 算法实现的。系统默认的选举算法为 Fast Paxos 算法。

1. Basic Paxos 算法选主流程

选举线程是由当前服务器发起选举的线程担任，其主要功能是对投票结果进行统计，并选出推荐的服务器。Basic Paxos 算法选主流程描述如下：

1）选举线程首先向所有服务器发起一次询问（包括自己）。

2）选举线程收到回复后，验证是否是自己发起的询问（验证 zxid 是否一致），然后获取对方的 id（即 myid），并存储到当前询问对象列表中，最后获取对方提议的 Leader 相关信息（id，zxid），并将这些信息存储到当次选举的投票记录表中。

3）收到所有服务器回复以后，计算得出 zxid 最大的服务器，并将这个服务器设置成下一次要投票的服务器。

4）选举线程将当前 zxid 最大的服务器设置为要推荐的 Leader。如果此时获胜的服务器有超过半数的服务器的支持，则设置获胜的服务器为 Leader，并根据获胜的服务器的相关信息设置 Leader 的状态；否则，继续这个过程，直到 Leader 被选举出来。

通过上述流程分析可以看出：要使 Leader 获得多数服务器的支持，则服务器总数必须是奇数 2n+1，且存活的服务器的数目不得少于 n+1。

特别需要注意的是，每个 Server 启动后都会重复以上流程。Basic Paxos 算法选主流程如图 11-7 所示。

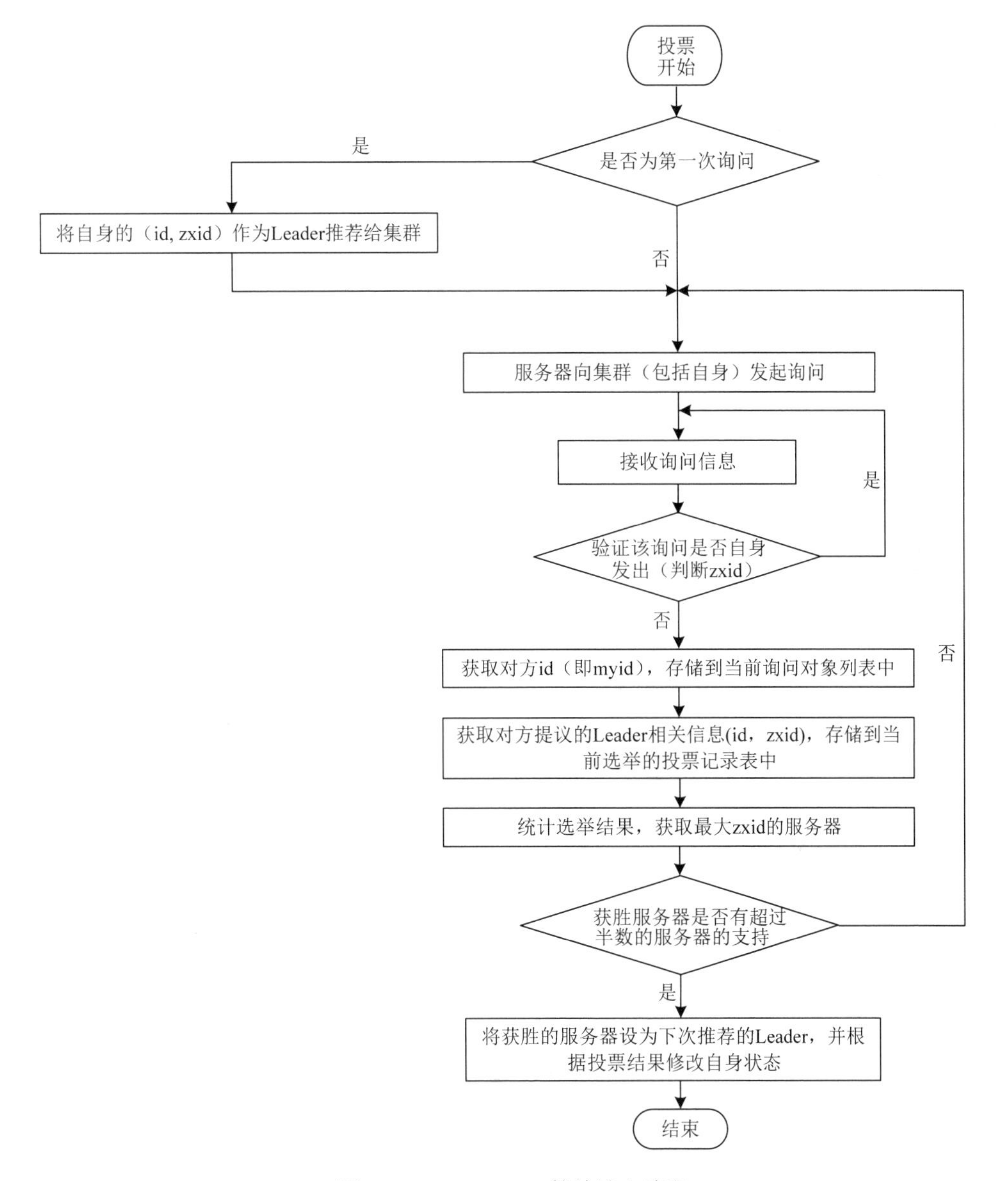

图 11-7　Basic Paxos 算法选主流程

2. Fast Paxos 算法选主流程

Fast Paxos 算法选主流程是在选举过程中，某服务器首先向所有服务器提议自己要成为 Leader，当其他服务器收到提议后，解决 epoch 和 zxid 的冲突，并接受对方的提议，然后向对方发送接受提议完成的消息，重复这个流程，最后一定能选举出 Leader。其流程如图 11-8 所示。

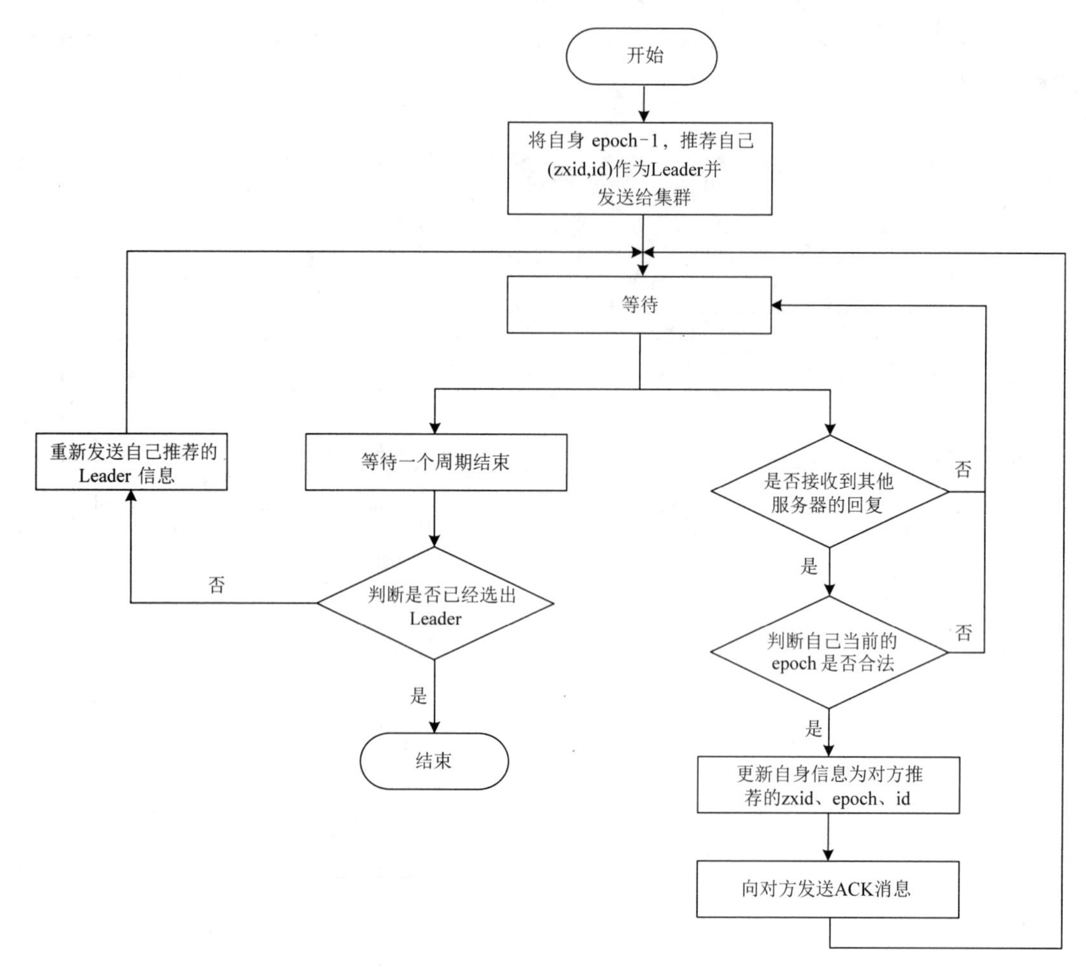

图 11-8　Fast Paxos 算法选主流程

11.3.2　ZooKeeper 同步流程

ZooKeeper 同步流程，如图 11-9 所示。

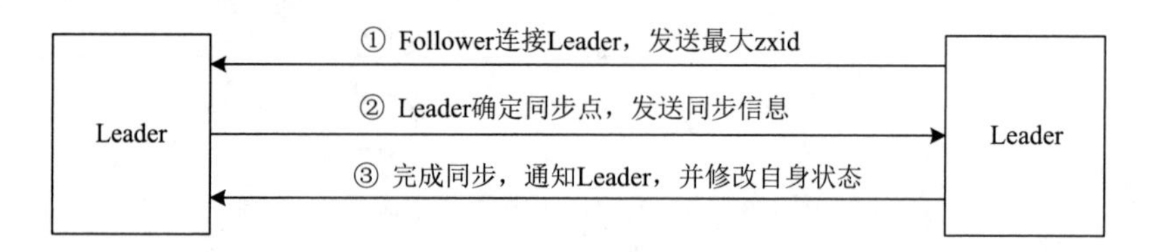

图 11-9　ZooKeeper 同步流程

选完 Leader 后，ZooKeeper 就进入状态同步过程。ZooKeeper 同步流程描述如下：

1）Leader 等待 Follower 连接。

2）Follower 连接 Leader，将最大的 zxid 发送给 Leader。

3）Leader 根据 Follower 的 zxid 确定同步点。

4）完成同步后通知 Follower 已成为 uptodate 状态。

5）Follower 收到 uptodate 消息后，又可以重新接收客户端的请求进行服务。

11.3.3　工作流程

工作流程主要包括 Leader 和 Follower 两类工作流程。

1. Leader 工作流程

Leader 主要包括如下 3 个功能。

1）恢复数据。

2）维持与 Learner 的心跳，接收 Learner 请求并判断 Learner 的请求消息类型。

3）Learner 的消息类型主要有 PING 消息、REQUEST 消息、ACK 消息和 REVALIDATE 消息，需要根据不同的消息类型进行不同的处理。其中，PING 消息是指 Learner 的心跳信息；REQUEST 消息是 Follower 发送的提议信息，包括写请求及同步请求；ACK 消息是 Follower 对提议的回复，超过半数的 Follower 同意，则接受该提议；REVALIDATE 消息是用来延长 Session 有效时间的。

Leader 的工作流程如图 11-10 所示。

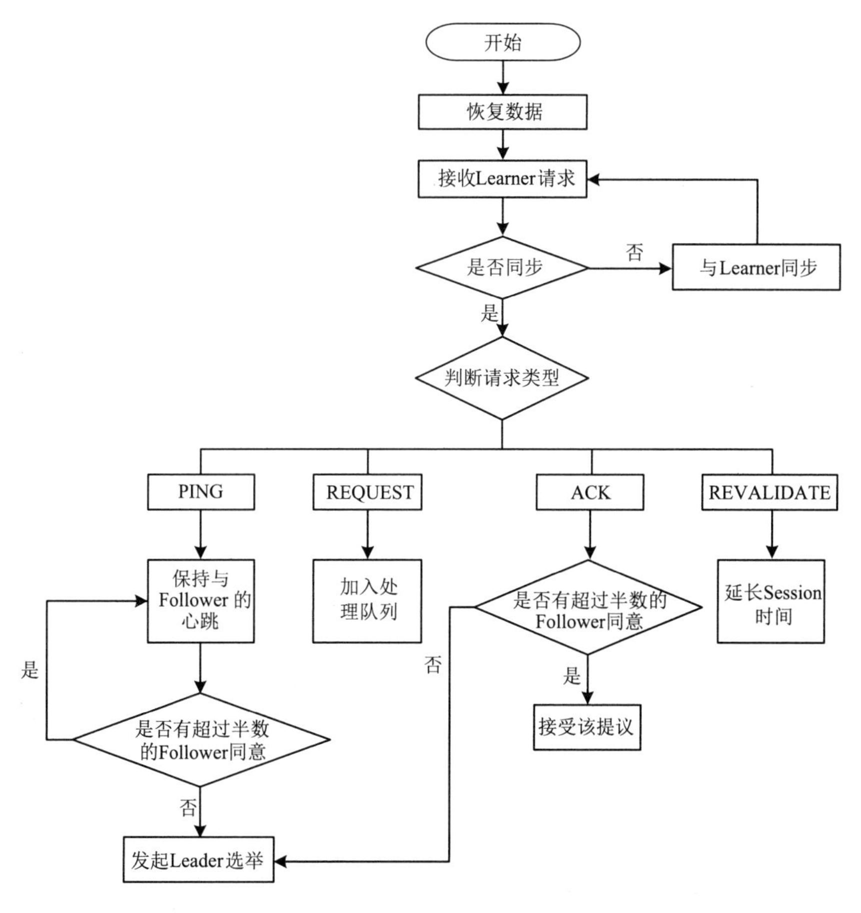

图 11-10　Leader 的工作流程

2. Follower 工作流程

Follower 主要包括如下 4 个功能：

1）向 Leader 发送请求，即 Leader 获取 VALIDATE 消息、与 Leader 同步消息、PING 消息和 PROPOSAL 消息的请求。

2）接收 Leader 消息并进行处理。

3）接收客户端的请求，如果为写请求，发送给 Leader 进行投票。

4）返回客户端结果。

Follower 接收并处理来自 Leader 的如下 4 种消息。

1）PING 消息：心跳消息。

2）UPTODATE 消息：表明同步完成。

3）SYNC 消息：返回 SYNC 结果到客户端，这个消息最初由客户端发起，用来强制得到最新的更新。

4）REVALIDATE 消息：根据 Leader 的 REVALIDATE 结果，判断关闭待 REVALIDATE 的 Session 还是允许其接受消息。

Follower 的工作流程如图 11-11 所示。

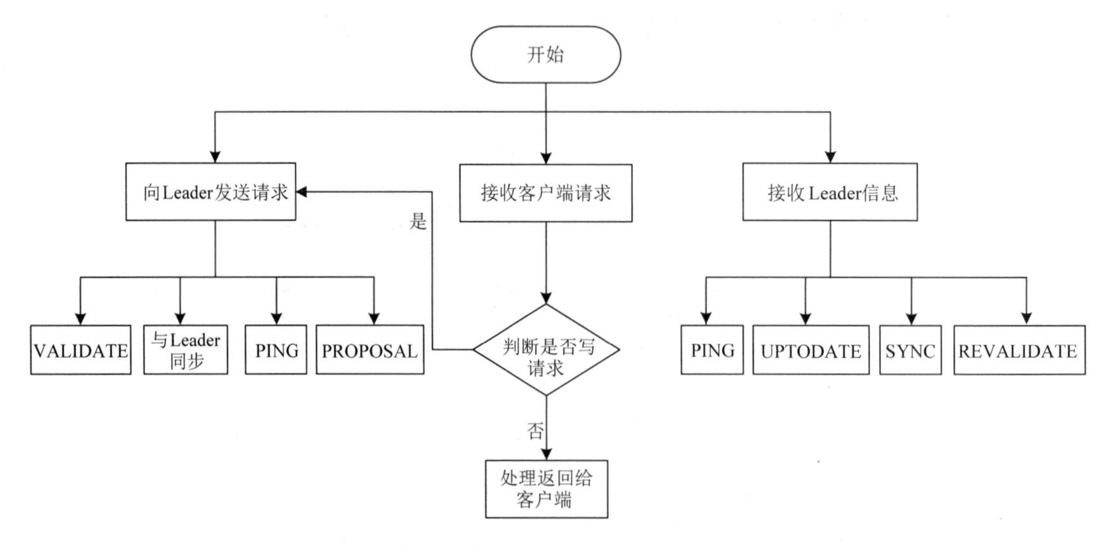

图 11-11　Follower 的工作流程

对于 Observer 工作流程不再叙述。Observer 工作流程和 Follower 工作流程唯一不同的地方是 Observer 不会参加 Leader 发起的投票。

11.4　ZooKeeper 应用场景

11.4.1　集群管理

随着分布式系统规模的日益扩大，集群中的机器规模也随之变大，因此，如何更好地进行集群管理也显得越来越重要了。

所谓集群管理，包括集群监控与集群控制两大块，前者侧重对集群运行时状态的收集；后者则是对集群进行操作与控制。在日常开发和运维过程中，经常会有如下需求：

1）希望知道当前集群中工作的机器数。

2）希望对集群中每台机器的运行状态进行数据收集。

3）希望对集群中的机器进行上下线操作。

在传统的基于 Agent 的分布式集群管理体系中，都是通过在集群中的每台机器上部署一个 Agent，由其负责主动向指定的一个监控中心系统（以下简称监控中心监控中心负责将所有的数据进行集中处理，形成一系列报表，并负责实时报警）汇报自己所在机器的状态。在集群规模适中的场景下，这确实是一种在生产实践中广泛使用的解决方案，能够快速有效地实现分布式环境集群监控。但是一旦系统的业务场景增多，集群规模变大之后，该解决方案的弊端就会显现出来。

（1）大规模升级困难

以客户端形式存在的 Agent，在大规模使用后，一旦遇上需要大规模升级的情况，就会非常麻烦，在升级成本和升级进度的控制上会面临巨大的挑战。

（2）统一的 Agent 无法满足多样的需求

对于机器的 CPU 使用率、负载、内存使用率、网络吞吐以及磁盘容量等机器基本的物理状态，可以使用统一的 Agent 来进行监控。但是，如果需要深入应用内部，对一些业务状态进行监控，例如在一个分布式消息中间件中，希望监控到每个消费者对消息的消费状态，或者在一个分布式任务调度系统中，希望对每个机器上任务的执行情况进行监控，很显然，对于这些业务耦合紧密的监控需求，不适合由一个统一的 Agent 来提供。

（3）编程语言多样性

随着越来越多编程语言的出现，各种异构系统层出不穷。一方面，如果使用传统的 Agent 方式，那么需要提供各种语言的 Agent 客户端；另一方面，监控中心在对异构系统的数据进行整合方面会面临巨大挑战。

ZooKeeper 具有以下两大特性：

1）客户端如果对 ZooKeeper 的一个数据节点注册 Watcher 监听，那么当该数据节点的内容或是其子节点列表发生变更时，ZooKeeper 服务器就会向订阅的客户端发送变更通知。

2）对在 ZooKeeper 上创建的临时节点，一旦客户端与服务器之间的会话失效，那么该临时节点也就被自动清除。

利用 ZooKeeper 的这两大特性，可以实现另一种集群机器存活性监控的系统。例如，监控系统在/clusterServers 节点下注册一个 Watcher 监听，那么但凡进行动态添加机器的操作，就会在/clusterServers 节点下创建一个临时节点：/clusterServers/[hostname]。这样一来，监控系统就能够实时检测到机器的变动情况，至于后续处理就是监控系统的业务了。下面通过分布式日志收集系统这个典型例子来看如何使用 ZooKeeper 实现集群管理。

（1）分布式日志收集系统

分布式日志收集系统的核心工作就是收集分布在不同机器上的系统日志，在这里重点来看分布式日志系统（以下简称日志系统）的收集器模块。

在一个典型日志系统的架构设计中，整个日志系统会把所有需要收集的日志机器（以下用日志源机器代表此类机器）分为多个组别，每个组别对应一个收集器，这个收集器其实就是一个后台机器（以下用收集器机器代表此类机器），用于收集日志。对于大规模的分布式日志收集系统场景，通常需要解决如下两个问题。

1）变化的日志源机器。在生产环境中，每个应用的机器几乎每天都是在变化的（如机器硬件问题、扩容、机房迁移或是网络问题等都会导致一个机器的变化），也就是说每个组别中的日志源机器通常是在不断变化的。

2）变化的收集器机器。日志收集系统自身也会有机器的变更或扩容，于是会出现新的收集器机器加入或是老的收集器机器退出的情况。

无论是日志源机器还是收集器机器的变更，最终都归结为一点：如何快速、合理、动态地为每个收集器分配对应的日志源机器，这成为整个日志系统能够正确稳定运转的前提，也是日志收集过程中最大的技术挑战之一。在这种情况下，引入 ZooKeeper 是个不错的选择，下面来看 ZooKeeper 在这个场景中的使用。

（2）注册收集器机器

使用 ZooKeeper 来进行日志系统收集器的注册，典型做法是在 ZooKeeper 上创建一个节点作为收集器的根节点，例如/logs/collector（以下以收集器节点代表该数据节点），每个收集器机器在启动的时候，都会在收集器节点下创建自己的节点，例如/logs/collector/[hostname]，如图 11-12 所示。

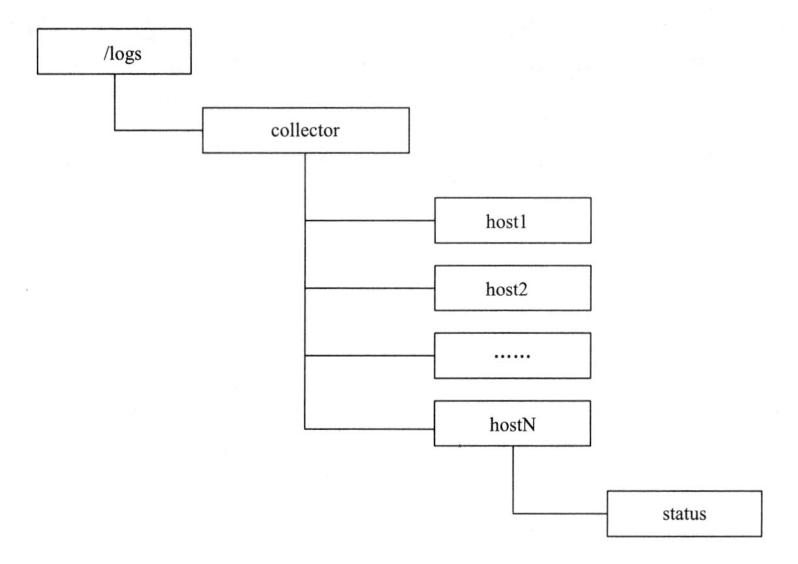

图 11-12　分布式日志收集系统的 ZooKeeper 节点示意图

（3）任务分发

待所有收集器机器都创建好自己对应的节点后，系统根据收集器节点下子节点的个数，将所有日志源机器分成对应的若干组，然后将分组后的机器列表分别写到这些收集器机器创建的子节点（例如/logs/collector/host1）上。这样一来，每个收集器机器都能够从自己对应的收集器节点上获取日志源机器列表，进而开始进行日志收集工作。

（4）状态汇报

完成收集器机器的注册以及任务分发后，还要考虑到这些机器随时都有挂掉的可能。因此，针对这个问题，需要有一个收集器的状态汇报机制：每个收集器机器在创建完自己的专属节点后，还需要在对应的子节点上创建一个状态子节点，例如/logs/collector/host1/status，每个收集器机器都需要定期向该节点写入自己的状态信息。可以把这种策略看成是一种心跳检测机制，通常收集器机器都会在这个节点中写入日志收集进度信息。日志系统根据该状态子节点的最后更新时间来判断对应的收集器机器是否存活。

（5）动态分配

如果收集器机器挂掉或是扩容了，就需要动态地进行收集任务的分配。在运行过程中，日志系统始终关注着/logs/collector 这个节点下所有子节点的变更，一旦检测到有收集器机器停止汇报或是有新的收集器机器加入，就要开始进行任务的重新分配。无论是针对收集器机器停止汇报还是新机器加入的情况，日志系统都需要将之前分配给该收集器的所有任务进行转移。为了解决这个问题，通常有两种做法。

1）全局动态分配。这是一种简单粗暴的做法，在出现收集器机器挂掉或是新机器加入的时候，日志系统需要根据新的收集器机器列表，立即对所有的日志源机器重新进行一次分组，然后将其分配给剩下的收集器机器。

2）局部动态分配。全局动态分配方式虽然策略简单，但是存在一个问题：一个或部分收集器机器的变更会导致全局动态任务的分配，影响面比较大，因此风险也相对较大。所谓局部动态分配，顾名思义就是在小范围内进行任务的动态分配。在这种策略中，每个收集器机器在汇报自己日志收集状态的同时，也会把自己的负载汇报上去。需要注意的是，这里提到的负载并不仅仅指机器 CPU 负载，而是一个对当前收集器任务执行的综合评估，这个评估算法和 ZooKeeper 本身并没有太大的关系，这里不再赘述。

在这种策略中，如果一个收集器机器挂了，那么日志系统就会把之前分配给这个机器的任务重新分配到那些负载较低的机器上去。同样，如果有新的收集器机器加入，会从那些负载高的机器上转移部分任务给这个新加入的机器。

11.4.2　会话

ZooKeeper 客户端在启动时，会尝试与集合体中的一个服务器相连接。如果连接失败，客户端会尝试连接集合体中的其他服务器，直到它最终连接到其中一个服务器；或者当与集合体中的服务器都无法连接时，就宣告连接失败。

一旦 ZooKeeper 客户端与服务器连接成功，服务器会创建与客户端的一个会话。每个会话都会有超时时段，这是应用程序在创建会话时设定的。如果服务器没有在超时时段内得到请求，它可能会中断这个会话。一旦会话被中断，可能就不再被打开，而且任何与会话相连的临时性节点都将丢失。

无论会话是什么时候创建的，只要会话持续空闲长达一定时间，ZooKeeper 客户端库都会自动发送 PING 消息，请求保持活跃。超时时段要选得足够小，以便于监测服务器故障（由读操作超时反应），但要能保证客户端在超时时段内能够重新连接到另一个服务器。

创建更复杂的临时性状态的应用程序应该设置更长的超时时段，因为重新构建会话的代价会更昂贵。在一些情况下，可以让应用程序在一定会话超时时段内重启，以避免会话过期。每个会话都由服务器给定一个唯一的身份和密码，在建立连接时被传递给 ZooKeeper，只要没有过期，会话的身份和密码就能够使会话恢复。这些特性可以视为一种能够避免会话过期的优化，但它并不能用来处理会话过期。会话过期可能出现在机器突然出现故障时，或是由于任何原因导致的应用程序安全关闭，但在会话中断前没有重启。作为常规的原则，ZooKeeper 的集合体越大，会话超时时段应该越长。连接超时、读取超时和 PING 周期都作为一个函数定义在集合体的服务器中，当集合体扩大时，这些超时时段会减小。如果连接经常断开，可以试着增加超时时段。

11.4.3　锁服务

分布式锁在一组进程之间提供了一种互斥机制。在任何时刻，只有一个进程可以持有锁。分布式锁可以用于在大型分布式系统中实现 Leader 选举，在任何时间点，持有锁的进程就是系统的 Leader。

ZooKeeper 自己的 Leader 选举和使用 ZooKeeper 基本操作实现的一般的 Leader 选举服务有本质的区别。ZooKeeper 自己的 Leader 选举机制是不对外公开的，这里所讲的一般 Leader 选举服务则不同，它是为那些需要与主进程保持一致的分布式系统所设计的。

为了使用 ZooKeeper 来实现分布式锁服务，可以使用顺序 ZNode 来为那些竞争锁的进程强制排序。思路为首先指定一个作为锁的 ZNode，通常用它来描述被锁定的实体，称为/leader；然后希望获得锁的客户端创建一些短暂顺序 ZNode，作为锁 ZNode 的子节点。在任何时间点，顺序号最小的客户端将持有锁。例如，有两个客户端差不多同时创建 ZNode，分别为/leader/lock-1 和/leader/lock-2，那么创建/leader/lock-1 的客户端将会持有锁，因为它的 ZNode 顺序号最小。ZooKeeper 服务是顺序的仲裁者，因为它负责分配顺序号。

通过删除 ZNode/leader/lock-1 即可简单地将锁释放。另外，如果客户端进程死亡，对应的短暂顺序 ZNode 也会被删除。接下来，创建/leader/lock-2 的客户端将持有锁，因为它的顺序号紧跟前一个。通过创建一个关于 ZNode 删除的观察，可以使客户端在获得锁时得到通知。

申请获取锁的算法伪代码如下：

1）在锁 ZNode 下创建一个名为 lock-×的短暂顺序 ZNode，并且记住它的实际路径名（Create 操作的返回值）。

2）查询锁 ZNode 的子节点并且设置一个观察。

3）如果步骤 1）中所创建的 ZNode 在步骤 2）中所返回的所有子节点中具有最小的顺序号，则获取到锁；退出。

4）等待步骤 2）中所设观察的通知并且转到步骤 2）。

虽然这个算法是正确的，但还是存在如下一些问题。

（1）羊群效应

第一个问题是，这种实现会受到“羊群效应”（herd effect）即从众效应的影响。这里的“羊群效应”是指大量客户端收到同一事件的通知，但实际只有很少一部分客户端需要处理这一事件。所有的客户端都在尝试获得锁，每个客户端都会在锁 ZNode 上设置一个观察，用于捕捉子节点的变化。每次锁被释放或另外一个进程开始申请获取锁的时候，观察都会被触发，并且每个客户端都会收到一个通知，但只有一个客户端会成功地获取锁。维护过程及向所有客户端发送观察事件会产生峰值流量，这会对 ZooKeeper 服务器造成压力。

为了避免出现羊群效应，需要优化通知的条件，关键在于只有在前一个顺序号的子节点消失时才需要通知下一个客户端，而不是删除（或创建）任何子节点时都需要通知客户端。在前面例子中，如果客户端创建了 ZNode/leader/lock-1、ZNode/leader/lock-2 和 ZNode/leader/lock-3，那么只有当 ZNode/leader/lock-2 消失时才需要通知/leader/lock-3 对应的客户端；/leader/lock-1 消失或有新的 ZNode/leader/lock-4 加入时，不需要通知/leader/lock-3 对应的客户端。

（2）可恢复的异常

第二个问题是不能处理因连接丢失而导致的创建操作失败。创建一个顺序 ZNode 是非幂等操作，不能简单地重试，因为如果第一次创建已经成功，重试会使我们多出一个永远删不掉的“孤儿 ZNode”（至少到客户端会话结束前）。不幸的结果是将会出现死锁。

在重新连接之后，客户端不能够判断它是否已经创建过子节点。解决方案是在 ZNode 的名称中嵌入一个 ID，如果客户端出现连接丢失的情况，重新连接之后它便可以对锁节点的所有子节点进行检查，看看是否有子节点的名称中包含其 ID。如果有一个子节点的名称包含其 ID，它便知道创建操作已经成功，不需要再创建子节点；如果没有子节点的名称中包含其 ID，则客户端可以安全地创建一个新的顺序子节点。

客户端会话的 ID 是一个长整数，并且在 ZooKeeper 服务中是唯一的，因此非常适合在连接丢失后用于识别客户端。可以通过调用 Java ZooKeeper 类的 getSessionId()方法来获得会话的 ID。

在创建临时顺序 ZNode 时，应当采用 lock-<sessionID>-这样的命名方式，ZooKeeper 在其尾部添加顺序号之后，其名称会形如 lock-<sessionID>-<sequenceNumber>。由于顺序号对于父节点来说是唯一的，但对于子节点名并不唯一，因此采用这样的命名方式可以让子节点在保持创建顺序的同时能够确定自己的创建者。

（3）不可恢复的异常

如果一个客户端的 ZooKeeper 会话过期，那么它所创建的短暂顺序 ZNode 将会被删除，已持有的锁会被释放。使用锁的应用程序应当意识到它已经不再持有锁，应当清理锁的状态，然后尝试申请一个新的锁来重新启动会话。需要注意的是，这个过程是由应用程序控制的，而不是锁，因为锁不能预知应用程序需要如何清理自己的状态。

（4）实现

分布式锁的实现是一件棘手的事，因为很难对所有类型的故障都进行正确的解释处理。ZooKeeper 带有一个由 Java 语言编写的生产级别的锁，名为 WriteLock，客户端可以很方便地使用它。

（5）更多分布式数据结构和协议

使用 ZooKeeper 可以实现很多不同的分布式数据结构和协议，例如屏障（barrier）、队列和两阶段提交协议。有趣的是它们都是同步协议，即使用异步 ZooKeeper 基本操作（如通知）来实现它们，ZooKeeper 网站（http://hadoop.apache.org/zookeeper/）提供了一些用于实现分布式数据结构和协议的伪代码。ZooKeeper 本身也带有一些标准方法的实现，放在安装位置下的 recces 目录中。

分布式锁是控制分布式系统之间同步访问共享资源的一种方式。如果不同的系统或是同一个系统的不同主机之间共享了一个或一组资源，那么访问这些资源的时候，往往需要通过一些互斥手段来防止彼此之间的干扰，以保证一致性，在这种情况下，就需要使用分布式锁了。下面介绍如何使用 ZooKeeper 实现分布式锁，这里主要讲解排他锁和共享锁两类分布式锁。

（1）排他锁

排他锁（exclusive locks，简称 X 锁），又称为写锁或独占锁，是一种基本的锁类型。如果事务 T 对数据对象 O 加上了排他锁，那么在整个加锁期间，只允许事务 T 对数据对象 O 进行读取和更新操作，其他任何事务不能再对这个数据对象 O 进行任何类型的操作，直到 T 释放了排他锁。

从上面讲的排他锁的基本概念中可以看到，排他锁的核心是如何保证当前有且仅有一个事务获得锁，并且锁被释放后，所有正在等待获取锁的事务都能够被通知到。下面就来看看如何借助 ZooKeeper 实现排他锁。

1）定义锁。在通常的 Java 开发编程中，有两种常见的方式可以用来定义锁，分别是 Synchronized 机制和 JDKS 提供的 ReentrantLock 可重入锁机制。然而，在 ZooKeeper 中，没有类似于这样的 API 可以直接使用，而是通过 ZooKeeper 上的数据节点来表示一个锁，例如/exclusive_lock/lock 节点就可以被定义为一个锁，如图 11-13 所示。

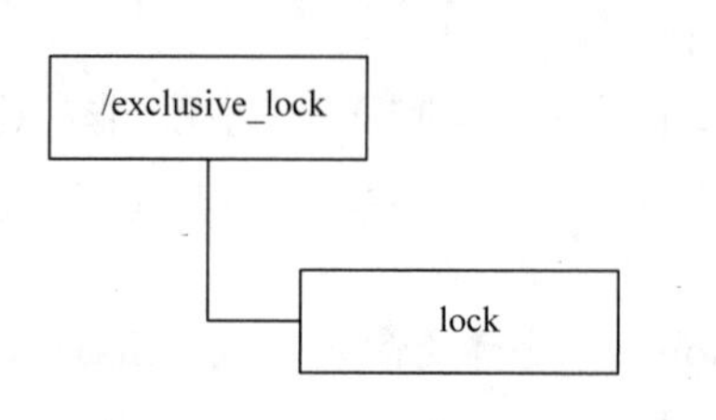

图 11-13 排他锁的 ZooKeeper 节点示意图

2）获取锁。在需要获取排他锁的时候，所有的客户端都会试图通过调用 create()接口，在/exclusive_lock 节点下创建临时子节点/exclusive_lock/lock。ZooKeeper 会保证在所有的客户端中，最终只有一个客户端能够创建成功，那么就可以认为该客户端获取了锁。同时，所有没有获取到锁的客户端就需要到/exclusive_lock 节点上注册一个子节点变更的 Watcher 监听，以便实时监听到 lock 节点的变更情况。

在“定义锁”部分，我们已经提到，/exclusive_lock 是一个临时节点，因此在以下两种情况下都有可能释放锁。

1）当前获取锁的客户端机器发生宕机，那么 ZooKeeper 上的这个临时节点就会被移除。

2）正常执行完业务逻辑后，客户端就会主动将自己创建的临时节点删除。

无论在什么情况下移除了 lock 节点，ZooKeeper 都会通知所有/exclusive_lock 节点上注册了子节点变更 Watcher 监听的客户端。这些客户端在接收到通知后，重新发起分布式锁获取，即重复“获取锁”过程。整个排他锁的获取和释放流程可以用图 11-14 来表示。

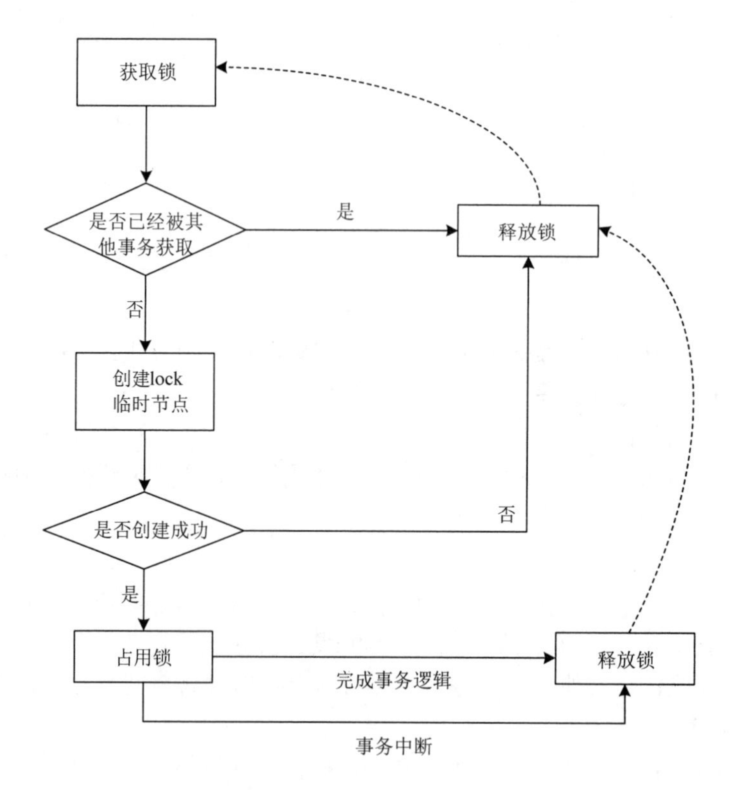

图 11-14 排他锁流程图

（2）共享锁

共享锁（share locks，简称 S 锁），又称为读锁，同样是一种基本的锁类型。如果事务 T1 对数据对象 O1 加上了共享锁，那么当前事务只能对 O1 进行读取操作，其他事务也只能对这个数据对象加共享锁，直到该数据对象上的所有共享锁都被释放。

共享锁和排他锁最根本的区别在于，加上排他锁后，数据对象只对一个事务可见，而加上共享锁后，数据对象对所有事务都可见。

11.4.4　分布式队列

业界有不少分布式队列产品，不过绝大多数是类似于 ActiveMQ、Metamorphosis、Kafka 和 HornetQ 等的消息、中间件（或称为队列）。本节主要介绍基于 ZooKeeper 实现的分布式队列。简单地讲，分布式队列可以分为两大类：一种是常规的先进先出（first input first output，FIFO）队列；另一种是要等到队列元素集聚之后才统一安排执行的分布式屏障（Barrier）。

1. FIFO 队列

FIFO 队列的算法思想具有简单明了的特点，并广泛应用于计算机科学的应用领域。而 FIFO 队列也是一种非常典型且被应用广泛的按序执行的队列模型，先进入队列的请求操作先完成后，才会开始处理后面的请求。

使用 ZooKeeper 实现 FIFO 队列，与之前提到的共享锁的实现非常类似。FIFO 队列类似于一个全写的共享锁模型，大体的设计思路其实非常简单：所有客户端都会到/queue_fifo 节点下面创建一个临时顺序节点，例如/queue_fifo/host1，如图 11-15 所示。

创建完节点之后，根据如下 4 个步骤来确定执行顺序。

1）通过调用 getChildren()接口来获取/queue_fifo 节点下的所有子节点，即获取队列中所有的元素。

2）确定自己的节点序号在所有子节点中的顺序。

3）如果自己不是序号最小的子节点，那么就需要进入等待，同时向比自己序号小的最后一个节点注册 Watcher 监听。

4）接收到 Watcher 通知后，重复步骤 1）。

FIFO 流程如图 11-16 所示。

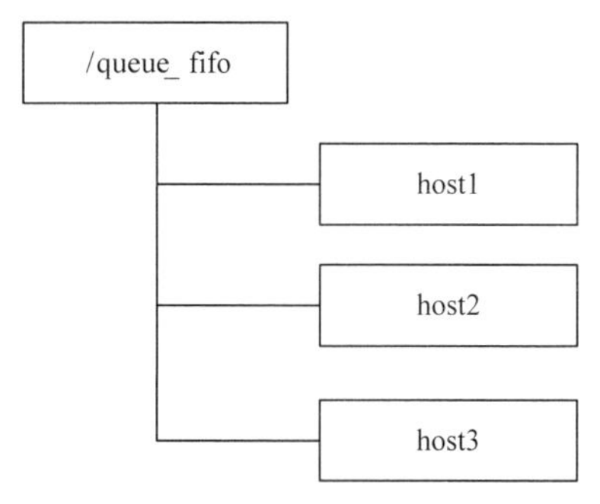

图 11-15　FIFO 的 ZooKeeper 节点示意图

2. Barrier

Barrier 原意是指障碍物、屏障，而在分布式系统中，特指系统之间的一个协调条件，规定了一个队列的元素必须都集聚后才能统一进行安排，否则一直等待。这往往出现在那些大规模分布式并行计算的应用场景上，最终的合并计算需要基于很多并行计算的子结果来进行。基于 Barrier 的分布式队列其实是在 FIFO 队列的基础上进行了增强，大致的设计思想如下：开始时，/queue_barrier 节点是一个已经存在的默认节点，并且将其节点的数据内容赋值为一个数字 n 来代表 Barrier 值，例如 n=8 表示只有当/queue_barrier 节点下的子节点个数达到 8 个后，才会打开 Barrier。之后，所有的客户端都会到/queue_barrier 节点下创建一个临时节点，例如/queue_barrier/host1，如图 11-17 所示。

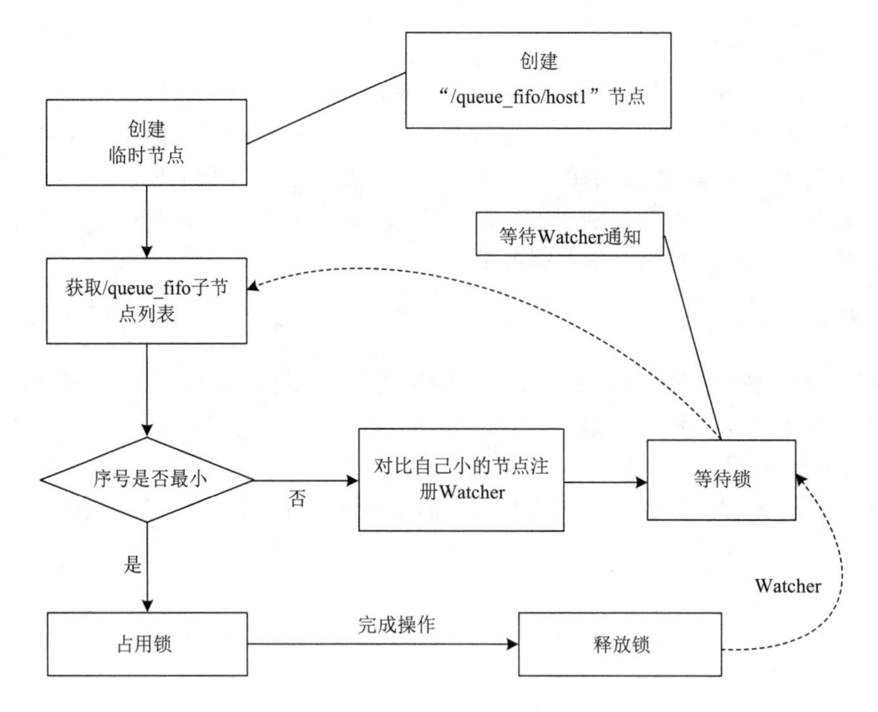

图 11-16 FIFO 流程图

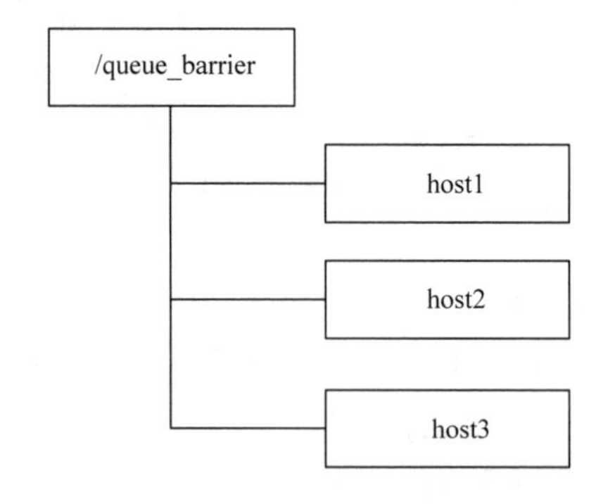

图 11-17 Barrier 的 ZooKeeper 节点示意图

创建完节点之后，根据如下 5 个步骤来确定执行顺序。

1）通过调用 getoata()接口获取/queue_barrier 节点的数据内容，如 8 个节点。

2）通过调用 getChildren()接口获取/queue_barrier 节点下的所有子节点，即获取队列中的所有元素，同时注册对子节点列表变更的 Watcher 监听。

3）统计子节点的个数。

4）如果子节点个数不足 8 个，就需要进入等待。

5）接收到 Watcher 通知后，重复步骤 2）。

整个 Barrier 的工作流程可以用图 11-18 来表示。

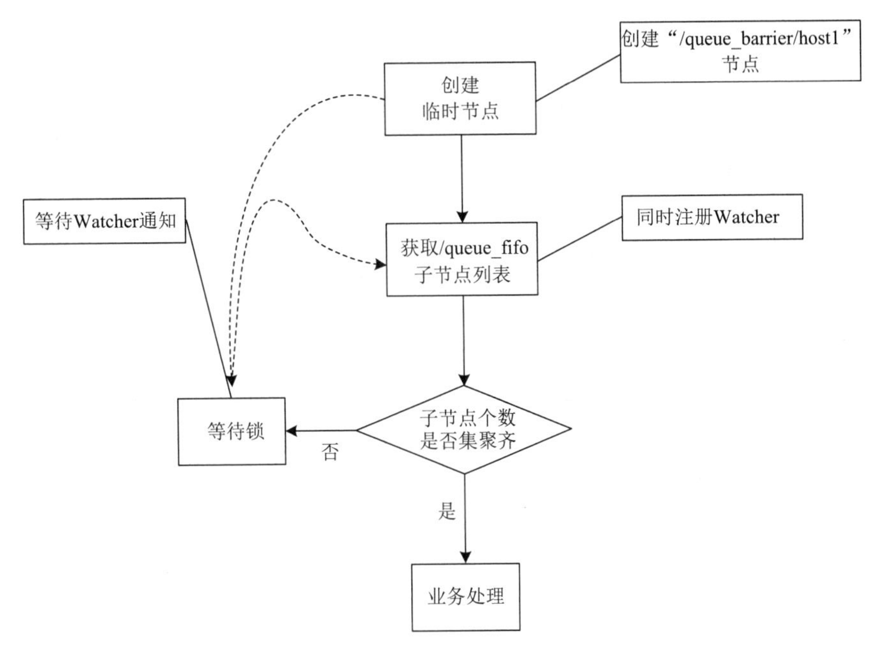

图 11-18　Barrier 的流程图

11.5　ZooKeeper 编程实践

ZooKeeper 作为一个分布式服务框架，主要用来解决分布式数据的一致性问题，它提供了简单的分布式原语，并且对多种编程语言提供了 API。下面重点来介绍 ZooKeeper 的 Java 客户端 API 的使用方式。

11.5.1　编程实现创建节点

客户端可以通过 ZooKeeper 的 API 来创建一个数据节点，有如下两个接口：

```
String create(final String path,byte data[], List<ACL> acl, CreateMode createMode)
void create(final String path,byte data[], List<ACL> acl, CreateMode createMode, StringCallback cb, Object ctx)
```

这两个接口分别以同步和异步方式创建节点，API 方法的参数说明如表 11-2 所示。

表 11-2　API 方法的参数说明

参数名	说　明
path	需要创建的数据节点的节点路径，例如，/zk-book/foo
data[]	一个字节数组，是节点创建后的初始内容
acl	节点的 ACL 策略
createMode	节点类型，是一个枚举类型，通常有 4 种可选的节点类型： 持久（PERSISTENT） 持久顺序（PERSISTENT_SEQUENTIAL） 临时（EPHEMERAL） 临时顺序（EPHEMERAL_SEQUENTIAL）

续表

参数名	说明
cb	注册一个异步回调函数。开发人员需要实现 StringCallback 接口，主要是对下面这个方法的重写：void processResult(int rc,String path,Object ctx,String name)；当服务器节点创建完毕后，ZooKeeper 客户端就会自动调用这个方法，这样就可以处理相关的业务逻辑了
ctx	用于传递一个对象，可以在回调方法执行的时候使用，通常是放一个上下文(context)信息

需要注意的是，无论是同步还是异步接口，ZooKeeper 都不支持递归创建，即无法在父节点不存在的情况下创建一个子节点。另外，如果一个节点已经存在了，那么创建同名节点的时候，会抛出 Node Exists Exception 的异常。目前，ZooKeeper 的节点内容只支持字节数组（byte[]）类型，也就是说，ZooKeeper 不负责为节点内容进行序列化，开发人员需要自己使用序列化工具将节点内容进行序列化和反序列化。对于字符串，可以简单地使用 "string".getBytes()来生成一个字节数组；对于其他复杂对象，可以使用 Hessian 或是 Kryo 等专门的序列化工具来进行序列化。

关于权限控制，如果应用场景没有太高的权限要求，那么可以不关注这个参数，只需要在 acl 参数中传入参数 Ids.OPEN_ ACL_ UNSAFE，这就表明之后对这个节点的任何操作都不受权限控制。

【例 11-1】编写 Demo 类，其代码如代码清单 11-1 所示。

代码清单 11-1　create\Demo.java

```
package create;

import java.io.IOException;
import java.util.List;

import org.apache.zookeeper.CreateMode;
import org.apache.zookeeper.KeeperException;
import org.apache.zookeeper.ZooKeeper;
import org.apache.zookeeper.ZooDefs.Ids;

public class Demo {
    private static final int TIMEOUT = 3000;

    public static void main(String[] args) throws IOException {
        ZooKeeper zkp = new ZooKeeper("localhost:2181", TIMEOUT, null);
        try {
            // 创建一个 EPHEMERAL 类型的节点，会话关闭后它会自动被删除
            zkp.create("/node1", "data1".getBytes(), Ids.OPEN_ACL_UNSAFE,
CreateMode.EPHEMERAL);
            if (zkp.exists("/node1", false) != null) {
                System.out.println("node1 exists now.");
            }
            try {
                // 当节点名已存在时再去创建它会抛出 KeeperException(即使本次的
                // ACL、CreateMode 和上次的不一样)
                zkp.create("/node1", "data1".getBytes(), Ids.OPEN_ACL_UNSAFE,
CreateMode.PERSISTENT);
            } catch (KeeperException e) {
```

```
                System.out.println("KeeperException caught:" + e.getMessage());
            }

            // 关闭会话
            zkp.close();
            zkp = new ZooKeeper("localhost:2181", TIMEOUT, null);
            //重新建立会话后 node1 已经不存在了
            if (zkp.exists("/node1", false) == null) {
                System.out.println("node1 dosn't exists now.");
            }
            //创建 SEQUENTIAL 节点
            zkp.create("/node-", "same data".getBytes(), Ids.OPEN_ACL_
UNSAFE,CreateMode.PERSISTENT_SEQUENTIAL);
            zkp.create("/node-", "same data".getBytes(), Ids.OPEN_ACL_
UNSAFE,CreateMode.PERSISTENT_SEQUENTIAL);
            zkp.create("/node-", "same data".getBytes(), Ids.OPEN_ACL_
UNSAFE,CreateMode.PERSISTENT_SEQUENTIAL);
            List<String> children = zkp.getChildren("/", null);
            System.out.println("Children of root node:");
            for (String child : children) {
                System.out.println(child);
            }
            zkp.close();
        } catch (Exception e) {
            System.out.println(e.getMessage());
        }
    }
}
```

第一次运行输出：

```
node1 exists now.
KeeperException caught:KeeperErrorCode = NodeExists for /node1
node1 dosn't exists now.
Children of root node:
node-0000000003
zookeeper
node-0000000002
node-0000000001
```

第二次运行输出：

```
node1 exists now.
KeeperException caught:KeeperErrorCode = NodeExists for /node1
node1 dosn't exists now.
Children of root node:
node-0000000003
zookeeper
node-0000000002
node-0000000001
node-0000000007
node-0000000005
node-0000000006
```

注意两次会话中创建的 PERSISTENT_SEQUENTIAL 节点序号并不是连续的，比如上例中缺少了 node-0000000004。

11.5.2 Watcher

Watcher 分为两大类：data watches 和 child watches。在 getData()和 exists()上可以设置 data watches，在 getChildren()上可以设置 child watches。

setData()会触发 data watches；create()会触发 data watches 和 child watches；delete()会触发 data watches 和 child watches。

如果对一个不存在的节点调用了 exists()，并设置了 Watcher，而在连接断开的情况下 create 或 delete 了该 ZNode，则 Watcher 会丢失。

在 Server 端用一个 Map 来存放 Watcher，所以相同的 Watcher 在 Map 中只会出现一次，只要 Watcher 被回调一次，它就会被删除，Map 解释了 Watcher 的一次性。比如，如果在 getData()和 exists()上设置的是同一个 data watcher，调用 setData()会触发 data watcher，但是 getData()和 exists()只有一个会收到通知。

【例 11-2】编写 SelfWatcher 类，其代码如代码清单 11-2 所示。

代码清单 11-2　watcher\SelfWatcher.java

```
1   package create;

2   import java.io.IOException;
3   import org.apache.zookeeper.CreateMode;
4   import org.apache.zookeeper.KeeperException;
5   import org.apache.zookeeper.WatchedEvent;
6   import org.apache.zookeeper.Watcher;
7   import org.apache.zookeeper.ZooDefs.Ids;
8   import org.apache.zookeeper.ZooKeeper;
9   import org.apache.zookeeper.data.Stat;

10  public class SelfWatcher implements Watcher{
11   ZooKeeper zk=null;
12   @Override
13   public void process(WatchedEvent event) {
14       System.out.println(event.toString());
15   }

16   SelfWatcher(String address){
17       try{
18           zk=new ZooKeeper(address,3000,this);
             //在创建 ZooKeeper 时第三个参数负责设置该类的默认构造函数
19               zk.create("/root", new byte[0], Ids.OPEN_ACL_UNSAFE,
CreateMode.EPHEMERAL);
20       }catch(IOException e){
21           e.printStackTrace();
22           zk=null;
23       }catch (KeeperException e) {
24           e.printStackTrace();
25       } catch (InterruptedException e) {
26           e.printStackTrace();
27       }
28   }
29   void setWatcher(){
```

```
30         try {
31            Stat s=zk.exists("/root", true);
32            if(s!=null){
33               zk.getData("/root", false, s);
34            }
35         } catch (KeeperException e) {
36            e.printStackTrace();
37         } catch (InterruptedException e) {
38            e.printStackTrace();
39         }
40      }
41      void trigeWatcher(){
42         try {
43            Stat s=zk.exists("/root", false);   //此处不设置 watcher
44            zk.setData("/root", "a".getBytes(), s.getVersion());
              //修改数据时需要提供 version，version 设为-1 表示强制修改
45         }catch(Exception e){
46            e.printStackTrace();
47         }
48      }
49      void disconnect(){
50         if(zk!=null)
51            try {
52               zk.close();
53            } catch (InterruptedException e) {
54               e.printStackTrace();
55            }
56      }
57      public static void main(String[] args){
58         SelfWatcher inst=new SelfWatcher("127.0.0.1:2181");
59         inst.setWatcher();
60         inst.trigeWatcher();
61         inst.disconnect();
62      }
63   }
```

可以在创建 ZooKeeper 时指定默认的 Watcher 回调函数，这样在 getData()、exists()和 getChildren()收到通知时都会调用这个函数，只要它们在参数中设置了 true。所以，如果把代码 18 行的 this 改为 null，则不会有任何 Watcher 被注册。

上面的代码输出为

```
WatchedEvent state:SyncConnected type:None path:null
WatchedEvent state:SyncConnected type:NodeDataChanged path:/root
```

之所以会输出第 1 行，是因为本身在建立 ZooKeeper 连接时就会触发 Watcher；输出第 2 行是因为在代码的第 31 行设置了 true。

WatchEvent 有 3 种类型：NodeDataChanged、NodeDeleted 和 NodeChildrenChanged。

调用 setData()时会触发 NodeDataChanged；调用 create()时会触发 NodeDataChanged 和 NodeChildrenChanged；调用 delete()时上述 3 种 Event 都会触发。

习　　题

简答题

1. 简述 ZooKeeper 框架的功能作用及其体系框架。
2. ZooKeeper 内部采用什么算法选取 Leader？如何确保数据的一致性？
3. 简述 ZooKeeper 命令空间数据结构以及节点类型。

参 考 文 献

何慧虹，王勇，史亮，2015. 分布式环境下基于 ZooKeeper 服务的数据同步研究[J]. 信息网络安全 (9):227-230.

唐海东，武延军，2014. 分布式同步系统 ZooKeeper 的优化[J]. 计算机工程, 40(4):53-56.

刘芬，王芳，田昊，2014. 基于 ZooKeeper 的分布式锁服务及性能优化[J]. 计算机研究与发展, 51(S1):229-234.

PIETZUCH P , BRENNER S , WULF C , et al., 2016. SecureKeeper: confidential ZooKeeper using Intel SGX[C]// International Middleware Conference. Trento: ACM, 1(1): 1-13.

BRENNER S, WULF C, KAPITZA R,2014. Running ZooKeeper coordination services in untrusted clouds[C]// Proceedings of the 10th Workshop on Hot Topics in System Dependability. Berkeley: USENIX Association, 1(1): 1-6.

HALALAI R, SUTRA P, RIVIÈRE É, et al., 2014. Zoofence: principled service partitioning and application to the Zookeeper coordination service[C]// International Symposium on Reliable Distributed Systems. Nara: IEEE: 67-78.

JUNQUEIRA F, REED B, 2013. ZooKeeper: distributed process coordination[M]. Cambridge: O'Reilly Media, Inc..

SKEIRIK S, BOBBA R B, MESEGUER J, 2013. Formal analysis of fault-tolerant group key management using ZooKeeper[C]// International Symposium on Cluster, Cloud and Grid Computing. Delft: IEEE: 636-641.

下篇

应 用 篇

本篇主要通过两个实际案例——大规模微博传播分析和图书推荐，介绍大数据分析及实现的过程，读者可通过所给代码执行并实现，巩固前面所学知识，加深对大数据分析技术及应用的理解。

大规模微博传播分析案例

微博是一种基于用户关系信息分享、传播以及获取的平台。由于微博具有用户量大和信息价值高等特点，目前已构成了一种典型的大数据资源。微博数据的分析与挖掘是目前广为关注的热点问题。

微博信息在传播过程中，既可以被阅读者评论，又可以被这些阅读者进行转发和共享，从而形成了一个和用户关系密切相关的传播网络，这种网络在一定程度上反映了微博信息的传播方式和用户分布情况。因此，开展微博数据及其所组成的信息传播网络的分析研究具有重要的现实意义。由于微博数据量巨大，现有传统的分析技术和方法难以有效完成大规模微博数据的处理，目前 MapReduce 为大规模微博数据处理提供了新的有效技术手段。

本章将介绍一种基于 MapReduce 的微博评论和传播网络分析算法的设计案例。

12.1 微博分析问题背景与并行化处理过程

微博网络的信息发布、传播方式与传统互联网相比，具有很多不同的特点。例如，微博用户不仅可以看到关注用户所发布的状态、所分享的信息，还可以主动发布自己的所见所闻。普通用户不再是单纯的信息接收个体，同时也是信息的提供者。用户间的信息交流更加频繁，信息传播的实时性更强、传播速度更快。微博中的明星博主拥有的粉丝数有的甚至超过数千万，这就意味着他们能够影响的用户群体非常庞大。研究微博的评论和转发过程，有助于人们深入了解微博的传播过程、微博用户的分布和影响力等信息，有助于进行微博舆情的分析和引导良好的舆论导向，因此这项研究在信息安全领域受到人们的广泛关注。

微博传播分析的社交管理平台正是在上述背景下应运而生的。例如，“孔明”社交管理平台就是一个专门针对微博传播进行分析的平台。它可以对单条微博的转发、评论、覆盖人群、影响人群、地域分布、性别分布、时间分布等诸多参数进行统计分析。但是，面向大规模微博统计分析时，由于数据量巨大，以及微博数据是类似于 Web 网页的大量数据记录等特点，分析处理通常需要花费较长的时间开销。因此，微博内容、属性的统计分析很适合使用 MapReduce 来进行并行化处理，大幅度减小统计分析的时间，从而实现较快的微博传播分析。微博源数据的获取也可以通过 MapReduce 框架进行并行抓取，大大提高后台数据处理的效率。

使用 MapReduce 进行微博数据抓取和统计分析的基本思路是，将对微博相关的数据下载任务和统计分析任务分配到多个 Map 节点和 Reduce 节点上，以实现并行化处理。因此，整个数据获取和分析过程将分为如下两个主要阶段。

1. 并行化微博抓取阶段

为了提高微博抓取的效率，该阶段主要是将对多个转发和评论的抓取分布在多个节点上同时进行，并把 Map 节点的抓取结果输出到多个文件中。

2. 并行化分析阶段

为了提高微博数据分析效率，该阶段主要是将分析工作分布在多个节点上同时进行，并把分析结果输出到多个文件中。该阶段可以进一步细分为转发数量、粉丝数量、性别统计、转发层数、转发者地域分布、转发时间等多个与传播和用户分布相关的指标数据的统计分析任务。

本节主要研究并行化微博数据获取与分析的方法以及算法，但如何利用新浪微博开放平台访问微博数据的详细编程技术不是本节讨论的重点。因此，本节不给出访问微博数据的详细编程技术细节，读者可通过新浪微博开放平台的编程技术文档获取自己所关心的细节。

此外，新浪微博数据下载访问对于一般用户而言，存在访问限制等商业性问题，本节不做讨论。本节给出的相关算法的设计与实现是假定用户与新浪微博商家具有合作关系下，具有无限获取大量微博数据权限的典型案例。

12.2 并行化微博数据获取算法的设计实现

使用新浪微博开放平台的 Java SDK 来抓取新浪微博的数据。表 12-1 是该 SDK 包中微博类 Status 的一个微博的数据字段，主要字段有 create_at，id，text，source，user，reposts_count，comments_count 等。

表 12-1 新浪微博数据字段

返回值字段	字段类型	字段说明
create_at	String	微博创建时间
id	Int64	微博 ID
mid	Int64	微博 MID
idstr	String	字符串型的微博 ID
text	String	微博信息内容
source	String	微博来源
favorited	Boolean	是否已收藏，true：是；false：否
truncated	Boolean	是否被截断，true：是；false：否
in_reply_to_status_id	String	（暂未支持）回复 ID
in_reply_to_user_id	String	（暂未支持）回复人 UID
in_reply_to_screen_name	String	（暂未支持）回复人昵称
thumbnail_pic	String	缩略图片地址，没有时不返回此字段
bmiddle_pic	String	中等尺寸图片地址，没有时不返回此字段
original_pic	String	原始图片地址，没有时不返回此字段
geo	Object	地理信息字段

续表

返回值字段	字段类型	字段说明
user	Object	微博作者的用户信息字段
retwddted_status	Object	被转发的原微博信息字段，当该微博为转发微博时返回
reposts_count	Int	转发数
comments_count	Int	评论数
attitudes_count	Int	表态数
mlevel	Int	暂未支持
visible	Object	微博的可见性及指定可见分组信息。该 object 中 type 取值：0（普通微博）；1（私密微博）；3（指定分组微博）；4（密友微博）。list_id 为分组的组号
pic_urls	Object	微博配图地址。多图时返回多图链接，无图时返回“[]”

【例 12-1】利用新浪微博开放平台的访问接口获取一个微博 ID 列表，并针对每个微博 ID，使用 MapReduce 程序并行地下载单条微博的评论和转发数据。

依据微博 ID 下载单条微博的 Mapper 类设计代码，代码清单如 12-1 所示。

代码清单 12-1　weibo/RepostClassMapper.java

```
//map() 输入数据：value：一条微博 ID
Public void map(LongWritable key, Text value,
   outputCollector<Text,Text> output,Reporter reporter)
   throws IOException
{
String id = value.toString(); //读出微博 ID
Timeline tm = new Timeline(); //初始化新浪微博开放平台访问对象并获取授权
Tm.client.setToken(access_token);
//access_token 是开放平台授权处理后获得的一个授权参数
   Try {
      Long maxpagecount=10; //设置最大的微博转帖分页访问次数
      For (int i=1;i<=maxpagecount;i++)
{
   Paging page = new paging(i,200);//每个分页读取指定微博的 200 个转帖
   StatusWapper status = tm.getRepostTimeline(id,page);
   Thread.sleep(2000);
   If(Status.getStatuses().size()==0) break;
   //逐个读取所获取的转帖的相关字段，并拼接成一行输出
   For(status s : status.getStatuses()){
      User user = s.getUser();
      String content = "sid"+s.getid()+"";
      Content = content+"createdAT="
         +s.getCreatedAT().toString()+"";

     Content=Content+"reposts_count"=+string.format("%-10d",
     s.getCommentsCount());
     Content = Content+"uid"+user.getid()+"";

   Content = Content+
        "gender="String.format("%-2s", User.getGender())+"";
   Content=Content+"follower_count="+
   string.format("%-10d"user.getFollowersCount());
```

```
        Content=Content+"friends_count="+
                String.format("%-10d",user.get friendsCount());
        Content=Content+"statuses_count="+
                string.format("%-10d",user.get StatusesCount())+ "";
        Content=Content+"profileImageUrl="+
                String.format("%-60s",user.get ProfileImageUrl());
        Content=Content+"province="+string.format("%-6d",user.getProvince())+"";
        Content = Content+"city="+String.format("%-6d",user.getCity())+"";
        Content=Content+"location="+string.format("%-15s",user.getLocation())+"";
        Content=Content +"screenName="String.format("%-25s",user.getScreenName()) +"";
        Content = Content+ "text="+s.getText().replace("\n","");
        Content = Content +"\n";
        Output.collect(value, new Text(content));
              }//end of for
              Maxpagecount = (long) Math.ceil(status.getTotalNumber()/200.0);
           }//end of for
        }catch (Exception e) {e.printStackTrace();}
    } //end of mao()
```

获取包含一组微博及其转发与评论的详细数据信息后，就可以很方便地根据这些微博的转发和评论关系建立一个微博用户关注关系图。除此之外，还可以进行各种微博传播和用户分布指标数据分析。

通过以上方法获取了一批微博的转帖/评论数据记录后，将这些数据记录作为输入，可以进行以下 6 类微博指标分析统计处理。

1）二次转发数统计（RepostCount）。

2）转发者粉丝统计（RepostFollowersCount）。

3）转发者性别统计（RepostGender）。

4）转发层数统计（RepostLayer）。

5）转发者位置统计（RepostLocation）。

6）转发时间统计（RepostTime）。

获得 6 类关于微博传播和用户分布指标统计数据后，可以很方便地绘制出各种统计图或者进行各种深度的微博数据分析与应用。以下分别介绍这些子任务的代码实现。

12.2.1 二次转发数统计

【例 12-2】二次转发数统计。程序编码如代码清单 12-2 所示。

代码清单 12-2 weibo/RepostCountMapper.java

```
public static class RepostCountMapper
extends Mapper<LongWritable,Text,IntWritable,Text>
{
public void map(LongWritable key, Text value,Context context)
throws IOException, InterruptedException
   {
          String line = value.toString();
          int beg,end;
          int reposts_count;
          beg = line.indexOf("reposts_count="  );
          end = line.indexOf(" ",beg);
          reposts_count = Integer.parseInt(line.substring(beg+4,end).trim());
```

```
            String uid;
            beg = line.indexOf("uid=");
            end = line.indexOf("",beg);
            uid = line.substring(beg+4,end);
            context.write(new IntWritable(reposts_count),new Text(uid));
    }
}
    public static class ReposContReduce
    extends Reducer <IntWritable,Text,IntWritable,Text>
    {
    public void reduce(IntWritable key,Iterator<Text> values,
    Context context) throws IOException, InterruptedException
    {
        while(values.hasNext())
        {
        context.write(key,values.next());
        }
    }
    }
```

12.2.2 转发者粉丝统计

【例 12-3】转发者粉丝统计。程序编码如代码清单 12-3 所示。

代码清单 12-3　weibo/RepostFollowersMapper.java

```
public class RepostFollowersMapper
extends Mapper <LongWritable,Text,Text,LongWritable>{

public static LongWritable Lone = new LongWritable(1);
public void map(LongWritable key,Text value,Context context) throws
IOException, InterruptedException{
      String line = value.toString();
      int beg,end;
      int followercount;
      beg = line.indexOf("followers_count=");
      end = line.indexOf(" ",beg);
      followercount = Integer.parseInt(line.substring(beg+16,end).trim());
      Text Tfollowercount = null;
      if(followercount<10) Tfollowercount = new Text("0~9");
      else if(followercount<50) Tfollowercount = new Text("10~49");
      else if(followercount<100) Tfollowercount = new Text("50~99");
      else if(followercount<200) Tfollowercount = new Text("100~199");
      else if(followercount<300) Tfollowercount = new Text("200~299");
      else if(followercount<400) Tfollowercount = new Text("300~399");
      else if(followercount<500) Tfollowercount = new Text("400~499");
      else if(followercount<1000) Tfollowercount = new Text("500~999");
      else if(followercount<2000) Tfollowercount = new Text("1000~1999");
      else if(followercount<3000) Tfollowercount = new Text("2000~2999");
      else if(followercount<4000) Tfollowercount = new Text("3000~3999");
      else if(followercount<5000) Tfollowercount = new Text("4000~4999");
      else if(followercount<10000) Tfollowercount = new Text("5000~9999");
      else if(followercount<50000) Tfollowercount = new Text("10000~49999");
      else if(followercount<100000) Tfollowercount = new Text("50000~99999");
      else Tfollowercount = new Text(">=100000");
```

```
            context.write(Tfollowercount, Lone);

        }

        public static class RepostFollowersReducer extends Reducer<Text,
        LongWritable,Text,LongWritable>{

        public void reduce(Text key,Iterator<LongWritable> values, Context
        context) throws IOException, InterruptedException{
              long sum =0;
              while(values.hasNext()){
                  sum = sum +values.next().get();
              }
              context.write(key,new LongWritable(sum));
           }
        }
    }
```

12.2.3 转发者性别统计

【例 12-4】转发者性别统计。程序编码如代码清单 12-4 所示。

代码清单 12-4 weibo/RepostGenderMapper.java

```
public static class RepostGenderMapper
      extend Mapper<LongWritable, Text, Text, longWritable>
{
public static  LongWritable Lone = new LongWritable(1);
   @Override
   public void map(LongWritable key , Text value , Context context)
         throws IOException
  {
   //TODO Auto-generated method stub
   String line = value.toString();
   int beg,end;
   String gender;
   beg = line.indexOf("gender=");
   end = line.indexOf("",beg);
   gender = line.substring(beg+7, end).trim();
   Text Tgender = new Text(gender);
   context.write(Tgender,Lone);
   }
}
public static class RepostGenderReducer
extends Reducer<Text, LongWritable, Text, LongWritable>
{
  @Override
  public void reduce(Text key, Iterator<LongWritable> values, context
     context) throws IOException
 {
   //TODO Auto-generated method stub
   Long sum = 0;
   while(values.hasNext())
   {
      sum = sum + values.next().get();
   }
```

```
    Context.write(key, new LongWritable(sum));
  }
}
```

12.2.4 转发层数统计

转发层数统计主要解决的问题是，如何采用快速的方法判断转发的层数。其解决思路是借助微博内容中的“//@”标签来判断。

```
Int laycount = 1+(Text.length()-text.replace("//@","").length())/
"//@".length();
```

通常微博在转发的过程中，如果用户不将此标签删除，每转发一层都会对应一个“//@”标签。所以，在没有非常严格要求的情况下，一般通过此标签的个数计算转发层数。

【例 12-5】转发层数统计。程序编码如代码清单 12-5 所示。

代码清单 12-5　weibo/RepostLayerMapper.java

```
public static class RepostLayerMapper
extends Mapper<LongWritable, Text, longWritable,Text>
{
    @Override
    public void map(LongWritable key,Text value, Context context)
        throws IOException
{
    //TODO Auto-generated method stub
    String line = value.toString();
    Int beg,end;
    String sid;
    beg = line.indexOf("sid =");
    end = line.indexOf("",beg);
    sid = line.substring(beg+4, end).trim();
    String text;
    beg = line.indexOf("text=");
    Text = line.substring(beg+5);
    Int laycount = 1+(Text.length()-text.replace("//@",")
                      .length())/"//@".length();
    Text Tsid = new Text(sid);
    LongWritable Llaycounty = new LongWritable(laycount);
    context.write(Llaycounty,Tsid);
    }
}

    public static class RepostLayerReducer
    extends Reducer(LongWritable key, Iterator<Text>values,
        Context context) throws IOException
    {
        //TODO Auto-generated method stub
        String ids = "";
        while(values.hasNext()){
            Ids = ids + values.next().toString()+"";
        }
    context.write(key, new Text(ids));
    }
}
```

12.2.5 转发者位置统计

【例 12-6】转发者位置统计。程序编码如代码清单 12-6 所示。

代码清单 12-6 weibo/RepostLocationMapper.java

```
public static class RepostLocationMapper
extends Mapper<LongWritable, Text, Text, longWritable >
{
    public static LongWritable Lone = new LongWritable(1);
    @Override
    public void map(LongWritable key, Test value, Context context)
            throws IOException
        {
            //TODO Auto-generated method stub
            String line = value.toString();
            int beg,end;
            String location;
            beg = line.indexOf("location =");
            end = line.indexOf("",beg);
            Location = line.substring(beg+9, end).trim();
            Text Tlocation =new Text(location);
            Context.write(Tlocation,Lone);
        }
}
public static class RepostLocationReducer
extends Reducer<Text, longWritable, Text, longWritable>
    {
    @Override
    public void reduce (Text key, Iterator<LongWritable>values,
            Context  context)throws IOExcption
        {
          //TODO Auto-generated method stub
          long sum = 0;
          while(values.hasNext()){
              sum = sum + values.next().get();
        }
        context.write(key, new LongWritable(sum));
    }
}
```

12.2.6 转发时间统计

【例 12-7】转发时间统计。程序设计编码如代码清单 12-7 所示。

代码清单 12-7 weibo/RepostTimeMapper.java

```
public static class RepostTimeMapper
extends Mapper<LongWritable,Text,Text,LongWritable>{
public static LongWritable Lone = new LongWritable(1);

public void map(LongWritable key,Text value, Context context)
            throws IOException, InterruptedException{
            String line = value.toString();
            int beg,end;
```

```
            String time;
            beg = line.indexOf("createdAt=");
            end = line.indexOf("reposts_count=",beg);
            time = line.substring(beg+10,end).trim();
            time = line.substring(0,13)+time.substring(19);
            Text Ttime = new Text(time);
            context.write(Ttime,Lone);
        }
}

Public static class RepostTimeReducer
extends Reducer<Text,LongWritable,Text,LongWritable>
{
    public void reducer(Text key,Iterator<LongWritable> values, Context
            context) throws IOException, InterruptedException
        {
            long sum = 0;
            while(values.hasNext())
            {
                sum =sum + values.next().get();
            }
            context.write(key, new LongWritable(sum));
        }
    }
```

习　　题

简答题

1. 简述大规模数据获取和分析过程。
2. 简述并行化数据获取算法。

参 考 文 献

程学旗，靳小龙，王元卓，等，2014. 大数据系统和分析技术综述[J]. 软件学报，25(9):1889-1908.

丛颖，刘其成，张伟，2015. 一种基于 Apriori 的微博推荐并行算法[J]. 计算机应用与软件，32(8):229-233.

堵雯曦，2015. 大数据技术在通信行业的应用探讨[J]. 江苏通信，31(3):52-55.

高永梅，琚春华，鲍福光，2014. 基于大数据的电信领域用户服务模型与数据融合策略研究[J]. 电信科学，30(7):62-69.

林旺群，卢风顺，丁兆云，等，2012. 基于带权图的层次化社区并行计算方法[J]. 软件学报，23(6):1517-1530.

刘丽娇，陶俊才，肖晓军，等，2015. 电信大规模社交关系网络图数据挖掘研究[J]. 电信科学，31(1):29-37.

卢小宾，王涛，2015. Google 三大云计算技术对海量数据分析流程的技术改进优化研究[J]. 图书情报工作，59(3):6-11.

马威，汪洋，彭艳兵，2016. 无线城市数据中的社团发现方法[J]. 计算机工程与应用，52(10):259-264.

宋廷山，郭思亮，韩伟，2015. 基于 HADOOP 的大数据描述统计分析[J]. 统计与信息论坛，30(11):32-38.

KEWEN L, CHANGYUAN G, 2016. The framework of social networks big data processing based on cloud computing[J]. International journal of database theory and application, 9(10): 189-198.

LIU Q, NI J, HUANG J, et al., 2017. Big data for social media evaluation: a case of WeChat platform rankings in China[C]// International Conference on Data Science in Cyberspace. Shenzhen: IEEE: 528-533.

NIU N, LIU X, JIN H, et al., 2017. Integrating multi-source big data to infer building functions[J]. International journal of geographical information science, 31(9):1871-1890.

YUN K, YUN Z, TING Y, et al., 2016. Library service framework research based on WeChat under the big data environment[J]. Library work in colleges and universities, 4: 14-23.

第13章 图书推荐案例

近年来，随着国民经济增长及文化消费升级，图书行业经历了产业规模的持续扩张，在种类规模和总体数量等方面发展迅速，与此同时也带来了图书过多、读者难以选择的问题。常规的明细分类，读者可以针对每一种类型的图书进行选择，但是每个分类下依然有成千上万种书籍。因此，在 Hadoop 生态系统下，开发与研究基于图书评论数据来分析图书的推荐系统成为人们关注的热点。

本章将介绍一种基于 Apriori 关联规则的挖掘算法，并利用在“豆瓣读书”上获取的大量图书评论数据，使用 MapReduce 并行化处理技术来完成图书的 k-频繁项集挖掘和图书推荐置信度的计算，在此基础上完成图书的推荐。

13.1 图书推荐和关联规则挖掘简介

近年来，由于多终端接入网络的便利性，越来越多的读者开始利用因特网来记录自己对各种事物的评价，这就形成了针对不同商品庞大的评论数据集。其中图书的种类繁多，图书内容相对于小商品、电影、音乐等来说需要比较长的时间才可以被读者体会，利用其他读者对不同书籍的评价和感兴趣程度来为潜在的读者提供阅读推荐，成为推广文化和扩大书籍销售的一种重要手段。

实现这样的推荐系统可以采用 Apriori 算法。Apriori 算法能够基于关联规则挖掘出数据集中有较大联系的数据项，并以此作为依据给读者推荐其可能感兴趣的书籍。但 Apriori 算法存在反复搜索查询整个数据库从而导致效率低的问题，尤其针对海量数据集时，Apriori 算法在单机上的处理速度很慢。为此，可以采用基于 MapReduce 的并行化方法完成大规模图书数据的关联规则挖掘处理，实现 Apriori 算法在图书推荐上的应用。

目前，关联规则不仅能够描述事物之间的联系，而且能够挖掘事物之间的相关性。挖掘关联规则的核心是通过统计数据项获得频繁项集，为后续建模的方便性，下面给出关联规则涉及的统计数据项获得频繁项集的基本知识。

设 I={i1,i2,···,im} 是项的集合，与任务相关的数据 D 是数据库事务的集合，其中每个事务 T 是项的集合，每一个事务有一个标志符，称为 TID。设 A 和 B 是两个项集，A、B 均为 I 的非空子集。关联规则是形如 A->B 的蕴涵式，并且 A∩B＝φ。关联规则挖掘涉及以下 3 个基本概念。

1. 可信度（confidence）

可信度即“值得信赖性”。设 A、B 是项集，对于事务集 D，A∈D，B∈D，A∩B=φ，

A->B 的可信度定义为：可信度（A->B）=包含 A 和 B 的元组数/包含 A 的元组数。

2. 支持度（support）

支持度（A->B）=包含 A 和 B 的元组数/元组总数。支持度描述了 A 和 B 这两个项集在所有事务中同时出现的概率。

3. 强关联规则

设 min_sup 是最小支持度阈值；min_conf 是最小置信度阈值。如果事务集合 D 中的关联规则 A->B 同时满足 Support(A->B)>=min_conf,confidence(A->B)>= min_conf，则 A->B 成为 D 中的强关联规则，而关联规则的挖掘就是在事务集合中挖掘强关联规则。

13.2 图书频繁项集挖掘设计与数据获取

13.2.1 Apriori 算法概述

1994 年，R.Agrawal 和 R.Srikant 提出了一种基于关联规则挖掘的 Apriori 算法，Apriori 算法是基于频集理论的一种递推方法。该算法能够从数据库中挖掘出符合条件的关联规则，即支持度和置信度都不低于给定的最小支持度阈值和最小置信度阈值的关联规则。

Apriori 算法通过迭代的方法反复扫描数据库，以发现所有的频繁项集。通过频繁项集的性质知道，只有那些确定是频繁项的候选集所组成的超集才可能是频繁项集。故只有频繁项集生成下一趟扫描的候选集，即 L(i-1)生成 Ci（其中，L 为频繁项集的集合，C 为候选项集的集合，i 为当前扫描数据库的次数），在每次扫描数据库时只考虑具有相同数目的数据项集合。Apriori 算法可以生成相对较少的候选数据项集，候选数据项集不必再反复地根据数据库中的记录产生，而是在寻找 k-频繁项集的过程中，由前一次循环产生的 k-1 频繁项集一次产生。设 k=0 时，Apriori 算法描述如下：

1）采用类似单词计数的过程并行数据库扫描，找出满足最小支持度的 1-频繁项集 L1。

2）L1 通过自身连接产生 2-候选项集 C2，采用候选项集支持度的并行统计方法统计 C2 的支持度，形成 2-频繁项集 L2；以此类推，L2 产生 L3，如此迭代循环，直到完成 k-频繁项集的计算。

求解出图书推荐所需要的频繁项集后，保存这些频繁项集数据。当用户在网站上进行图书阅读记录时，可以根据由频繁项集得到的图书之间的关联关系，给用户推荐可能感兴趣的图书。这种推荐基于众多用户的真实体验，因此可以更准确地体现读者的需求。

13.2.2 书评大数据的获取

Apriori 算法实现时，挖掘关联规则的源数据采用对大量图书的评论数据。本节以某大学图书馆藏书列表作为图书目录，并以此为基础从国内比较流行的豆瓣读书网站上获取用户的评论。

在第一步获取图书馆藏书列表时，利用图书馆以《中国图书馆分类法》为标准定义的分类来检索所有图书，将图书按类别进行分类，获取图书的基本信息（ISBN、图书名、作者等），共获得图书 709 070 册，按类别统计如表 13-1 所示。

表 13-1　各分类下图书总量

类　别	册　数
A 马克思主义、列宁主义、毛泽东思想、邓小平理论	3 452
B 哲学、宗教	35 102
C 社会科学总论	19 476
D 政治、法律	56 791
E 军事	2 734
F 经济	66 596
G 文化、科学、教育、体育	35 116
H 语言、文字	21 485
I 文学	94 320
J 艺术	18 246
K 历史、地理	65 846
N 自然科学总论	3 766
O 数理科学和化学	31 421
P 天文学、地球科学	21 001
Q 生物科学	8 468
R 医药、卫生	8 655
S 农业科学	2 258
T 工业技术	85 923
U 交通运输	1 408
V 航空、航天	9 185
X 环境科学，安全科学	24 536
Z 综合性图书	93 286

然后使用豆瓣读书网站所提供的 API 来获取所有图书的评论信息，豆瓣读书网站提供了以下的书评网站访问接口。

1）获取书籍信息：GRT http://api.douban.com/book/subject/isbn/{isbnID}。

2）获取特定书籍的全部评论：GRT http://api.douban.com/book/subject/sibn/{isbnID}/reviews。

利用这两个访问接口共获得图书评论 6 298 518 条，其中涉及图书 60 478 本。

13.3　图书关联规则挖掘并行化算法

以上述过程所得图书和书评数据为基础，采用 Apriori 算法计算出图书推荐的频繁项集和关联规则。根据前述 Apriori 算法，获取 2-频繁项集的过程主要包括三部分。

1）计算每本图书的支持度。

2）统计 2-频繁项集中每个元组的支持度。

3）计算每个 2-频繁项集元组中图书 A 到图书 B 的置信度。

13.3.1　2-频繁项集的计算

2-频繁项集的计算步骤描述如下。

（1）数据预处理

由于豆瓣读书网站获取的数据格式为{ISBN,{{用户 ID,用户名,评分},…}}的集合。因此，为适应 2-频繁项集的统计，需将其转换为{用户 ID,{{ ISBN},…}}的形式，目的在于方便将获取的以 ISBN 为索引的评分数据转换为以用户 ID 为索引的数据，这个转换过程使用了一个简单的 MapReduce 程序来完成。这个 MapReduce 程序中，在 Map 阶段对每组数据进行转换，以用户 ID 为 key，以 ISBN 为 value，将其传入到下一阶段的 Reduce 中；Reduce 阶段可以将 key 相同（即用户 ID 相同）的记录合并为{用户 ID,ISBN;ISBN,ISBN}的格式，旨在方便支持度和 2-频繁项集的计算。其主要实现代码如代码清单 13-1 所示。

代码清单 13-1　tushu/DataTransPret. java

```
package news;

import java.io.IOException;
import java.util.Iterator;

import org.apache.hadoop.io.Text;
import org.apache.hadoop.mapreduce.Mapper;
import org.apache.hadoop.mapreduce.Reducer;

    public class DataTransPret {
    public class PreJobMapper extends Mapper<Object,Text,Text,Text>{
        //Input:<key,{ISBN User_ID/User_Name/Rate;...}>
        //Output:<User_ID,(ISBN Rate)>
        //用于将形如"ISBN \t User_ID/User_Name/Rate;..."的输入转换成
        //<User_ID,ISBN Rate>键-值对输出

    public void map(Object key,Text value,Context context)
        throws IOException, InterruptedException{
            String bookRate [] = value.toString().split("\t",0);
            //得到每一条 ISBN 的用户评分集合
            String rates [] =bookRate[1].split(";",0);
            for(int i=0;i<rates.length;i++){
                //得到格式如下的字符串 rateEntry:用户 ID，用户名，评分
                String rateEntry = rates[i];
                String rateUserId = rateEntry.split("/",0)[0]; //得到用户 ID
                String rate =rateEntry.split("/",0)[2];      //得到用户评分
                //输出如下格式的键-值对：<用户 ID，ISBN 评分>
                context.write(new Text(rateUserId), new Text(bookRate[0]
                +"\t"+rate));
            }
        }
    }

    public class PreJobReducer extends Reducer<Text,Text,Text,Text>{
        //Input: <User_ID,（ISBN Rate）>
        //Output:<User_ID, ISBN1;ISBN2;....>
        //合并同一个用户所评分的书籍
```

```
        public void reduce(Text key,Iterable<Text> values, Context context)
              throws IOException, InterruptedException{
              Text value = new Text();
              String strISBNs = "";
              Iterator<Text>it = values.iterator();
              while(it.hasNext()){
                 String isbn = it.next().toString().split("\t",0)[0];
                    //判断当前 ISBN 是否已存在于该用户的 ISBN 列表中,
                    //如不存在,直接添加在该用户列表
                 if(strISBNs==""||!strISBNs.contains(isbn))
                    strISBNs += isbn+";";

              }
              //以 User_
              context.write(key, new Text(strISBNs));
             }
        }

     }
```

（2）图书支持度计算

在本节的图书推荐算法中，图书支持度定义为每本图书在书评数据集中出现的数量，即每本图书的总评论数。计算图书支持度时，在 Map 阶段从数据预处理转换出的书评数据中，统计出每本书的书评出现次数，即需要计算出<ISBN,1>的键-值对出现的次数，其中数字 1 表示该书出现了 1 次书评。在 Reduce 阶段再统计每个 ISBN 下的书评出现次数，即可得到图书的支持度。其主要实现代码如代码清单 13-2 所示。

代码清单 13-2　tushu/LibrarySup. java

```
package news;
import java.io.IOException;
import java.util.Iterator;

import org.apache.hadoop.io.IntWritable;
import org.apache.hadoop.io.Text;
import org.apache.hadoop.mapreduce.Mapper;
import org.apache.hadoop.mapreduce.Reducer;

public class LibrarySup {
public static class SupportMapper
extends Mapper<Object,Text,Text,IntWritable>{

public void map(Object key,Text value,Context context)
      throws IOException, InterruptedException{
         Text newvalue = new Text();
         String row [] = value.toString().split("\t",0);
         String allisbn [] = row[1].split("",0);
         for(int i = 0; i < allisbn.length;i++)
            context.write(new Text(allisbn[i]), new IntWritable(1));
      }
}

public class SupportReducer
```

```
extends Reducer<Text,IntWritable,Text,IntWritable>{
public void reduce(Text key,Iterable<IntWritable>
      values,Context context) throws IOException, InterruptedException{
         int total =0;
         Iterator<IntWritable> it = values.iterator();
         while(it.hasNext()){
            it.next();
            ++total;
         }
         context.write(key,new IntWritable(total));
      }
}
}
```

（3）2-频繁项集计算

2-频繁项集计算是基于{用户 ID，{{ISBN},...}}数据集的计算，获得支持度大于某个阈值构成的二元组集合。当某个用户读了 N 本书时，其产生的图书二元组共有一个。在计算图书的 2-频繁项集时，采用以二元组中图书的 ISBN 为 key，以出现次数作为 value 的方式来进行统计。但是在 Reduce 处理过程中，ISBN1:ISBN2 和 ISBN2: ISBN1 的 key 不会被认为是同一个二元组，为此需要将每一个 ISBN1:ISBN2 组成二元组合，输出形式为 ISBN2: ISBN1，这样虽然统计得到的 2 项集比正常的多一倍，但是可以保证每个二元组支持度计算的正确性。其主要实现代码如代码清单 13-3 所示。

代码清单 13-3　tushu/CalculationFreIte.java

```
package news;
import java.io.IOException;
import java.util.Iterator;

import org.apache.hadoop.io.Text;
import org.apache.hadoop.mapreduce.Mapper;
import org.apache.hadoop.mapreduce.Reducer;

public class CalculationFreIte {
public class FreqItemSet2Mapper extends Mapper<Object,Text,Text, Text>{
public void map(Object key,Text value,Context context)
   throws IOException, InterruptedException{
         Text newValue = new Text();
         String row [] =value.toString().split("\t",0);
         String allisbn [] =row[1].split(";",0);
         for (int i = 0;i <allisbn.length;i++)
         for(int j =i+1;j < allisbn.length;i++){
           context.write(new Text(allisbn[i]+";"+allisbn[j]), new Text
           ("1;"+row[0]));
           context.write(new  Text(allisbn[j]  +";"+allisbn[i]),  new
           Text  ("1;"+row[0]));
         }

   }
}

public class FreItemSetReducer extends Reducer<Text,Text,Text, Text>{
```

```
public void reduce(Text key,Iterable<Text>
   values,Context context) throws IOException, InterruptedException{
          int total =0;
          Text value =new Text();
          String strUserIDs = "";
          Iterator<Text> it = values.iterator();
          while(it.hasNext()){
             String temp = it.next().toString();
             strUserIDs += temp.split(";",0)[1]+";";
             ++total;
          }
          if(total>2)
             context.write(key,new Text(total+","+strUserIDs));
      }
  }
}
```

（4）置信度计算

置信度是用来描述图书之间相关性程度的属性，它不仅是生成关联规则的关键，而且能够描述从事物 A 关联到事物 B 的可信度。计算置信度之前，需要计算二元组的支持度和每本图书的支持度，为此需要图书支持度计算和 2-频繁项集计算中的数据，需要两个表关联操作。图书 A 关联图书 B 的可信度是通过 2-频繁项集中二元组{A,B}的支持度除以二元组中图书 A 的支持度获得。例如，若二元组中图书 A 的 ISBN 为 key，图书 A 的支持度和二元组{A,B}的支持度分别为 value，则通过 Reduce 计算二元组{A,B}和图书 A 的支持度，即二元组{A,B}中的图书 A 就是图书 B 的置信度。置信度计算实现代码如代码清单 13-4 所示。

代码清单 13-4　tushu/CalcuDegreeConfig. java

```
package news;
import java.util.Iterator;
import java.util.List;
import org.w3c.dom.Text;
public class CalcuDegreeConfig {
     public static class CountCLMapper extends Mapper<Object,Text,Text,
     Text>{

       //Input:<ISBN1;ISBN2,support> or <ISBN,support>
       //Output:<ISBN1,ISBN1;ISBN2,support> or <ISBN support>
       public void map(Object key,Text value,Context context)
          throws IOException,InterruptedException{
          Text newValue = new Text();
          String row[] = value.toString().split("\t",0);
          String keyColumn[] = row[0].split(";",0);
          if(keyColumn.length ==2)//长度为 2 说明处理的是二元组
          {
             String newKey = keyColumn[0];
             String support = row[1].split(";",0);
             //输出二元组的支持度
             context.write(new  Text(newKey),new  Text(row[0]  +  ","
          +support));
```

```
        }else //长度为1说明处理的是图书的支持度
        { //输出图书的支持度
            context.write(new Text(row[0]),new Text(row[1]));
        }
        }

    }

    public static class CountCLReducer extends Reducer<Text,Text,Text,
    Text>{
      //Input : <ISBN1,ISBN1;ISBN2,support> or <ISBN support>
      //Output: <ISBN1;ISBN2,ConfigdenceLevel>
      public void reduce (Text key,Iterable<Text> values,Context context)
          throw IOException,InterruptedException
          {
              //isbn1 isbn1;isbn2,support or isbn support
              int support = 0;
              List<String> itemSetIsbns = newArrayList<String>();
              Iterator<Text> it = values.iterator();
              while(it.hasNext()){
                  String value = it.next().toString();
                  if(value.split(";",0).length>1)
                      itemSetIsbns.add(value);//二元组的支持度加入列表
                  else
                      support = Integer.parseInt(value);//图书的支持度
              }
              if(itemSetIsbns.size() >=1)
                  for(int i =0;i< itemSetIsbns.size();i++){
                      String itemsetEntry = itemSetIsbns.get(i);
                      String itemSet[] = itemsetEntry.split(";",0);
                      double confidenceLevel = Double.parseDouble(itemSet[1]);
                        confidenceLevel = confidenceLevel / support;//
               计算可信度
                      //输出二元组的可信度
                        context.write(new Text(ItemSet[0]),new Text(Double.
              toString (confidenceLevel)));
                      }
                  }
              }
          }
```

（5）程序运行

运行 Job 命令，将上述几个部分连接起来。为此，将数据预处理中预处理的结果作为图书支持度计算和2-频繁项集计算的输入源，并将数据预处理的结果存储到2-频繁项集计算中，再进行置信度运算，即可得到2-频繁项集的置信度结果，其主要实现代码如代码清单13-5所示。

代码清单 13-5 tushu/Run. java

```
package news;
public class Run {
    public static void main(String[] args) {
        Configuration conf = newConfiguration();
        String[]  otherArds  =  new  GenericOptionsParser(conf,args).
        getRemainigArgs();
        if(otherArgs.length !=2){
            System.err.println("Usage: Test <in><out>");
            System.exit(2);
        }
        String [] temPath = new String[6];
        for (int i =0;i < 6;i++)
          temPath[i] = "tempDir/temp-" +Integer.toString(new Random().
          nextInt(Integer.MAX_VALUE));

        DoPreJob(otherArgs[0],tempPath[0]); //启动预处理程序
        System.out.println("pre job done");

        DoSingleSupport(tempPath[0],tempPath[1]); //启动支持度计算程序
        System.out.println("Support job done! ");

        DoSingleSupport(tempPath[0],tempPath[1]);//启动统计 2-频繁项集程序
        System.out.println("Get frequent 2-itemset!");
        FileSystem fs = FileSystem.get(conf);
        //将单支持度与 2-频繁项集程序输出文件放到同一个文件夹中
        fs.rename(new Path(tempPath[1]+"/part-r-00000"),
                new Path(tempPath[2]+"/support"));
        DoConfidenceLevel(tempPath[2],otherArgs[1]);//启动计算置信度程序
        System.out.println("Get confidence level!");
        FileSystem.get(conf).deleteOnExit(new Path ("tempDir"));
    }
}
```

13.3.2 k-频繁项集的计算

由于其他 k-频繁项集（k>2）由 2-频繁项集的子集组成，所以只需将 2-频繁项集计算中得到的 2-频繁项集数据处理为数据预处理的结果，并类似于 2-频繁项集计算处理得到 3-频繁项集，以此类推完成 k-频繁项集的计算。

习　题

简答题

1. 简述推荐系统常用的算法。
2. 简述 Apriori 算法。

参考文献

郭健，任永功，2014. 云计算环境下的关联挖掘在图书销售中的研究[J]. 计算机应用与软件, 31(11):50-53.
郭禹，田永红，2016. 基于用户分类的协同过滤算法在图书推荐中的研究[J]. 内蒙古农业大学学报（自然科学版）, 37(4):108-113.
蓝冬梅，2016. 大数据量图书下多数据集的二部图多样化推荐[J]. 情报理论与实践, 39(2):69-72.
刘芷茵，2017. 大数据环境下个性化图书推荐服务研究[J]. 图书馆学刊 (6):101-106.
南磊，2016. 基于 Hadoop 的图书推荐系统研究与设计[J]. 计算机与数字工程, 44(6):1057-1063.
万慕晨，欧亮，2015. 基于微信公众平台的高校图书馆阅读推广效果实证研究[J]. 图书情报工作, 59(22):72-78.
肖诗伯，李朝葵，兰鹰，等，2015. 一种基于二分图模型的图书个性化推荐研究[J]. 图书馆学刊, 37(5):96-97.
赵彦辉，刘树春，2014. Hadoop 平台在图书推荐应用中的性能分析[J]. 现代情报, 34(10):157-161.